高等职业教育课程改革示范教材

工程数学基础

主　编　冯　宁
副主编　王　彦
编　者　高小净　冯　宁　王　彦
　　　　陈雪芬　王晓琴　李金花

南京大学出版社

内容提要

本书是高等职业教育课程改革示范教材之一.教材内容包括向量与空间解析几何简介、线性代数及其应用、无穷级数及其应用、拉普拉斯变换及其应用、概率统计及其应用和集合论基础等.

本书针对高技能应用型人才培养目标的特点，在教学内容的安排上，遵循“以应用为目的，以必需够用为度”的原则，以“理解基本概念、掌握基本运算方法及应用”为依据，结合教育部制定的“高职高专高等数学课程教学的基本要求”及数学教学的实际经验编写的.在教学内容的处理上，尽可能借助直观的几何图形、物理含义和实际背景阐述概念、定理和公式，适度论证，突出数学的基本思想和方法，注重阐明数学的实际应用价值.

本书可作为高职高专各专业通用数学教材，也可作为参加专升本考试学生的学习参考用书.

图书在版编目（CIP）数据

工程数学基础 / 冯宁主编. — 南京 ：南京大学出版社，2017.8(2019.1 重印)

高等职业教育课程改革示范教材

ISBN 978 - 7 - 305 - 18238 - 9

Ⅰ.①工… Ⅱ.①冯… Ⅲ.①工程数学—高等职业教育—教材 Ⅳ.①TB11

中国版本图书馆 CIP 数据核字（2017）第 016225 号

出版发行 南京大学出版社
社 址 南京市汉口路 22 号 邮 编 210093
出 版 人 金鑫荣

丛 书 名 高等职业教育课程改革示范教材
书 名 **工程数学基础**
主 编 冯 宁
责任编辑 吴 华 编辑热线 025 - 83596997

照 排 南京理工大学资产经营有限公司
印 刷 南京玉河印刷厂
开 本 787×1092 1/16 印张 13.75 字数 341 千
版 次 2017 年 8 月第 1 版 2019 年 1 月第 2 次印刷
印 数 3001～6000
ISBN 978 - 7 - 305 - 18238 - 9
定 价 35.00 元

网 址：http://www.njupco.com
官方微博：http://weibo.com/njupco
官方微信号：njuyuexue
销售咨询热线：(025)83594756

☞ 教师扫一扫可申请教学资源

☞ 学生扫一扫可见学习资源

前言

为了适应高职高专教育改革的要求，我们通过与专业课教师共同研讨，在继承省级精品课程、精品教材建设成果的基础上，充分汲取近年来高职院校基础课程教学改革的经验，组织编写了这本适用于工科类各专业的教改示范教材. 本教材在教学内容的处理上，不求深，不求全，只求实用，突出了数学技术与专业技能的融合，弱化了部分传统内容，以降低学习难度，其难易程度更适合高职院校生源变化的实际状况.

本书在编写过程中，遵循"面向专业需求，淡化严密形式，融入建模思想，注重应用能力，兼顾个性需求"的原则，力求突出如下特点：

1. 面向专业需求，设计选学模块，供不同专业选用，满足工科专业的特殊需求.

2. 淡化严密形式，针对高职学生的数学基础，淡化数学概念和定理的严格表述，适度论证，不追求理论上的系统性和逻辑性，力求使基本概念、基本定理直观化、具体化.

3. 在每节开头，从问题入手，力求创造有利于学生发现知识的问题情境，激发学习兴趣，使重要知识点的引入更为朴实、简明和自然，结合具体内容进行数学建模训练，帮助学生获得正确的数学思想方法.

4. 注重应用能力，加强了数学知识在工程技术方面的具体应用，增加了有实际应用背景的例题和习题，注意与后续课程的衔接，力图体现高职教育实践性、应用性强的特点.

5. 兼顾个性需求，弱化传统内容，降低计算难度，适当安排递进式学习内容，以满足学有余力学生的个性需求，所有选学内容、选做习题都标注"*"号加以区分.

6. 每节前有"本节学习目标"，引领学生自主学习. 每节配有"练习与思考"和适量习题，每章配有总复习题，并配有参考答案，以帮助学生课前预习和课后复习. 每章后安排了"小结与复习"的内容，帮助学生从整体上把握学习要点，掌握各章重要结论和解题方法，进行学法指导，并起到释疑解难的作用.

本书教学时数建议：

序号	内容	建议学时	课时分配		适合专业
			讲授	习题课	
1	向量与空间解析几何简介	12	10	2	机械类
2	线性代数及其应用	16	14	2	电类、计算机类、化工类、经济类

（续表）

序号	内容	建议学时	课时分配		适合专业
			讲授	习题课	
3	无穷级数及其应用	10	8	2	电类、计算机类
4	拉普拉斯变换及其应用	8	6	2	电类
5	概率统计及其应用	24	20	4	机械类、化工类、经济类
6	集合论基础	8	6	2	计算机类

全书的组织、设计、统稿工作由常州轻工职业技术学院冯宁教授承担.第1章由高小净编写，第2章由冯宁编写，第3章由王彦编写，第4章由陈雪芬编写，第5章由王晓琴编写，第6章由李金花编写.

由于编者水平有限，虽经仔细推敲，不妥之处在所难免，恳请各位专家、同行及广大读者批评指正，以便今后修订完善.

编　者

2017年3月

目　录

第 1 章　向量与空间解析几何简介

向量是解决数学、物理及工程技术问题的重要工具.本章在建立空间直角坐标系的基础上,建立向量的坐标表示式,用代数方法讨论向量的和、差、积运算,并借助于向量讨论空间平面方程和直线方程,对常见的二次曲面进行简单介绍.

§1.1　空间直角坐标系及向量的基本概念

学习目标

1. 理解空间直角坐标系的概念.
2. 会用空间两点间的距离公式计算两点间的距离.
3. 了解向量的概念,会求向量的模、单位向量、向量的方向余弦等.

引入问题

【定位问题】一学生进入教学楼大门后向西走 5 m,通过电梯到 2 楼,每层楼高约 4 m,再向北走 10 m,那么如何表示学生所在的位置?

主要知识

一、空间直角坐标系和向量的概念

1. 空间直角坐标系

在空间任取一点 O,过点 O 作三条两两互相垂直且具有相同单位长度的数轴,分别称为 x 轴(横轴)、y 轴(纵轴)、z 轴(竖轴),统称为**坐标轴**;三轴的交点 O 称为**原点**;任意两条坐标轴所确定的平面称为**坐标面**,即 xOy,yOz,zOx 三个坐标面.

建立空间直角坐标系时,习惯上常把 x 轴、y 轴置于水平面上,而 z 轴置于铅垂线上,各轴正向及顺序遵循右手法则,即用右手握住 z 轴,右手的四指从 x 轴正向以$\frac{\pi}{2}$的角度转向 y

轴的正向时，大拇指的指向是 z 轴的正向，如图 1－1 所示.

三个坐标面又将空间分成八个部分，各部分依次称为第Ⅰ，Ⅱ，Ⅲ，Ⅳ，Ⅴ，Ⅵ，Ⅶ，Ⅷ卦限，如图 1－2 所示，坐标面是卦限的界面，不属于任何卦限.

设点 M 为空间的一点，过点 M 分别作与三条坐标轴垂直的平面，交点分别为 P,Q,R（如图 1－3），这三点在坐标轴上的坐标依次为 x,y,z，则空间的点 M 唯一确定了一个三元有序数组(x,y,z). 显然，空间的点 M 与有序数组(x,y,z)之间建立了一一对应关系.

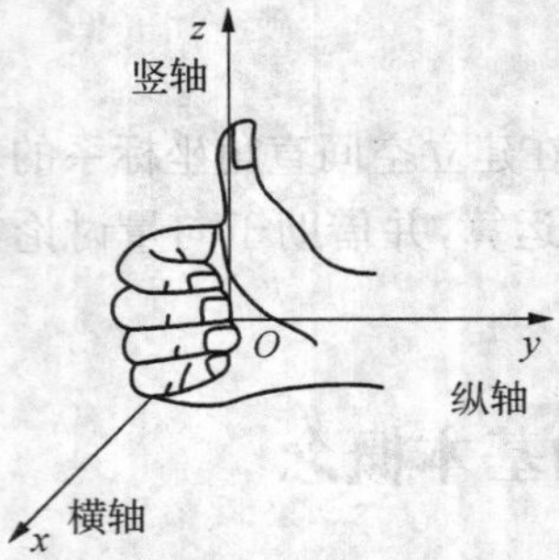

图 1－1

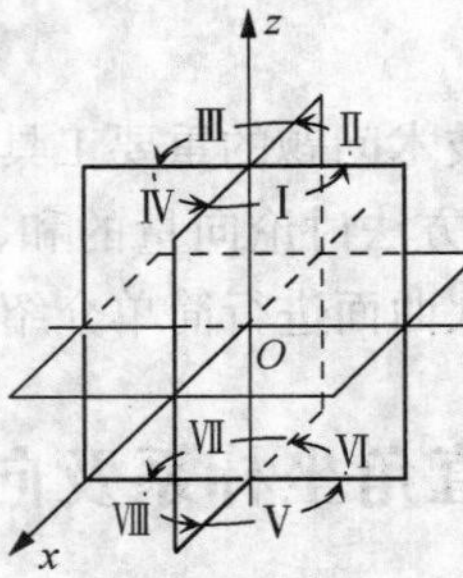

图 1－2

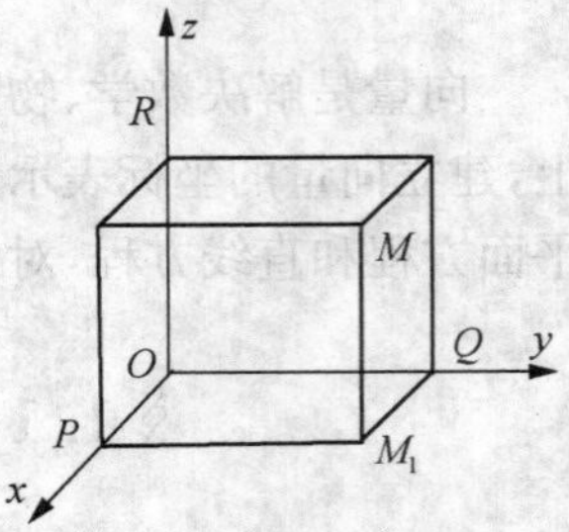

图 1－3

空间直角坐标系中八个卦限上点的坐标特征列表如下（见表 1－1）：

表 1－1

卦限	各卦限的坐标特征	卦限	各卦限的坐标特征
Ⅰ	$(+,+,+)$	Ⅴ	$(+,+,-)$
Ⅱ	$(-,+,+)$	Ⅵ	$(-,+,-)$
Ⅲ	$(-,-,+)$	Ⅶ	$(-,-,-)$
Ⅳ	$(+,-,+)$	Ⅷ	$(+,-,-)$

空间直角坐标系中坐标轴、坐标面上点的坐标特征列表如下（见表 1－2）：

表 1－2

特殊点	特殊点坐标特征	特殊点	特殊点坐标特征
原点	$(0,0,0)$	xOy 面上的点	$(x,y,0)$
x 轴上的点	$(x,0,0)$	yOz 面上的点	$(0,y,z)$
y 轴上的点	$(0,y,0)$	xOz 面上的点	$(x,0,z)$
z 轴上的点	$(0,0,z)$		

本节的引入问题就可通过建立空间直角坐标系来解决. 若以教学楼大门为原点，向西方向为 x 轴正向，向上方向为 z 轴正向，根据右手法则，向南方向为 y 轴正向，则学生所在位置可表示为$(5,-10,4)$（单位：m）.

2. 空间两点间的距离

如图 1－4 所示，设 $M_1(x_1,y_1,z_1)$、$M_2(x_2,y_2,z_2)$为空间两点，过点 M_1、M_2 分别作垂直于三条坐标轴的六个平面，它们围成一个以 M_1M_2 为对角线的长方体，其长、宽、高三条棱的长度分别为：

$$|x_2-x_1|, |y_2-y_1|, |z_2-z_1|.$$

根据几何知识，长方体的对角线的平方等于三条棱长的平方和，即

$$|M_1M_2|^2=|x_2-x_1|^2+|y_2-y_1|^2+|z_2-z_1|^2,$$

于是

$$|M_1M_2|=\sqrt{(x_2-x_1)^2+(y_2-y_1)^2+(z_2-z_1)^2}. \tag{1-1}$$

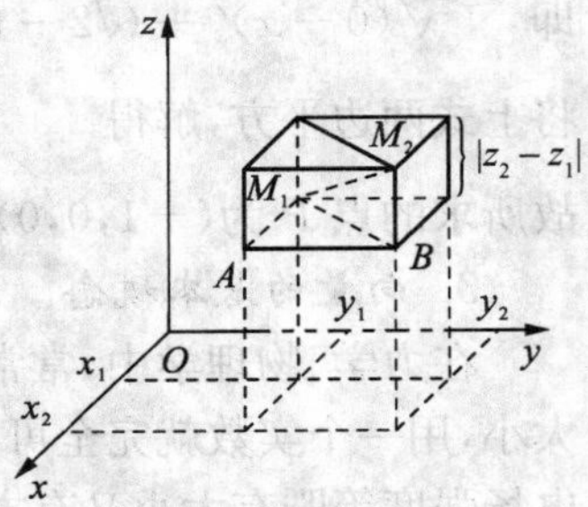

图 1-4

公式(1-1)称为**空间两点间的距离公式**. 它是平面上两点间距离公式的推广.

特别地，点 $M(x,y,z)$ 与原点 O 的距离公式为

$$|OM|=\sqrt{x^2+y^2+z^2}. \tag{1-2}$$

例 1　求点 $M(x,y,z)$ 到三条坐标轴的距离.

解　设点 M 在 x 轴上的投影为点 P(如图 1-3)，则点 P 的坐标为 $P(x,0,0)$，根据三垂线定理可知 $MP\perp x$ 轴，即线段 MP 的长度就是 M 到 x 轴的距离，由公式(1-1)，得

$$d_x=|MP|=\sqrt{(x-x)^2+(y-0)^2+(z-0)^2}$$

$$=\sqrt{y^2+z^2},$$

同理可得，点 M 到 y 轴、z 轴的距离分别为

$$d_y=\sqrt{x^2+z^2}, d_z=\sqrt{x^2+y^2}.$$

例 2　已知点 $A(7,-1,12)$，$B(1,7,-12)$，在 z 轴上求一点 C，使得 $\angle ACB$ 为直角.

解　由题意设点 C 的坐标为 $(0,0,z)$，由公式(1-1)，得

$$|AB|=\sqrt{(1-7)^2+[7-(-1)]^2+(-12-12)^2}=26,$$

$$|AC|=\sqrt{(0-7)^2+[0-(-1)]^2+(z-12)^2}=\sqrt{50+(z-12)^2},$$

$$|BC|=\sqrt{(0-1)^2+(0-7)^2+(z+12)^2}=\sqrt{50+(z+12)^2}.$$

要使得 $\angle ACB$ 为直角，必有 $|AC|^2+|BC|^2=|AB|^2$，即

$$[50+(z-12)^2]+[50+(z+12)^2]=26^2,$$

解得

$$z=\pm 12.$$

所求点 C 为 $(0,0,12)$ 或 $(0,0,-12)$.

例 3　设点 P 在 x 轴上，它到点 $P_1(0,\sqrt{2},3)$ 的距离为到点 $P_2(0,1,-1)$ 的距离的两倍，求点 P 的坐标.

解　设点 P 的坐标为 $(x,0,0)$，依题意有

$$|PP_1|=2|PP_2|,$$

即 $\sqrt{(0-x)^2+(\sqrt{2}-0)^2+(3-0)^2}=2\sqrt{(0-x)^2+(1-0)^2+(-1-0)^2}$,

将上式两边平方,解得 $x=\pm 1$,

故所求的点 P 为$(-1,0,0)$或$(1,0,0)$.

3. 向量的基本概念

在力学、物理学中,常常遇到两种类型的量,一种是如时间、温度、长度、质量、功等,只有大小,用一个实数就完全可以表示的量,这种量叫作**数量**(**标量**);另一种是如力、速度、位移、电场强度等既有大小又有方向的量,这种既有大小又有方向的量叫作**向量**(**矢量**).

向量通常用黑体小写字母 $\boldsymbol{a},\boldsymbol{b},\boldsymbol{c}$ 等表示,手写时可用标上箭头的小写字母表示,如 $\vec{a}$,$\vec{b}$,$\vec{c}$等. 几何上,常用有向线段表示向量,起点为 A、终点为 B 的向量记作$\overrightarrow{AB}$.

需要说明的是,为避免读者书写错误,本章用标上箭头的字母表示向量.

向量的长度称为向量的**模**,用$|\vec{a}|$或$|\overrightarrow{AB}|$等表示.

模等于 0 的向量,称为零向量,记作 $\vec{0}$. 零向量的方向可以看作任意的.

模等于 1 的向量称为**单位向量**. 与非零向量 $\vec{a}$ 同向的单位向量记作$\vec{a}^0$,且有

$$\vec{a}^0=\frac{\vec{a}}{|\vec{a}|}.$$

如果两个向量 $\vec{a}$ 和 $\vec{b}$ 的模相等且方向相同,则称向量 $\vec{a}$ 和 $\vec{b}$ 是**相等的向量**,记作 $\vec{a}=\vec{b}$. 根据这个规定,一个向量经过平行移动后能完全重合的向量是相等的向量. 如果两个向量的模相等而方向相反,这时称其中一个向量是另一个向量的**负向量**,例如,向量 $\vec{a}$ 的负向量记为$-\vec{a}$,由负向量的定义可知$-(-\vec{a})=\vec{a}$.

注意 向量只有相等与不相等之分,没有大小关系之别,即"大于"或"小于"的概念对向量不适用. 如 $\vec{a}>\vec{b}$,$\vec{a}=3$ 没有意义,但$|\vec{a}|>|\vec{b}|$,$|\vec{a}|=3$ 有意义.

二、向量的线性运算及其坐标表示

1. 向量的线性运算

(1) 向量的加法. 两个向量 $\vec{a}$,$\vec{b}$ 的和仍是向量,记作 $\vec{a}+\vec{b}=\vec{c}$.

仿照物理学中力的合成可得向量和的**平行四边形法则**,如图 1－5 所示. 由于向量可以平移,所以若把 $\vec{b}$ 的起点平移到 $\vec{a}$ 的终点上,则以 $\vec{a}$ 的起点为起点,以 $\vec{b}$ 的终点为终点的向量即为 $\vec{a}+\vec{b}$,这种表示向量和的方法称为向量加法的**三角形法则**,如图 1－6 所示.

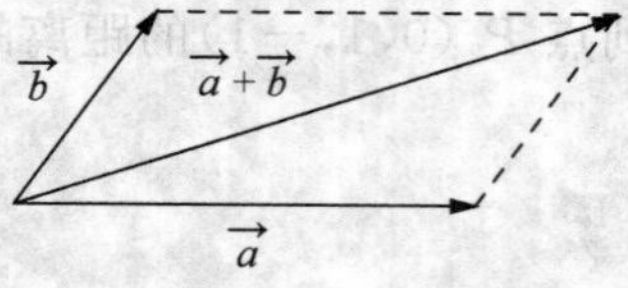

图 1－5

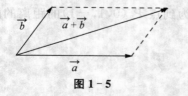

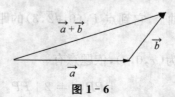

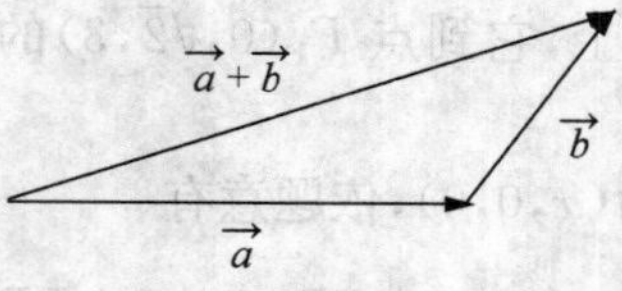

图 1－6

向量的加法满足如下运算规律:

① 交换律:$\vec{a}+\vec{b}=\vec{b}+\vec{a}$;

② 结合律:$(\vec{a}+\vec{b})+\vec{c}=\vec{a}+(\vec{b}+\vec{c})$.

(2) 向量的减法. 向量的减法是加法的逆运算. 若 $\vec{a}-\vec{b}=\vec{c}$,即 $\vec{a}+(-\vec{b})=\vec{c}$,根据向量加法的三角形法则,可得向量减法的作图方法(如图 1-7).

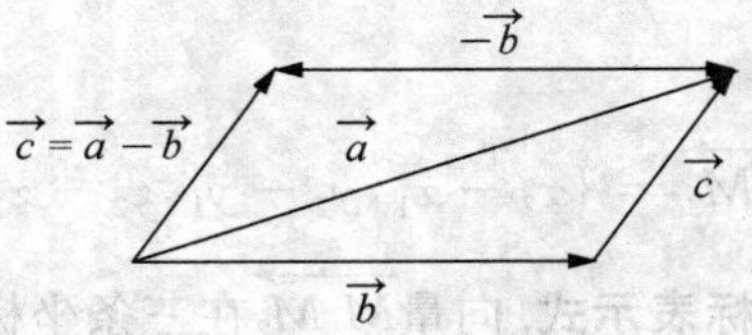

图 1-7

(3) 向量的数乘. 设 λ 是一个数,向量 $\vec{a}$ 与数 λ 的乘积记为一个向量,记作 $\lambda\vec{a}$,规定:

① 当 $\lambda>0$ 时,$\lambda\vec{a}$ 与 $\vec{a}$ 同向,$|\lambda\vec{a}|=\lambda|\vec{a}|$;

② 当 $\lambda=0$ 时,$\lambda\vec{a}=\vec{0}$;

③ 当 $\lambda<0$ 时,$\lambda\vec{a}$ 与 $\vec{a}$ 反向,$|\lambda\vec{a}|=|\lambda||\vec{a}|$.

向量的数乘满足如下运算规律:

设 λ,μ 是两个实数,$\vec{a}$ 是一个向量,则有

① 结合律:$\lambda(\mu\vec{a})=\mu(\lambda\vec{a})=(\lambda\mu\vec{a})$;

② 分配律:$(\lambda+\mu)\vec{a}=\lambda\vec{a}+\mu\vec{a}$.

向量的加(减)法运算及数乘运算统称为向量的**线性运算**.

2. 向量的坐标表示

(1) 向量 $\overrightarrow{M_1M_2}$ 的坐标表示. 在空间直角坐标系中,沿 x 轴、y 轴、z 轴正向分别取单位向量,称为**基本单位向量**,分别记作 $\vec{i},\vec{j},\vec{k}$.

设向量 $\overrightarrow{M_1M_2}$ 的起点为 $M_1(x_1,y_1,z_1)$,终点为 $M_2(x_2,y_2,z_2)$(如图 1-8). 根据向量的数乘运算及向量相等的定义,得

$$\overrightarrow{M_1P}=(x_2-x_1)\vec{i},\overrightarrow{PQ}=(y_2-y_1)\vec{j},\overrightarrow{QM_2}=(z_2-z_1)\vec{k}.$$

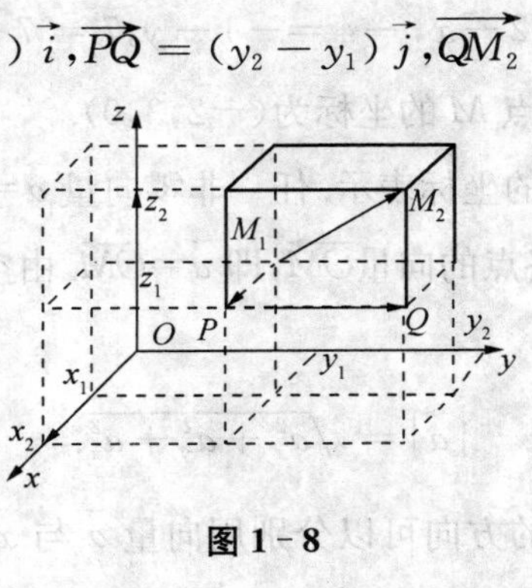

图 1-8

由向量的加法，得

$$\begin{aligned}\overrightarrow{M_1M_2} &= \overrightarrow{M_1P} + \overrightarrow{PQ} + \overrightarrow{QM_2} \\ &= (x_2 - x_1)\vec{i} + (y_2 - y_1)\vec{j} + (z_2 - z_1)\vec{k}.\end{aligned}$$

因此，向量$\overrightarrow{M_1M_2}$可以由其在 x,y,z 轴的分向量$(x_2-x_1)\vec{i}$，$(y_2-y_1)\vec{j}$，$(z_2-z_1)\vec{k}$表示. 由于向量$\overrightarrow{M_1M_2}$与有序数组 $x_2-x_1, y_2-y_1, z_2-z_1$ 存在一一对应关系，故可用它来表示向量$\overrightarrow{M_1M_2}$，记作

$$\overrightarrow{M_1M_2} = \{x_2 - x_1, y_2 - y_1, z_2 - z_1\}.$$

上式称为**向量$\overrightarrow{M_1M_2}$的坐标表示式**. 向量$\overrightarrow{M_1M_2}$在三条坐标轴上的投影 $x_2-x_1, y_2-y_1, z_2-z_1$ 称为**向量$\overrightarrow{M_1M_2}$的坐标**.

特别地，以原点 O 为起点、$M(a_x,a_y,a_z)$为终点的**向量$\overrightarrow{OM}$**(如图 1-9)的坐标表示式为

$$\vec{a} = \overrightarrow{OM} = \{a_x, a_y, a_z\}.$$

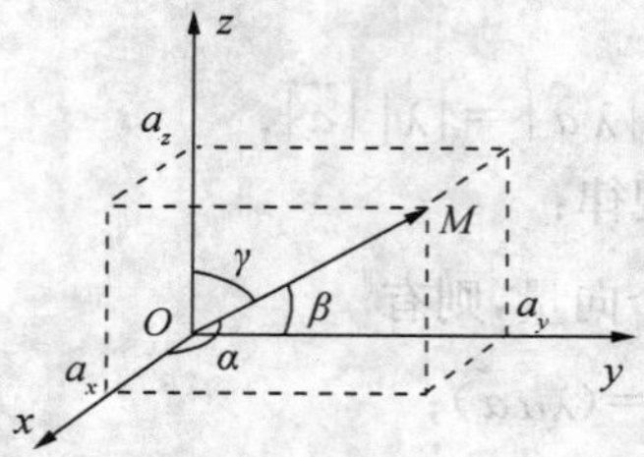

图 1-9

> **注意** 向量的坐标表示式不能与点的坐标混淆. 例如 $\vec{a}=\{1,-2,0\}$表示向量，$A(1,-2,0)$则表示点 A.

例 4 一向量的坐标为$\{4,-4,7\}$，它的终点在点 $P(2,-1,7)$，求这个向量的起点 M 的坐标.

解 设向量的起点 M 的坐标为(x,y,z)，则有

$$4 = 2 - x, -4 = -1 - y, 7 = 7 - z,$$

即得 $x=-2, y=3, z=0$，故起点 M 的坐标为$(-2,3,0)$.

(2) 向量的模及方向余弦的坐标表示. 任一非零向量 $\vec{a}=\{a_x,a_y,a_z\}$都可将其看作以原点 O 为起点，$M(a_x,a_y,a_z)$为终点的向量$\overrightarrow{OM}$，即 $\vec{a}=\overrightarrow{OM}$. 由空间两点间的距离公式，可知向量 $\vec{a}=\{a_x,a_y,a_z\}$的模

$$|\vec{a}| = \sqrt{a_x^2 + a_y^2 + a_z^2}.$$

非零向量 $\vec{a}=\{a_x,a_y,a_z\}$的方向可以分别用向量 $\vec{a}$ 与 x 轴、y 轴、z 轴正向的夹角来确

定(如图1-9).

定义1-1　非零向量 $\vec{a}$ 与 x 轴、y 轴、z 轴正向的夹角称为**方向角**,分别记作 α,β,γ(其中 $0\leqslant\alpha\leqslant\pi,0\leqslant\beta\leqslant\pi,0\leqslant\gamma\leqslant\pi$),方向角的余弦称为非零向量 $\vec{a}$ 的**方向余弦**.

由图1-9可知,非零向量 $\vec{a}=\{a_x,a_y,a_z\}$ 的方向余弦的坐标表示式为

$$\cos\alpha=\frac{a_x}{|\vec{a}|}=\frac{a_x}{\sqrt{a_x^2+a_y^2+a_z^2}},$$

$$\cos\beta=\frac{a_y}{|\vec{a}|}=\frac{a_y}{\sqrt{a_x^2+a_y^2+a_z^2}},$$

$$\cos\gamma=\frac{a_z}{|\vec{a}|}=\frac{a_z}{\sqrt{a_x^2+a_y^2+a_z^2}}.$$

显然,方向余弦满足以下关系式

$$\cos^2\alpha+\cos^2\beta+\cos^2\gamma=1.$$

与非零向量 $\vec{a}$ 同方向的单位向量的坐标表示为

$$\vec{a}^0=\frac{\vec{a}}{|\vec{a}|}=\frac{1}{|\vec{a}|}\{a_x,a_y,a_z\}=\{\cos\alpha,\cos\beta,\cos\gamma\}.$$

(3) 向量线性运算的坐标表示. 利用向量的坐标表示,可以将向量的线性运算转化为坐标间的代数运算.

设向量 $\vec{a}=\{a_x,a_y,a_z\},\vec{b}=\{b_x,b_y,b_z\}$,则有

① $\vec{a}+\vec{b}=\{a_x+b_x,a_y+b_y,a_z+b_z\}$;

② $\vec{a}-\vec{b}=\{a_x-b_x,a_y-b_y,a_z-b_z\}$;

③ $\lambda\vec{a}=\{\lambda a_x,\lambda a_y,\lambda a_z\}$($\lambda$ 为实数);

④ $\vec{a}/\!/\vec{b}\Leftrightarrow\frac{a_x}{b_x}=\frac{a_y}{b_y}=\frac{a_z}{b_z}$(若 b_x,b_y,b_z 中某一个为零,相应的分子也为零).

例5　求点 $A(4,0,1),B(3,\sqrt{2},2)$ 所确定的向量 $\overrightarrow{AB}$ 的坐标、模、方向余弦和方向角及与 $\overrightarrow{AB}$ 同方向的单位向量 $\overrightarrow{AB}^0$.

解　向量的坐标 $\overrightarrow{AB}=\{x,y,z\}=\{3-4,\sqrt{2}-0,2-1\}=\{-1,\sqrt{2},1\}$.

向量 $\overrightarrow{AB}$ 的模 $|\overrightarrow{AB}|=\sqrt{(-1)^2+(\sqrt{2})^2+1^2}=\sqrt{1+2+1}=2$.

向量 $\overrightarrow{AB}$ 的方向余弦 $\cos\alpha=\frac{x}{|\overrightarrow{AB}|}=-\frac{1}{2}$,方向角为 $\alpha=\frac{2}{3}\pi$,

$$\cos\beta=\frac{y}{|\overrightarrow{AB}|}=\frac{\sqrt{2}}{2},\text{方向角为 }\beta=\frac{\pi}{4},$$

$$\cos\gamma=\frac{z}{|\overrightarrow{AB}|}=\frac{1}{2},\text{方向角为 }\gamma=\frac{\pi}{3}.$$

单位向量$\overrightarrow{AB}^0=\{\cos\alpha,\cos\beta,\cos\gamma\}=\left\{-\frac{1}{2},\frac{\sqrt{2}}{2},\frac{1}{2}\right\}$,

或
$$\overrightarrow{AB}^0=\frac{\overrightarrow{AB}}{|\overrightarrow{AB}|}=\left\{-\frac{1}{2},\frac{\sqrt{2}}{2},\frac{1}{2}\right\}.$$

例 6 设向量$\vec{a}$的方向角$\alpha=\frac{\pi}{4}$,$\beta=\frac{\pi}{2}$,γ为锐角,且$|\vec{a}|=2$,求向量$\vec{a}$的坐标表示式.

解 因为
$$\cos^2\alpha+\cos^2\beta+\cos^2\gamma=1,$$
且
$$\alpha=\frac{\pi}{4},\beta=\frac{\pi}{2},\gamma\text{为锐角},$$
于是有
$$\cos\gamma=\frac{\sqrt{2}}{2}\left(\cos\gamma=-\frac{\sqrt{2}}{2}\text{不合题意,舍去}\right),$$
所以
$$\vec{a}=|\vec{a}|\cdot\vec{a}^0=2\cdot\{\cos\alpha,\cos\beta,\cos\gamma\}=\{\sqrt{2},0,\sqrt{2}\}.$$

练习与思考 1.1

1. 写出点$M(-1,2,3)$关于原点、三个坐标轴、三个坐标平面的对称点的坐标.
2. 在$P(1,-5,2)$,$Q(1,2,-1)$,$R(1,0,3)$中,哪一个点在xOz平面之中?哪一个点距离xOy平面最近?
3. 设α,β,γ是向量$\vec{a}$的三个方向角,则$\sin^2\alpha+\sin^2\beta+\sin^2\gamma$为多少?

习题 1.1

1. 在x轴上求与两点$P_1(-4,1,7)$和$P_2(3,5-2)$等距离的点.
2. 求证以$M_1(4,3,1)$,$M_2(7,1,2)$,$M_3(5,2,3)$三点为顶点的三角形是一个等腰三角形.
3. 求点$P(3,-1,2)$到原点及三个坐标轴的距离.
4. 在yOz平面上,求与$A(3,1,2)$,$B(4,-2,-2)$,$C(0,5,1)$等距离的点.
5. 已知$A(-2,3,5)$,$B(1,-1,z)$,$|\overrightarrow{AB}|=13$,求点B的未知坐标.
6. 求向量$\vec{a}=\{2,-5,\sqrt{7}\}$的模、方向余弦及与$\vec{a}$同方向的单位向量.
7. 【平衡合力】已知力$\vec{F_1}=\{1,1,3\}$,$\vec{F_2}=\{2,-3,1\}$作用于同一点,问如何使力才能与$\vec{F_1}$和$\vec{F_2}$的合力达到平衡?
8. 已知$\vec{a}=\{3,2,5\}$,$\vec{b}=\{2,4,3\}$,$\vec{c}=\vec{a}-\vec{b}$,求向量$\vec{c}$的方向余弦及与$\vec{c}$平行的单位向量.
9. 已知两点$M_1(1,-\sqrt{2},5)$,$M_2(2,0,4)$,求向量$\overrightarrow{M_1M_2}$的模、方向余弦、方向角及与$\overrightarrow{M_1M_2}$同方向的单位向量$\overrightarrow{M_1M_2}^0$.
10. 设向量$\vec{a}$与各坐标轴成相等的锐角,$|\vec{a}|=2\sqrt{3}$,求向量$\vec{a}$的坐标表示式.
11. 设向量$\vec{a}$的方向角$\alpha=\frac{2}{3}\pi$,$\beta=\frac{\pi}{3}$,γ为锐角,且$|\vec{a}|=4$,求向量$\vec{a}$的坐标表示式.

§1.2　向量的数量积与向量积

学习目标

1. 能够熟练进行向量的数量积与向量积的运算.
2. 会判断两个向量是否平行、垂直.

引入问题

【常力做功】若一物体在常力 $\vec{F}$ 的作用下，由点 A 沿直线移动到点 B，其位移 $\vec{S}=\overrightarrow{AB}$(如图 1－10)，则力所做的功为 $W=|\vec{F}||\vec{S}|\cos\theta$，其中 θ 为 $\vec{F}$ 与 $\vec{S}$ 的夹角，W 是一个数量.

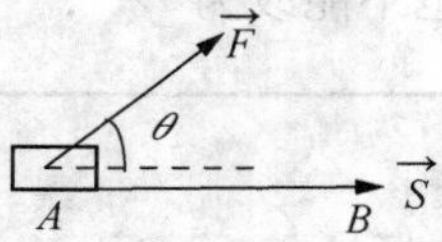

图 1－10

【转动力矩】用一个扳手拧紧或拧开螺丝，就会产生一个转量，即转动力矩(如图 1－11)，转动力矩是一个向量，其方向在转动轴上. 由力学知识可知，引起物体旋转的是力 $\vec{F}$ 的分量 $|\vec{F}|\sin\theta$，其垂直于 $\vec{r}$ 方向，若记转动力矩为 $\vec{\tau}$，则其大小即为 $\vec{\tau}$ 的模

$$|\vec{\tau}|=|\vec{r}||\vec{F}|\sin\theta.$$

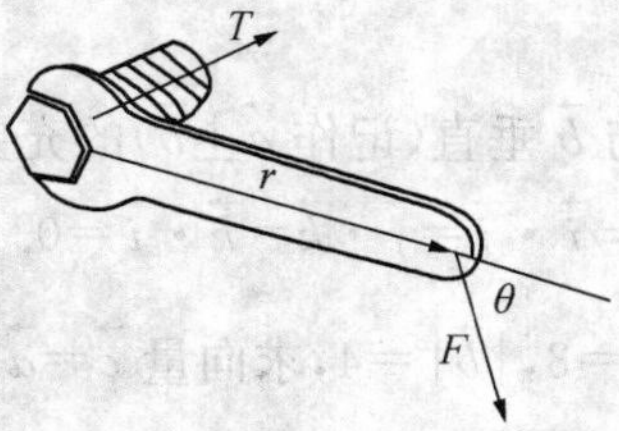

图 1－11

力矩 $\vec{\tau}$ 的方向：$\vec{\tau}\perp\vec{r}$，$\vec{\tau}\perp\vec{F}$，且 $\vec{r}$，$\vec{F}$，$\vec{\tau}$ 构成右手系，即当右手的四指从 $\vec{r}$ 以小于 π 的角度转向 $\vec{F}$ 时，大拇指所指的方向就是力矩 $\vec{\tau}$ 的方向.

上述两个案例中，前者是由两个向量决定一个数量的运算，后者是由两个向量决定一个新的向量的运算. 向量的这两种乘积，在其他领域中也会遇到. 数学上把这两类运算抽象为向量的数量积与向量积.

主要知识

一、向量的数量积

1. 数量积的定义及性质

定义 1-2 设两个向量 $\vec{a},\vec{b}$，夹角为 $(\widehat{\vec{a},\vec{b}})$，则称数 $|\vec{a}||\vec{b}|\cos(\widehat{\vec{a},\vec{b}})$ 为向量 $\vec{a}$ 与 $\vec{b}$ 的数量积(或点积)，记作 $\vec{a}\cdot\vec{b}$，即

$$\vec{a}\cdot\vec{b}=|\vec{a}||\vec{b}|\cos(\widehat{\vec{a},\vec{b}})\qquad(0\leqslant(\widehat{\vec{a},\vec{b}})\leqslant\pi).$$

由数量积的定义，上述案例中做功问题可表示为

$$W=\vec{F}\cdot\vec{S}.$$

注意 $\vec{a}\cdot\vec{b}$ 中的"·"不能省略，也不能改为"×".

数量积有以下性质：

(1) $\vec{a}\cdot\vec{a}=|\vec{a}|^2$，特别地，$\vec{i}\cdot\vec{i}=\vec{j}\cdot\vec{j}=\vec{k}\cdot\vec{k}=1$；

(2) $\vec{a}\cdot\vec{0}=0$；

(3) 交换律 $\vec{a}\cdot\vec{b}=\vec{b}\cdot\vec{a}$；

(4) 结合律 $(\lambda\vec{a})\cdot\vec{b}=\vec{a}\cdot(\lambda\vec{b})=\lambda(\vec{a}\cdot\vec{b})$，其中 λ 为实数；

(5) 分配律 $\vec{a}\cdot(\vec{b}+\vec{c})=\vec{a}\cdot\vec{b}+\vec{a}\cdot\vec{c}$.

由数量积的定义可知，$\vec{a}\cdot\vec{b}=0$ 的充要条件是 $|\vec{a}|=0$ 或 $|\vec{b}|=0$ 或 $(\widehat{\vec{a},\vec{b}})=\dfrac{\pi}{2}$，因此，有下述定理.

定理 1-1 两非零向量 $\vec{a}$ 与 $\vec{b}$ 垂直(记作 $\vec{a}\perp\vec{b}$)的充要条件是 $\vec{a}\cdot\vec{b}=0$.

例如，$\vec{i},\vec{j},\vec{k}$ 两两相互垂直 $\Leftrightarrow\vec{i}\cdot\vec{j}=\vec{j}\cdot\vec{k}=\vec{k}\cdot\vec{i}=0$.

例 1 已知 $(\widehat{\vec{a},\vec{b}})=\dfrac{2\pi}{3}$，$|\vec{a}|=3$，$|\vec{b}|=4$，求向量 $\vec{c}=\vec{a}+2\vec{b}$ 的模.

解 根据数量积的定义和性质，有

$$\begin{aligned}|\vec{c}|^2=\vec{c}\cdot\vec{c}&=(\vec{a}+2\vec{b})\cdot(\vec{a}+2\vec{b})\\&=\vec{a}\cdot\vec{a}+2\vec{b}\cdot\vec{a}+2\vec{a}\cdot\vec{b}+4\vec{b}\cdot\vec{b}\\&=|\vec{a}|^2+4|\vec{a}||\vec{b}|\cos(\widehat{\vec{a},\vec{b}})+4|\vec{b}|^2\\&=3^2+4\times3\times4\times\cos\frac{2\pi}{3}+4\times4^2\\&=49,\end{aligned}$$

所以
$$|\vec{c}|=7.$$

2. 数量积的坐标表示

设向量 $\vec{a}=\{a_x,a_y,a_z\}=a_x\vec{i}+a_y\vec{j}+a_z\vec{k}$，$\vec{b}=\{b_x,b_y,b_z\}=b_x\vec{i}+b_y\vec{j}+b_z\vec{k}$，

则
$$\begin{aligned}\vec{a}\cdot\vec{b}&=(a_x\vec{i}+a_y\vec{j}+a_z\vec{k})\cdot(b_x\vec{i}+b_y\vec{j}+b_z\vec{k})\\&=a_xb_x(\vec{i}\cdot\vec{i})+a_xb_y(\vec{i}\cdot\vec{j})+a_xb_z(\vec{i}\cdot\vec{k})+a_yb_x(\vec{j}\cdot\vec{i})+a_yb_y(\vec{j}\cdot\vec{j})\\&\quad+a_yb_z(\vec{j}\cdot\vec{k})+a_zb_x(\vec{k}\cdot\vec{i})+a_zb_y(\vec{k}\cdot\vec{j})+a_zb_z(\vec{k}\cdot\vec{k}),\end{aligned}$$

所以
$$\vec{a}\cdot\vec{b}=a_xb_x+a_yb_y+a_zb_z. \tag{1-3}$$

公式(1-3)称为**数量积的坐标表示式**，即两向量的数量积等于它们对应坐标的乘积之和.

由(1-3)式及向量数量积的定义还可得到两非零向量 $\vec{a}$ 与 $\vec{b}$ 夹角余弦的坐标表示式

$$\cos(\widehat{\vec{a},\vec{b}})=\frac{\vec{a}\cdot\vec{b}}{|\vec{a}||\vec{b}|}=\frac{a_xb_x+a_yb_y+a_zb_z}{\sqrt{a_x^2+a_y^2+a_z^2}\cdot\sqrt{b_x^2+b_y^2+b_z^2}}. \tag{1-4}$$

由上式知
$$\vec{a}\perp\vec{b}\Leftrightarrow\vec{a}\cdot\vec{b}=0\Leftrightarrow a_xb_x+a_yb_y+a_zb_z=0.$$

例 2　已知三点 $A(3,3,2)$，$B(1,2,1)$，$C(2,4,0)$，求 $\angle B$ 的大小.

解　作向量 $\overrightarrow{BA}$，$\overrightarrow{BC}$，则 $\overrightarrow{BA}$ 与 $\overrightarrow{BC}$ 的夹角即为 $\angle B$.

$\overrightarrow{BA}=\{3-1,3-2,2-1\}=\{2,1,1\}$，$\overrightarrow{BC}=\{2-1,4-2,0-1\}=\{1,2,-1\}$，

$\overrightarrow{BA}\cdot\overrightarrow{BC}=2\times1+1\times2+1\times(-1)=3$，

$$|\overrightarrow{BA}|=\sqrt{2^2+1^2+1^2}=\sqrt{6},\ |\overrightarrow{BC}|=\sqrt{1^2+2^2+(-1)^2}=\sqrt{6},$$

于是由向量夹角余弦的坐标表示式得

$$\cos\angle B=\cos(\widehat{\overrightarrow{BA},\overrightarrow{BC}})=\frac{3}{\sqrt{6}\cdot\sqrt{6}}=\frac{1}{2},$$

所以
$$\angle B=\frac{\pi}{3}.$$

例 3　【斜力做功】设有一方向角分别为 60°，60°，135°，大小为 100 N 的力 $\vec{F}$，它使得一质点从 $A(3,-1,5\sqrt{2})$ 做直线运动至点 $B(-1,4,0)$，求力 $\vec{F}$ 所做的功(坐标长度单位:m).

解　由于力的方向角分别为 60°，60°，135°，所以与力 $\vec{F}$ 同向的单位向量为

$$\vec{F}^0=\{\cos 60°,\cos 60°,\cos 135°\}=\left\{\frac{1}{2},\frac{1}{2},-\frac{\sqrt{2}}{2}\right\},$$

于是
$$\vec{F}=|\vec{F}|\cdot\vec{F}^0=100\cdot\left\{\frac{1}{2},\frac{1}{2},-\frac{\sqrt{2}}{2}\right\}=\{50,50,-50\sqrt{2}\},$$

又 $$\overrightarrow{AB}=\{-1-3,4+1,0-5\sqrt{2}\}=\{-4,5,-5\sqrt{2}\},$$

因此，力 $\vec{F}$ 所做的功为

$$W=\vec{F}\cdot\overrightarrow{AB}=50\times(-4)+50\times5+50\sqrt{2}\times5\sqrt{2}=550(\text{J}).$$

二、两向量的向量积

1. 向量积的定义及性质

定义 1-3 设向量 $\vec{c}$ 由两个已知向量 $\vec{a}$ 与 $\vec{b}$ 按下列方式给出：

(1) $\vec{c}$ 的模 $|\vec{c}|=|\vec{a}|\cdot|\vec{b}|\sin(\widehat{\vec{a},\vec{b}})$；

(2) $\vec{c}$ 的方向 $\vec{c}\perp\vec{a},\vec{c}\perp\vec{b}$，且按右手法则确定，即当四指从 $\vec{a}$ 转向 $\vec{b}$ 时，大拇指所指方向即为 $\vec{c}$ 的方向(如图 1-12)，则向量 $\vec{c}$ 称为向量 $\vec{a}$ 与 $\vec{b}$ 的**向量积**(或叉积)，记作 $\vec{a}\times\vec{b}$，即 $\vec{c}=\vec{a}\times\vec{b}$.

> **注意** 这里的“×”不能省略，也不能写成“·”.

按上述定义，案例中提到的力矩 $\vec{\tau}$ 可表示为 $\vec{\tau}=\vec{r}\times\vec{F}$.

向量积的模 $|\vec{a}\times\vec{b}|=|\vec{a}|\cdot|\vec{b}|\sin(\widehat{\vec{a},\vec{b}})$，在几何上表示以向量 $\vec{a},\vec{b}$ 为邻边的平行四边形的面积(如图 1-13).

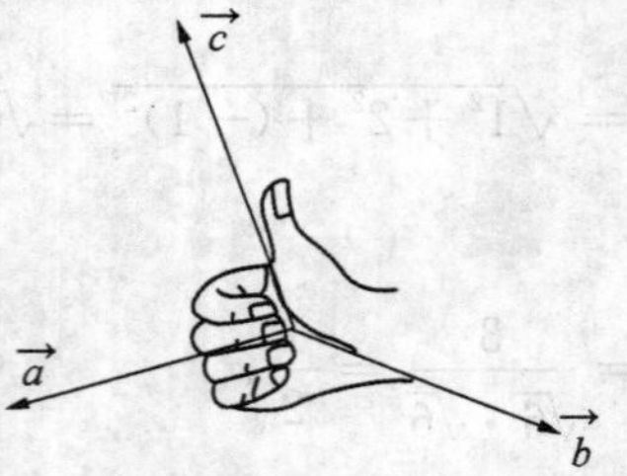

图 1-12

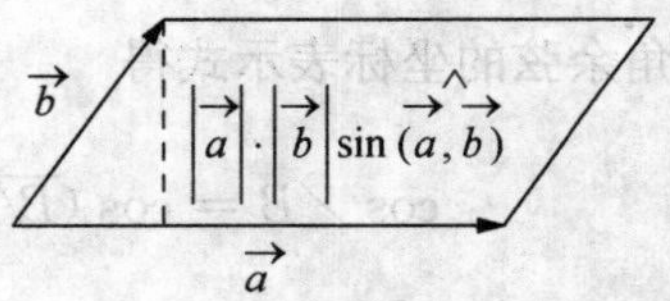

图 1-13

向量积有以下运算性质：

(1) $\vec{a}\times\vec{a}=\vec{0}$；

(2) 反交换律 $\vec{a}\times\vec{b}=-\vec{b}\times\vec{a}$；

(3) 结合律 $(\lambda\vec{a})\times\vec{b}=\vec{a}\times(\lambda\vec{b})=\lambda(\vec{a}\times\vec{b})$，其中 λ 为实数；

(4) 分配律 $\vec{a}\times(\vec{b}+\vec{c})=\vec{a}\times\vec{b}+\vec{a}\times\vec{c}$.

若 $\vec{a}/\!/\vec{b}$，则 $(\widehat{\vec{a},\vec{b}})=0$ 或 π，$\sin(\widehat{\vec{a},\vec{b}})=0$，因此，有下述定理.

定理 1-2 两非零向量 $\vec{a}$ 与 $\vec{b}$ 平行($\vec{a}/\!/\vec{b}$)的充要条件是 $\vec{a}\times\vec{b}=\vec{0}$.

由向量积的定义、运算性质，可得

$$\vec{i}\times\vec{i}=\vec{j}\times\vec{j}=\vec{k}\times\vec{k}=\vec{0};$$
$$\vec{i}\times\vec{j}=\vec{k},\vec{j}\times\vec{k}=\vec{i},\vec{k}\times\vec{i}=\vec{j};$$
$$\vec{j}\times\vec{i}=-\vec{k},\vec{k}\times\vec{j}=-\vec{i},\vec{i}\times\vec{k}=-\vec{j}.$$

2. 向量积的坐标表示

设向量$\vec{a}=\{a_x,a_y,a_z\}=a_x\vec{i}+a_y\vec{j}+a_z\vec{k}$，$\vec{b}=\{b_x,b_y,b_z\}=b_x\vec{i}+b_y\vec{j}+b_z\vec{k}$，则

$$\begin{aligned}\vec{a}\times\vec{b}&=(a_x\vec{i}+a_y\vec{j}+a_z\vec{k})\times(b_x\vec{i}+b_y\vec{j}+b_z\vec{k})\\&=a_xb_x(\vec{i}\times\vec{i})+a_xb_y(\vec{i}\times\vec{j})+a_xb_z(\vec{i}\times\vec{k})+a_yb_x(\vec{j}\times\vec{i})+a_yb_y(\vec{j}\times\vec{j})\\&\quad+a_yb_z(\vec{j}\times\vec{k})+a_zb_x(\vec{k}\times\vec{i})+a_zb_y(\vec{k}\times\vec{j})+a_zb_z(\vec{k}\times\vec{k}),\end{aligned}$$

所以
$$\vec{a}\times\vec{b}=(a_yb_z-a_zb_y)\vec{i}+(a_zb_x-a_xb_z)\vec{j}+(a_xb_y-a_yb_x)\vec{k},\tag{1-5}$$

公式(1-5)称为**向量积的坐标表示式**.

为便于记忆，利用§2.2中三阶行列式的展开式，将式(1-5)用行列式表示为

$$\vec{a}\times\vec{b}=\begin{vmatrix}\vec{i}&\vec{j}&\vec{k}\\a_x&a_y&a_z\\b_x&b_y&b_z\end{vmatrix}.$$

例4　已知向量$\vec{a}=\vec{i}-2\vec{j}+\vec{k}$，$\vec{b}=-3\vec{j}+\vec{k}$，$\vec{c}=2\vec{i}+4\vec{j}-3\vec{k}$，计算：

(1) $(3\vec{a})\cdot(4\vec{b})$；　　(2) $3\vec{a}\times4\vec{b}$；　　(3) $(\vec{a}+\vec{b})\times(\vec{b}+\vec{c})$.

解　$\vec{a}=\vec{i}-2\vec{j}+\vec{k}=\{1,-2,1\}$，$\vec{b}=-3\vec{j}+\vec{k}=\{0,-3,1\}$，

$\vec{c}=2\vec{i}+4\vec{j}-3\vec{k}=\{2,4,-3\}$.

(1) 由向量的数量积公式和性质，得

$$\begin{aligned}(3\vec{a})\cdot(4\vec{b})&=12\vec{a}\cdot\vec{b}=12\{1,-2,1\}\cdot\{0,-3,1\}\\&=12[1\times0+(-2)\times(-3)+1\times1]=84.\end{aligned}$$

(2) 由向量的向量积公式和性质，得

$$\begin{aligned}3\vec{a}\times4\vec{b}&=12\begin{vmatrix}\vec{i}&\vec{j}&\vec{k}\\1&-2&1\\0&-3&1\end{vmatrix}\\&=12[(-2\vec{i}+0\vec{j}-3\vec{k})-(0\vec{k}-3\vec{i}+\vec{j})]\\&=12\vec{i}-12\vec{j}-36\vec{k}.\end{aligned}$$

(3) 由向量的和差运算法则，得

$$\vec{a}+\vec{b}=\{1,-2,1\}+\{0,-3,1\}=\{1,-5,2\},$$
$$\vec{b}+\vec{c}=\{0,-3,1\}+\{2,4,-3\}=\{2,1,-2\}.$$

由向量的向量积公式得

$$(\vec{a}+\vec{b})\times(\vec{b}+\vec{c})=\{1,-5,2\}\times\{2,1,-2\}=\begin{vmatrix}\vec{i} & \vec{j} & \vec{k}\\ 1 & -5 & 2\\ 2 & 1 & -2\end{vmatrix}=(10\vec{i}+\vec{k}+4\vec{j})-$$

$$(-10\vec{k}+2\vec{i}-2\vec{j})=8\vec{i}+6\vec{j}+11\vec{k}.$$

例 5 求同时垂直于向量 $\vec{a}=\{2,1,-1\}$ 和 $\vec{b}=\{1,-2,2\}$ 的一个向量.

解 由向量积的定义，$\vec{a}\times\vec{b}$ 同时垂直于 $\vec{a}$ 与 $\vec{b}$，$\vec{a}\times\vec{b}$ 即为满足要求的一个向量.

$$\vec{a}\times\vec{b}=\begin{vmatrix}\vec{i} & \vec{j} & \vec{k}\\ 2 & 1 & -1\\ 1 & -2 & 2\end{vmatrix}=\begin{vmatrix}1 & -1\\ -2 & 2\end{vmatrix}\vec{i}-\begin{vmatrix}2 & -1\\ 1 & 2\end{vmatrix}\vec{j}+\begin{vmatrix}2 & 1\\ 1 & -2\end{vmatrix}\vec{k}$$

$$=0\vec{i}-5\vec{j}-5\vec{k}=\{0,-5,-5\},$$

事实上，所有 $\lambda(\vec{a}\times\vec{b})$（其中 λ 为不等于零的常数）都是满足要求的向量.

例 6 已知 $\overrightarrow{OA}=\vec{i}+3\vec{k}$，$\overrightarrow{OB}=\vec{j}+3\vec{k}$，求三角形 OAB 的面积.

解 由向量积的几何意义可得三角形 OAB 的面积 $s=\dfrac{1}{2}|\overrightarrow{OA}\times\overrightarrow{OB}|$.

因为 $\overrightarrow{OA}\times\overrightarrow{OB}=\begin{vmatrix}\vec{i} & \vec{j} & \vec{k}\\ 1 & 0 & 3\\ 0 & 1 & 3\end{vmatrix}=(0\vec{i}+\vec{k}+0\vec{j})-(0\vec{k}+3\vec{i}+3\vec{j})=-3\vec{i}-3\vec{j}+\vec{k}=\{-3,-3,1\}$，所以 $s=\dfrac{1}{2}|\overrightarrow{OA}\times\overrightarrow{OB}|=\dfrac{1}{2}\sqrt{(-3)^2+(-3)^2+1^2}=\dfrac{1}{2}\sqrt{19}$.

练习与思考 1.2

1. 已知向量 $\vec{a}=\{2,-3,1\}$，$\vec{b}=\{1,1,7\}$，$\vec{c}=\{0,1,-2\}$，求：

   (1) $\vec{a}\cdot\vec{i}$； (2) $\vec{b}\times\vec{c}$； (3) $(\vec{a}+\vec{b})\cdot\vec{c}$； (4) $(\vec{a}+\vec{b})\times\vec{c}$.

2. 设向量 $\vec{a}=\vec{i}-\vec{k}$，$\vec{b}=2\vec{i}-3\vec{j}+2\vec{k}$，求 $\vec{a}\times\vec{b}$ 及 $\vec{b}\times\vec{a}$.
3. 判断下列向量中哪些是互相垂直的？哪些是互相平行的？

   $\vec{a}=\{2,2,2\}$，$\vec{b}=\{-1,-1,2\}$，$\vec{c}=\{2,2,-4\}$，$\vec{d}=\{-1,1,0\}$.

4. 已知 $|\vec{a}|=2$，$|\vec{b}|=5$，$\vec{a}\cdot\vec{b}=6$，求 $|\vec{a}\times\vec{b}|$.

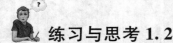

习题 1.2

1. 求平行于向量 $\vec{a}=2\vec{i}+\vec{j}-\vec{k}$，且满足 $\vec{a}\cdot\vec{b}=3$ 的向量 $\vec{b}$ 的坐标表达式.
2. 设向量 $\vec{a}=2\vec{i}-\vec{j}+3\vec{k}$ 与向量 $\vec{b}$ 共线，且向量 $\vec{b}$ 的模为 $\sqrt{14}$，求向量 $\vec{b}$.
3. 已知向量 $\vec{a}=\{1,-1,-2\}$，$\vec{b}=\{-1,-2,-1\}$，求 $\vec{a}$ 与 $\vec{b}$ 的夹角.

4. 已知三点 $A(-1,2,3)$，$B(1,1,1)$，$C(0,0,5)$，求$\angle ABC$.

5. 向量 $\vec{a}$ 位于 xOy 平面之中，向量 $\vec{b}$ 与 $\vec{k}$ 平行. 它们的长度分别为 $|\vec{a}|=3$，$|\vec{b}|=2$，求$|\vec{a}\times\vec{b}|$.

6. 求以 $A(1,2,3)$，$B(3,4,5)$和$C(2,4,7)$为顶点的$\triangle ABC$的面积.

7. 已知向量 $\vec{a}=\{2,1,-1\}$，$\vec{b}=\{1,-2,1\}$，平行四边形以 $\vec{a}$，$\vec{b}$ 为边，试求该平行四边形的面积.

8. 求与 $\vec{i}+\vec{j}+\vec{k}$ 和 $2\vec{i}+\vec{k}$ 都垂直的两个单位向量.

9.【杠杆力矩】已知力 $\vec{F}=2\vec{i}-\vec{j}+3\vec{k}$ 作用于杠杆上一点 $P(3,1,-1)$处，求此力关于杠杆上另一点 $Q(1,-2,1)$的力矩.

§1.3　平面与直线

学习目标

1. 会根据简单的几何条件求平面的点法式方程，了解平面的一般式方程.
2. 会根据简单的几何条件求空间直线的点向式方程，了解空间直线的一般式方程.
3. 会判断空间平面、直线之间的位置关系.

引入问题

在平面解析几何中，通过建立平面直角坐标系，把平面中曲线(包括直线)看作动点的轨迹，从而得出直线、曲线相应的方程. 在空间直角坐标系中，同样利用动点轨迹的概念，那么平面、直线有何种方程形式呢？

一、空间平面方程

1. 平面方程

定义 1-4　若非零向量 $\vec{n}$ 与平面 Π 垂直，则称 $\vec{n}$ 为平面 Π 的**法向量**.

显然，一平面的法向量有无数个且相互平行.

由立体几何知识可知，过空间一定点 P_0 且垂直于一个非零向量 $\vec{n}$ 有且只有一个平面 Π(如图 1-14).

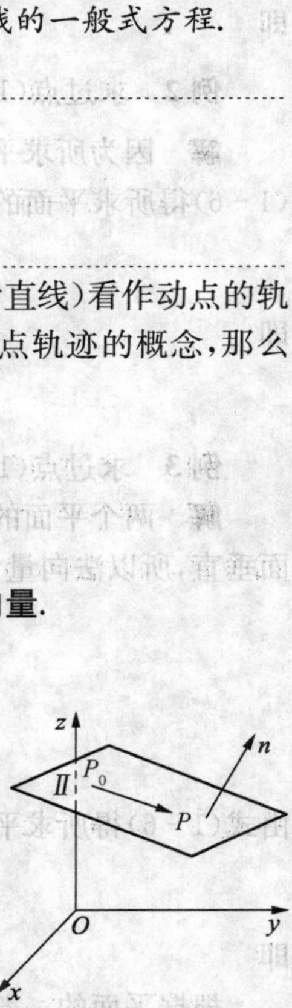

图 1-14

下面推导过一个定点 $P_0(x_0,y_0,z_0)$，且以 $\vec{n}=\{A,B,C\}$为法向量的平面 Π 的方程.

设 $P(x,y,z)$为平面 Π 上的任意动点(如图 1-14). 由于向量

$$\overrightarrow{P_0P}=\{x-x_0,y-y_0,z-z_0\}$$

一定在平面 Π 上，因此，$\vec{n}\perp\overrightarrow{P_0P}$. 于是

$$\vec{n} \cdot \overrightarrow{P_0P} = 0,$$

即
$$A(x-x_0)+B(y-y_0)+C(z-z_0)=0. \tag{1-6}$$

这就是过点 $P_0(x_0,y_0,z_0)$ 且法向量为 $\vec{n}=\{A,B,C\}$ 的**平面的点法式方程**.

将公式(1-6)式展开，得

$$Ax+By+Cz+(-Ax_0-By_0-Cz_0)=0,$$

令 $D=-Ax_0-By_0-Cz_0$，则有

$$Ax+By+Cz+D=0(A,B,C\text{不全为零}), \tag{1-7}$$

式(1-7)称为**平面的一般式方程**，其中 $\{A,B,C\}$ 为该平面的一个法向量.

由公式(1-6)，(1-7)可知，任何平面的方程是三元一次方程，且三元一次方程与平面之间有一一对应关系.

例 1 求过点 $(2,4,-1)$ 且垂直于向量 $\vec{n}=\{2,3,4\}$ 的平面方程.

解 向量 $\vec{n}=\{2,3,4\}$ 为所求平面的一个法向量，由公式(1-6)得所求平面的方程为

$$2(x-2)+3(y-4)+4(z+1)=0,(\text{点法式})$$

即
$$2x+3y+4z-12=0.(\text{一般式})$$

例 2 求过点 $(1,-1,2)$ 且平行于平面 $3x-y+2z+6=0$ 的平面方程.

解 因为所求平面平行于平面 $3x-y+2z+6=0$，所以法向量为 $\vec{n}=\{3,-1,2\}$，由式(1-6)得所求平面的方程为

$$3(x-1)-(y+1)+2(z-2)=0,(\text{点法式})$$

即

$$3x-y+2z-8=0.(\text{一般式})$$

例 3 求过点 $(1,1,1)$ 且垂直于两平面 $x-2y+z=0$，$y=0$ 的平面方程.

解 两个平面的法向量分别为 $\vec{n_1}=\{1,-2,1\}$，$\vec{n_2}=\{0,1,0\}$，因为所求平面与这两个平面垂直，所以法向量为

$$\vec{n}=\vec{n_1}\times\vec{n_2}=\begin{vmatrix} \vec{i} & \vec{j} & \vec{k} \\ 1 & -2 & 1 \\ 0 & 1 & 0 \end{vmatrix}=-\vec{i}+\vec{k},$$

由式(1-6)得所求平面的点法式方程为

$$-(x-1)+0(y-1)+(z-1)=0,$$

即
$$x-z=0.$$

根据平面的一般式方程(1-7)的系数可以判断平面的一些特殊情形：

(1) 当 $D=0$ 时，平面方程为 $Ax+By+Cz=0$，它表示过原点的一个平面.

(2) 当 $A=0$ 时，平面方程为 $By+Cz+D=0$，法向量 $\vec{n}=\{0,B,C\}$ 垂直于 x 轴，平面平行于 x 轴（当 $D=0$ 时，平面过 x 轴）.

当 $B=0$ 时，平面方程为 $Ax+Cz+D=0$，法向量 $\vec{n}=\{A,0,C\}$ 垂直于 y 轴，平面平行于 y 轴（当 $D=0$ 时，平面过 y 轴）.

当 $C=0$ 时，平面方程为 $Ax+By+D=0$，法向量 $\vec{n}=\{A,B,0\}$ 垂直于 z 轴，平面平行于 z 轴（当 $D=0$ 时，平面过 z 轴）.

(3) 当 $B=C=0$ 时，平面方程为 $Ax+D=0$，法向量 $\vec{n}=\{A,0,0\}$ 垂直于 y 轴和 z 轴，平面平行于 yOz 平面（当 $D=0$ 时，与 yOz 面重合）.

当 $A=C=0$ 时，平面方程为 $By+D=0$，法向量 $\vec{n}=\{0,B,0\}$ 垂直于 x 轴和 z 轴，平面平行于 xOz 平面（当 $D=0$ 时，与 xOz 面重合）.

当 $A=B=0$ 时，平面方程为 $Cz+D=0$，法向量 $\vec{n}=\{0,0,C\}$ 垂直于 x 轴和 y 轴，平面平行于 xOy 平面（当 $D=0$ 时，与 xOy 面重合）.

例 4　求经过 z 轴，且过点 $M(1,2,-1)$ 的平面方程.

解法一　在 z 轴上任取两点，如 $A(0,0,1)$，$B(0,0,2)$，根据题意，则 A,B,M 三点必在所求的平面上，$\overrightarrow{AB}=\{0,0,1\}$，$\overrightarrow{AM}=\{1,2,-2\}$，法向量可取为

$$\vec{n}=\overrightarrow{AB}\times\overrightarrow{AM}=\begin{vmatrix}\vec{i}&\vec{j}&\vec{k}\\0&0&1\\1&2&-2\end{vmatrix}=-2\vec{i}+\vec{j}=\{-2,1,0\},$$

则所求平面方程为　$$-2(x-0)+1(y-0)+0(z-1)=0,$$

即　$$2x-y=0.$$

解法二　因为平面过 z 轴，故设平面的一般方程为

$$Ax+By=0,$$

将点 $M(1,2,-1)$ 代入平面方程可得

$$A+2B=0,$$

解得 $A=-2B$，为简单起见，令 $B=1$，即得所求平面方程为 $2x-y=0$.

例 5　求过三点 $A(a,0,0)$，$B(0,b,0)$，$C(0,0,c)$ $(a,b,c\neq0)$ 的平面 Π 的方程.

解　平面的法向量 $\vec{n}=\overrightarrow{AB}\times\overrightarrow{AC}$. 由于 $\overrightarrow{AB}=\{-a,b,0\}$，$\overrightarrow{AC}=\{-a,0,c\}$，故

$$\vec{n}=\overrightarrow{AB}\times\overrightarrow{AC}=\begin{vmatrix}\vec{i}&\vec{j}&\vec{k}\\-a&b&0\\-a&0&c\end{vmatrix}=bc\vec{i}+ac\vec{j}+ab\vec{k}.$$

因此，所求平面 Π 的方程为

$$bc(x-a)+ac(y-0)+ab(z-0)=0,$$

化简，得

$$bcx + acy + abz = abc,$$

由于 $a,b,c\neq 0$，将两边同除以 abc，得该平面的方程为

$$\frac{x}{a}+\frac{y}{b}+\frac{z}{c}=1. \tag{1-8}$$

此例中的 A,B,C 三点为平面与三个坐标轴的交点，我们把这三个点中的坐标分量 a，b，c 分别称为该平面在 x 轴，y 轴和 z 轴上的截距，称方程(1-8)为**平面的截距式方程**.

2. 两平面的位置关系

设平面 Π_1 和 Π_2 的方程为

$\Pi_1: A_1x+B_1y+C_1z+D_1=0$（$A_1,B_1,C_1$ 不同时为零），其法向量 $\overrightarrow{n_1}=\{A_1,B_1,C_1\}$.

$\Pi_2: A_2x+B_2y+C_2z+D_2=0$（$A_2,B_2,C_2$ 不同时为零），其法向量 $\overrightarrow{n_2}=\{A_2,B_2,C_2\}$.

(1) 两平面平行 $\Leftrightarrow \overrightarrow{n_1}/\!/\overrightarrow{n_2}\Leftrightarrow \frac{A_1}{A_2}=\frac{B_1}{B_2}=\frac{C_1}{C_2}\neq\frac{D_1}{D_2}$.

(2) 两平面重合 $\Leftrightarrow \frac{A_1}{A_2}=\frac{B_1}{B_2}=\frac{C_1}{C_2}=\frac{D_1}{D_2}$.

(3) 两平面相交 $\Leftrightarrow A_1,B_1,C_1$ 与 A_2,B_2,C_2 不成比例.

我们把两平面的法向量夹角 $\theta(0\leqslant\theta\leqslant 90^\circ)$ 称为**两平面的夹角.**

由向量的数量积的定义，得两平面夹角 θ 的余弦为

$$\cos\theta=|\cos(\widehat{\overrightarrow{n_1},\overrightarrow{n_2}})|=\frac{|\overrightarrow{n_1}\cdot\overrightarrow{n_2}|}{|\overrightarrow{n_1}||\overrightarrow{n_2}|}=\frac{|A_1A_2+B_1B_2+C_1C_2|}{\sqrt{A_1^2+B_1^2+C_1^2}\cdot\sqrt{A_2^2+B_2^2+C_2^2}}.$$

特别地，两平面垂直 $\Leftrightarrow \overrightarrow{n_1}\perp\overrightarrow{n_2}\Leftrightarrow\overrightarrow{n_1}\cdot\overrightarrow{n_2}=0\Leftrightarrow A_1A_2+B_1B_2+C_1C_2=0$.

例 6 设两平面 Π_1，Π_2 的方程分别为 $x-y+5=0$ 和 $x-2y+2z-3=0$，求 Π_1 和 Π_2 的夹角 φ.

解 由 $\overrightarrow{n_1}=\{1,-1,0\}$，$\overrightarrow{n_2}=\{1,-2,2\}$ 得

$$\cos\varphi=\frac{|\overrightarrow{n_1}\cdot\overrightarrow{n_2}|}{|\overrightarrow{n_1}||\overrightarrow{n_2}|}=\frac{|1\times1-1\times(-2)+0\times2|}{\sqrt{1^2+(-1)^2}\cdot\sqrt{1^2+(-2)^2+2^2}}=\frac{\sqrt{2}}{2},$$

所以

$$\varphi=\frac{\pi}{4}.$$

二、空间直线方程

1. 直线方程

定义 1-5 若非零向量 $\vec{s}=\{m,n,p\}$ 与直线 L 平行，则称 $\vec{s}$ 为直线 L 的一个**方向向量.**

显然，一条直线的方向向量有无数个且相互平行，直线上的任一向量都平行于该直线的方向向量.

由于过空间的一点 $M_0(x_0,y_0,z_0)$ 且与一非零向量 $\vec{s}=\{m,n,p\}$ 平行的直线是唯一确定的(如图 1-15)，因此，可以在空间直角坐标系中建立直线的方程.

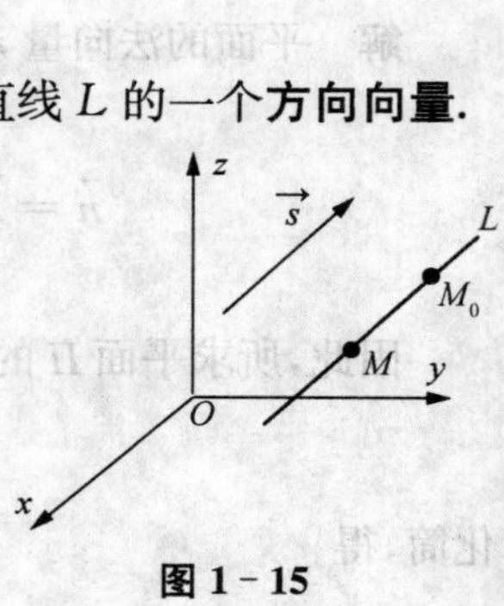

图 1-15

设 $M(x,y,z)$ 是直线 L 上的任意动点，由于向量 $\overrightarrow{M_0M}=\{x-$

$x_0, y-y_0, z-z_0\}$必在直线 L 上，因此，$\overrightarrow{M_0M} // \vec{s}$，根据向量平行的充要条件，有

$$\frac{x-x_0}{m}=\frac{y-y_0}{n}=\frac{z-z_0}{p}. \tag{1-9}$$

式(1-9)称为**直线的点向式方程**.

> **注意**　在方程(1-9)中，当 m,n,p 中有一个或两个为零时，我们规定相应的分子也为零.

例如　(1) 当 $m=0$，但 n,p 不为零时，直线的点向式方程表示为

$$\begin{cases}\dfrac{y-y_0}{n}=\dfrac{z-z_0}{p};\\ x-x_0=0\end{cases}$$

(2) 当 $m=p=0, n\neq 0$ 时，直线的点向式方程表示为

$$\begin{cases}x-x_0=0\\ z-z_0=0\end{cases}.$$

例 7　求过点 $A(3,-1,1)$，$B(2,-1,4)$的直线方程.

解　取直线的方向向量为$\vec{s}=\overrightarrow{AB}=\{-1,0,3\}$，则所求直线的方程为

$$\begin{cases}\dfrac{x-3}{-1}=\dfrac{z-1}{3}\\ y+1=0\end{cases}.$$

例 8　求过点 $A(2,0,-1)$且与平面 $x+2y-3z+8=0$ 垂直的直线方程.

解　由于所求直线与已知平面垂直，故所求直线的方向向量与已知平面的法向量平行，可取$\vec{s}=\{1,2,-3\}$，则所求直线的方程为

$$\frac{x-2}{1}=\frac{y}{2}=\frac{z+1}{-3}.$$

在直线的点向式方程(1-9)中，令$\dfrac{x-x_0}{m}=\dfrac{y-y_0}{n}=\dfrac{z-z_0}{p}=t$，则

$$\begin{cases}x=x_0+mt\\ y=y_0+nt\\ z=z_0+pt\end{cases}. \tag{1-10}$$

方程组(1-10)称为**直线的参数式方程**，其中 t 称为**参数**.

两个相交平面的交线确定一条直线，因此，两个相交平面的联立方程组

$$\begin{cases}A_1x+B_1y+C_1z+D_1=0\\ A_2x+B_2y+C_2z+D_2=0\end{cases} \tag{1-11}$$

表示一条直线，方程组(1-11)称为**直线的一般式方程**，由于两平面的法向量都垂直于交线，故该交线的方向向量可取为

$$\vec{s}=\vec{n_1}\times\vec{n_2}=\{A_1,B_1,C_1\}\times\{A_2,B_2,C_2\}=\begin{vmatrix}\vec{i} & \vec{j} & \vec{k}\\ A_1 & B_1 & C_1\\ A_2 & B_2 & C_2\end{vmatrix}.$$

例 9 把直线 L 的一般式方程 $\begin{cases}x+y-2z+2=0\\ 2x-3y+z-1=0\end{cases}$ 化为点向式方程.

解法一 首先求直线上的一点. 令 $z=0$,代入直线 L 的一般式方程中,得

$$\begin{cases}x+y+2=0\\ 2x-3y-1=0\end{cases},$$

求得 $x=-1,y=-1$,则点 $(-1,-1,0)$ 在直线上.

其次,直线的方向向量可取为

$$\vec{s}=\vec{n_1}\times\vec{n_2}=\begin{vmatrix}\vec{i} & \vec{j} & \vec{k}\\ 1 & 1 & -2\\ 2 & -3 & 1\end{vmatrix}=-5\vec{i}-5\vec{j}-5\vec{k}.$$

因此,直线的点向式方程为

$$\frac{x+1}{-5}=\frac{y+1}{-5}=\frac{z}{-5},$$

即

$$x+1=y+1=z.$$

解法二 分别消去直线 L 的一般式方程中的 y 和 z,得

$$x-z+1=0 \quad 和 \quad x-y=0,$$

即

$$x=z-1 \quad 和 \quad x=y.$$

上两式写成连等式,即为直线的点向式方程

$$x=y=z-1(也可化为\ x+1=y+1=z).$$

2. 两直线的位置关系

设直线 L_1 和 L_2 的方程为

$L_1:\dfrac{x-x_1}{m_1}=\dfrac{y-y_1}{n_1}=\dfrac{z-z_1}{p_1}$,其方向向量 $\vec{s_1}=\{m_1,n_1,p_1\}$,

$L_2:\dfrac{x-x_2}{m_2}=\dfrac{y-y_2}{n_2}=\dfrac{z-z_2}{p_2}$,其方向向量 $\vec{s_2}=\{m_2,n_2,p_2\}$.

(1) 两直线平行 $\Leftrightarrow \vec{s_1}/\!/\vec{s_2}\Leftrightarrow \dfrac{m_1}{m_2}=\dfrac{n_1}{n_2}=\dfrac{p_1}{p_2}$.

(2) 两直线的夹角——指两直线的方向向量的夹角 $\theta(0\leqslant\theta\leqslant 90^\circ)$.

由向量的数量积的定义,得两直线夹角 θ 的余弦为

$$\cos\theta=|\cos(\widehat{\vec{s_1},\vec{s_2}})|=\frac{|\vec{s_1}\cdot\vec{s_2}|}{|\vec{s_1}||\vec{s_2}|}=\frac{|m_1m_2+n_1n_2+p_1p_2|}{\sqrt{m_1^2+n_1^2+p_1^2}\cdot\sqrt{m_2^2+n_2^2+p_2^2}}.$$

特别地，两直线垂直$\Leftrightarrow \vec{s_1} \perp \vec{s_2} \Leftrightarrow m_1m_2+n_1n_2+p_1p_2=0$.

3. 直线与平面的位置关系

设直线 L 和平面 Π 的方程为

$$L:\frac{x-x_0}{l}=\frac{y-y_0}{m}=\frac{z-z_0}{n}, \text{其方向向量} \vec{s}=\{l,m,n\},$$

$$\Pi: Ax+By+Cz+D=0, \text{其法向量} \vec{n}=\{A,B,C\}.$$

(1) 直线 L 与平面 Π 垂直$\Leftrightarrow \vec{s} /\!/ \vec{n} \Leftrightarrow \frac{A}{l}=\frac{B}{m}=\frac{C}{n}$.

(2) 直线 L 与平面 Π 平行$\Leftrightarrow \vec{s} \perp \vec{n} \Leftrightarrow Al+Bm+Cn=0$.

例 10　求直线 $L_1:\frac{x-3}{2}=\frac{y+1}{1}=\frac{z-3}{-1}$与 $L_2:\frac{x+2}{1}=\frac{y-7}{2}=\frac{z}{1}$的夹角.

解　L_1 和 L_2 的方向向量分别为$\vec{s_1}=\{2,1,-1\}$和$\vec{s_2}=\{1,2,1\}$. 由公式得

$$\cos\theta=\frac{|2\times1+1\times2+(-1)\times1|}{\sqrt{2^2+1^2+(-1)^2}\sqrt{1^2+2^2+1^2}}=\frac{1}{2},$$

故所求夹角为 $\theta=\frac{\pi}{3}$.

练习与思考 1.3

1. 判断下列结论是否正确：

(1) 平面与平面的相互关系是由平面的法向量之间的关系所决定的.

(2) 直线间的相互关系是由两直线的方向向量之间的关系所决定的.

2. 判断下列面面、线线、线面之间的位置关系：

(1) $x+2y+3z-8=0$ 与 $5x+10y+15z-6=0$;

(2) $x-y+z+1=0$ 与 $2x-y-3z+5=0$;

(3) $\frac{x-2}{3}=\frac{y}{-4}=\frac{z-5}{2}$与$\begin{cases}x=2t\\y=3t-1;\\z=3t-5\end{cases}$

(4) $x-3y+z-1=0$ 与$\frac{x-2}{1}=\frac{y}{1}=\frac{z-5}{2}$.

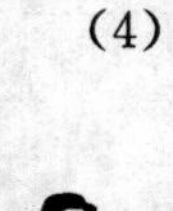

习题 1.3

1. 求满足下列条件的平面方程：

(1) 过点$(3,1,-2)$，法向量为 $\vec{n}=\{1,1,1\}$;

(2) 过点$(4,-1,2)$及 x 轴；

(3) 求过坐标原点，法向量为 $\vec{n}=\{4,-1,3\}$的平面方程.

2. 过三个点 $P_1(3,-1,4)$，$P_2(2,2,5)$，$P_3(4,1,1)$的平面方程.
3. 已知 $M(1,1,-1)$和 $N(1,0,2)$，求过点 M 且与$\overrightarrow{MN}$垂直的平面方程.
4. 求过点(2,0,−1)且与 xOy 面平行的平面方程.
5. 求过点 $M_1(1,2,-1)$，$M_2(2,3,1)$且与平面 $x-y+z+1=0$ 垂直的平面方程.
6. 判断下列每组中两个平面是否平行、垂直、重合或相交，对相交面求出两平面的夹角.
   (1) $2x-y+z-7=0$，$x+y+2z-11=0$；
   (2) $2x+4y-3z-13=0$，$8x+5y+12z+21=0$；
   (3) $x-2y+3z-5=0$，$2x-4y+6z+1=0$；
   (4) $3x-y+2z+1=0$，$9x-3y+6z+3=0$.
7. 求过点 $A(3,3,-1)$及 x 轴的平面方程，同时求过点 A 且垂直于该平面的直线方程.
8. 求过点(2,−1,3)且平行于直线$\frac{x+1}{2}=\frac{y}{-1}=\frac{z-3}{4}$的直线方程.
9. 求过点 $A(3,2,-1)$，$B(-2,3,5)$的直线方程.
10. 求过点(0,−3,1)与向量 $\vec{a}=\{0,3,-1\}$平行的直线方程.
11. 求过点 $M(2,-3,1)$且与平面 $2x+3y-z-1=0$ 垂直的直线方程.
12. 求过点(2,0,3)且与两平面 $x+2z=1$ 和 $y-3z=2$ 平行的直线方程.
13. 求过点 $M(1,3,-1)$且与直线$\begin{cases}x=-5t+2\\y=3t-4\\z=t-1\end{cases}$平行的直线方程.
14. 求直线$\frac{x+2}{3}=\frac{y-2}{-1}=\frac{z+1}{2}$与平面 $2x+3y+3z-8=0$ 的交点坐标.
15. 将直线方程$\begin{cases}x+y+z+2=0\\2x-y+3z+4=0\end{cases}$化为点向式方程与参数式方程.

§1.4* 常见二次曲面简介

学习目标

认识常见的二次曲面的方程及图形.

主要知识

所有用二次方程表示的曲面都称为**二次曲面**，**最一般形式的二次曲面方程为**

$$Ax^2+By^2+Cz^2+Dxy+Eyz+Fxz+Gx+Hy+Iz+J=0$$

$A,B,\cdots,J$ 为常数.

1. 球面

方程

$$(x-a)^2+(y-b)^2+(x-c)^2=R^2$$

表示球心在点 $M_0(a,b,c)$，半径为 R 的球面，如图 1－16 所示.

2. 椭球面

方程

$$\frac{x^2}{a^2}+\frac{y^2}{b^2}+\frac{z^2}{c^2}=1(a>0,b>0,c>0)$$

表示中心在原点的椭球面，其中 a,b,c 称为椭球面的半轴，如图 1－17 所示.

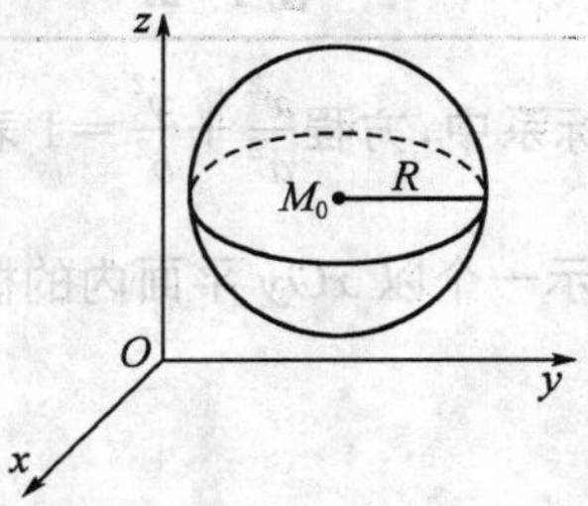

图 1－16

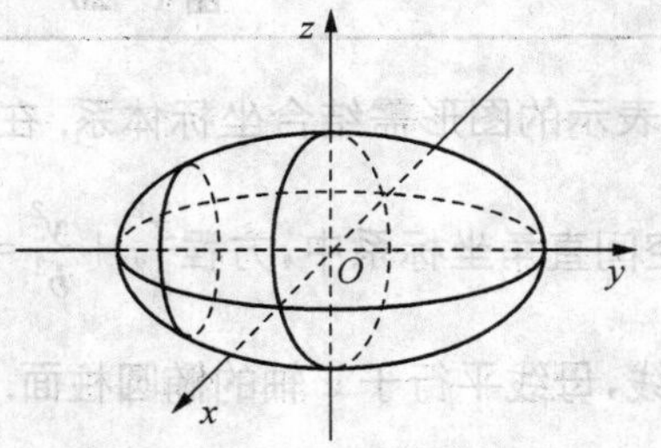

图 1－17

想一想

$\frac{(x-x_0)^2}{a^2}+\frac{(y-y_0)^2}{b^2}+\frac{(z-z_0)^2}{c^2}=1(a>0,b>0,c>0)$ 表示什么曲面？

3. 二次柱面

已知动直线 L 以及不与 L 同平面的定曲线 C，动直线 L 沿定曲线 C 平行移动所形成的曲面称为**柱面**，其中动直线 L 称为柱面的**母线**，定曲线 C 称为柱面的**准线**.

如图 1－18 所示，准线 C 在 xOy 面内，母线 L 平行于 z 轴的柱面方程为

$$F(x,y)=0(\text{不含 } z \text{ 项}).$$

类似有方程 $F(y,z)=0$(不含 x 项)表示准线 C 在 yOz 面内，母线 L 平行于 x 轴的柱面；方程 $F(x,z)=0$ 表示准线 C 在 xOz 面内，母线 L 平行于 y 轴的柱面.

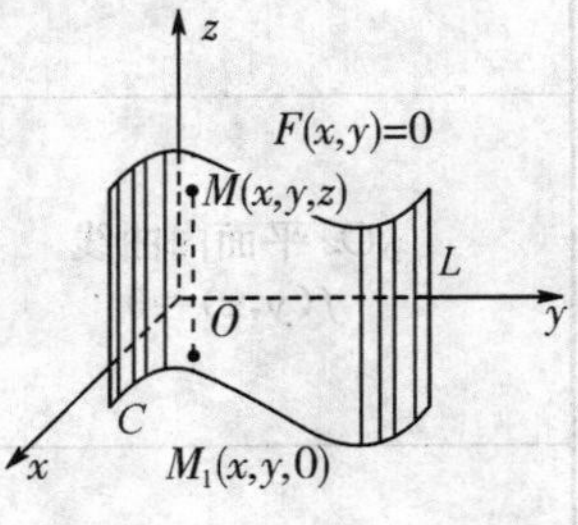

图 1－18

例 1　在空间直角坐标系中，确定下列方程表示的曲面类型，并画出曲面.

(1) $\frac{x^2}{a^2}+\frac{y^2}{b^2}=1$；　　(2) $\frac{x^2}{a^2}-\frac{y^2}{b^2}=1$；

(3) $z=x^2$.

解　(1) 以 xOy 平面内的椭圆为准线，母线 L 平行于 z 轴的椭圆柱面，如图 1－19 所示.

当 $a=b$ 时为圆柱面，其方程：$x^2+y^2=a^2$.

(2) 以 xOy 平面内的双曲线为准线，母线 L 平行于 z 轴的双曲柱面，如图 1－20 所示.

(3) 以 xOz 平面内的抛物线为准线，母线 L 平行于 y 轴的抛物柱面，如图 1－21 所示.

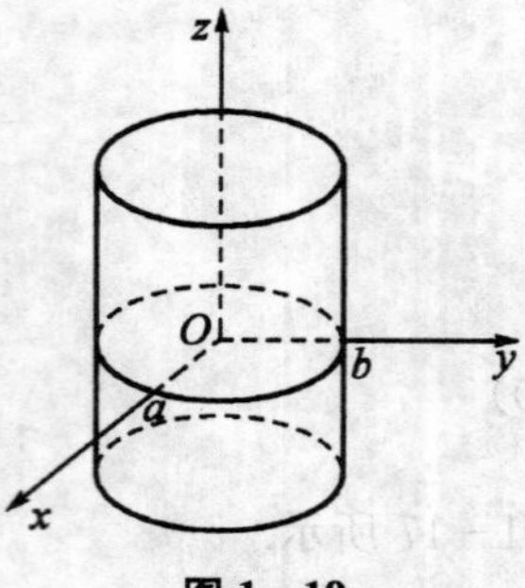

图 1-19

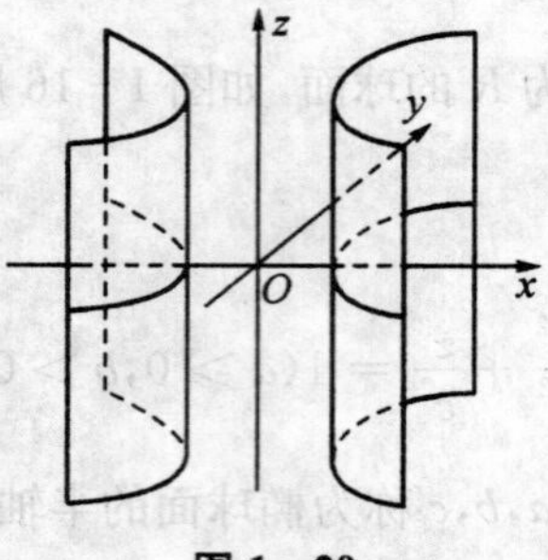

图 1-20

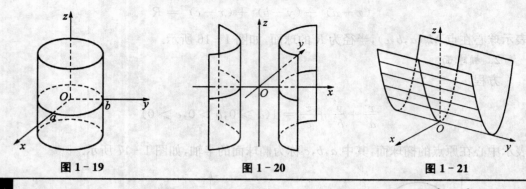

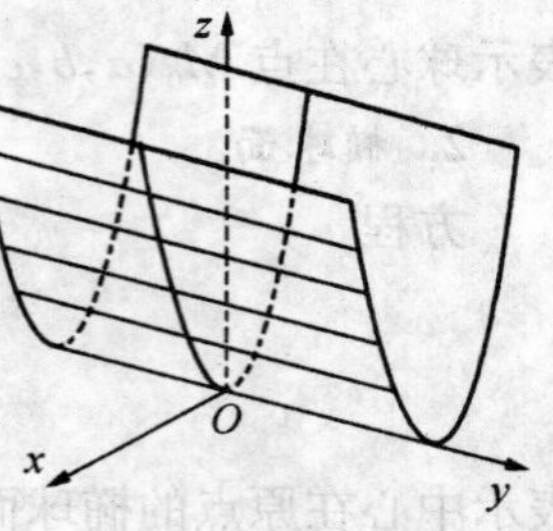

图 1-21

> **注意**
>
> 考虑方程所表示的图形需结合坐标体系. 在直角坐标系中，方程$\frac{x^2}{a^2}+\frac{y^2}{b^2}=1$表示一个椭圆，而在空间直角坐标系中，方程$\frac{x^2}{a^2}+\frac{y^2}{b^2}=1$则表示一个以 xOy 平面内的椭圆$\frac{x^2}{a^2}+\frac{y^2}{b^2}=1$为准线，母线平行于 z 轴的椭圆柱面.

4. 以坐标轴为旋转轴的旋转曲面

平面曲线 C 绕该平面内的定直线 L 旋转一周所形成的曲面，称为**旋转曲面**. 曲线 C 称为旋转曲面的**母线**，定直线 L 称为旋转曲面的**旋转轴**.

下面列出坐标面内曲线 C 绕坐标轴旋转所成的旋转曲面方程，见表 1-3 所示.

表 1-3

曲线 C 的方程	旋转轴		
	x 轴	y 轴	z 轴
xOy 平面内曲线 $f(x,y)=0$	x 不变，将 y 换成 $\pm\sqrt{y^2+z^2}$，旋转曲面方程：$f(x,\pm\sqrt{y^2+z^2})=0$	y 不变，将 x 换成 $\pm\sqrt{x^2+z^2}$，旋转曲面方程：$f(\pm\sqrt{x^2+z^2},y)=0$	
yOz 平面内曲线 $f(y,z)=0$		y 不变，将 z 换成 $\pm\sqrt{x^2+z^2}$，旋转曲面方程：$f(y,\pm\sqrt{x^2+z^2})=0$	z 不变，将 y 换成 $\pm\sqrt{x^2+y^2}$，旋转曲面方程：$f(\pm\sqrt{x^2+y^2},z)=0$
xOz 平面内曲线 $f(x,z)=0$	x 不变，将 z 换成 $\pm\sqrt{y^2+z^2}$，旋转曲面方程：$f(x,\pm\sqrt{y^2+z^2})=0$		z 不变，将 x 换成 $\pm\sqrt{x^2+y^2}$，旋转曲面方程：$f(\pm\sqrt{x^2+y^2},z)=0$

例 2 求 yOz 面内的抛物线 $z=3y^2$ 绕 z 轴旋转所得旋转曲面的方程.

解 在方程 $z=3y^2$ 中，使 z 保持不变，将 y 换成$\pm\sqrt{x^2+y^2}$，得旋转曲面方程为

$$z = 3(x^2 + y^2).$$

该曲面称为**旋转抛物面**，如图 1－22 所示.

例 3　求 xOy 面内的椭圆 $\frac{x^2}{a^2}+\frac{y^2}{b^2}=1$ 绕 x 轴旋转所得旋转曲面的方程.

解　在方程 $\frac{x^2}{a^2}+\frac{y^2}{b^2}=1$ 中，使 x 不变，将 y 换成 $\pm\sqrt{y^2+z^2}$，得旋转曲面方程为

$$\frac{x^2}{a^2}+\frac{(\pm\sqrt{y^2+z^2})^2}{b^2}=1,$$

即

$$\frac{x^2}{a^2}+\frac{y^2}{b^2}+\frac{z^2}{b^2}=1.$$

该曲面称为**旋转椭球面**，如图 1－23 所示.

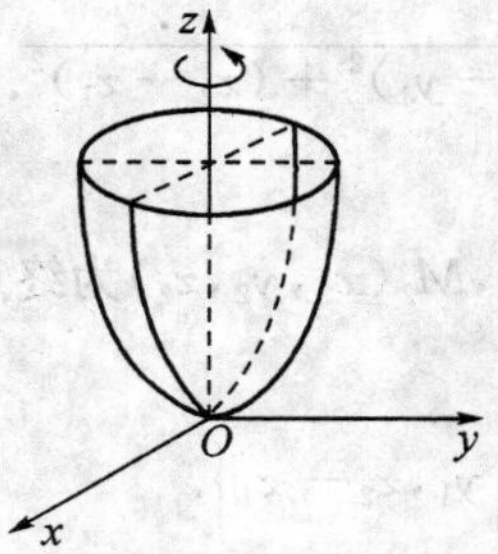

图 1－22

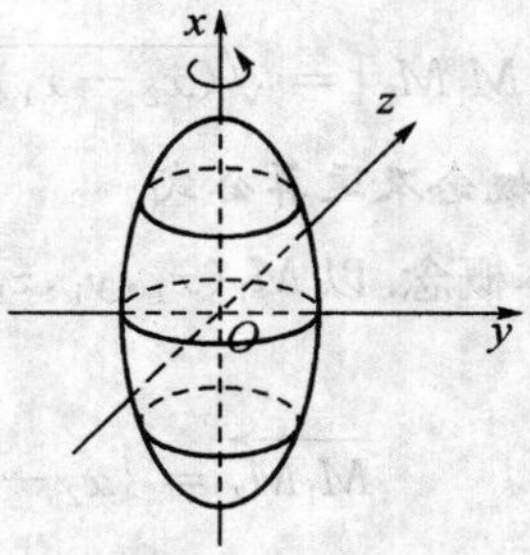

图 1－23

例 4　指出下列方程表示的是何种曲面？

(1) $z=9\sqrt{x^2+y^2}$；　　(2) $9x^2+4y^2+4z^2=36$.

解　(1) 这是由 xOz 平面中射线 $z=9\sqrt{x^2}$ 或 yOz 中射线 $z=9\sqrt{y^2}$ 绕 z 轴旋转而成的圆锥面，在 xOy 平面的上方部分.

(2) 该方程可化为

$$\frac{x^2}{4}+\frac{y^2+z^2}{9}=1.$$

这是由 xOy 平面中椭圆 $\frac{x^2}{4}+\frac{y^2}{9}=1$ 或 xOz 平面中椭圆 $\frac{x^2}{4}+\frac{z^2}{9}=1$ 绕 x 轴旋转而成的椭球面.

练习与思考 1.4

在球面 $x^2+y^2+z^2-2x=0$ 的内部点是(　　).

A. $(2,0,0)$　　B. $(0,2,0)$　　C. $\left(\frac{1}{2},\frac{1}{2},\frac{1}{2}\right)$　　D. $\left(-\frac{1}{2},\frac{1}{2},\frac{1}{2}\right)$

习题 1.4

在空间直角坐标系中，指出下列方程表示的曲面类型.

(1) $x^2-y^2=0$；　　(2) $x^2+y^2=1$；　　(3) $x^2+y^2=(z-a)^2$；

(4) $z=\sqrt{x^2+y^2}$；　　(5) $x^2-4y^2+z^2=1$；　　(6) $x^2+\dfrac{y^2}{4}-\dfrac{z^2}{9}=0$.

小结与复习

内容提要

1. 空间直角坐标系

两点 $M_1(x_1,y_1,z_1)$，$M_2(x_2,y_2,z_2)$间的距离为

$$|M_1M_2|=\sqrt{(x_2-x_1)^2+(y_2-y_1)^2+(z_2-z_1)^2}.$$

2. 向量的基本概念及运算公式

(1) 向量的基本概念. 以 $M_1(x_1,y_1,z_1)$为起点，$M_2(x_2,y_2,z_2)$为终点的向量$\overrightarrow{M_1M_2}$的坐标表示

$$\overrightarrow{M_1M_2}=\{x_2-x_1,y_2-y_1,z_2-z_1\}.$$

设向量 $\vec{a}=\{a_x,a_y,a_z\}$，则向量 $\vec{a}$ 的模为$|\vec{a}|=\sqrt{a_x^2+a_y^2+a_z^2}$.

与 $\vec{a}$ 同方向的单位向量

$$\vec{a}^0=\frac{\vec{a}}{|\vec{a}|}=\left\{\frac{a_x}{\sqrt{a_x^2+a_y^2+a_z^2}},\frac{a_y}{\sqrt{a_x^2+a_y^2+a_z^2}},\frac{a_z}{\sqrt{a_x^2+a_y^2+a_z^2}}\right\}.$$

向量 $\vec{a}$ 的方向余弦

$$\cos\alpha=\frac{a_x}{\sqrt{a_x^2+a_y^2+a_z^2}},\cos\beta=\frac{a_y}{\sqrt{a_x^2+a_y^2+a_z^2}},\cos\gamma=\frac{a_z}{\sqrt{a_x^2+a_y^2+a_z^2}}.$$

(2) 向量的主要运算. 设向量 $\vec{a}=\{a_x,a_y,a_z\}$，$\vec{b}=\{b_x,b_y,b_z\}$.

$\vec{a}$ 与 $\vec{b}$ 的数量积　$\vec{a}\cdot\vec{b}=|\vec{a}||\vec{b}|\cos(\widehat{\vec{a},\vec{b}})=a_xb_x+a_yb_y+a_zb_z$，

$$\cos(\widehat{\vec{a},\vec{b}})=\frac{\vec{a}\cdot\vec{b}}{|\vec{a}||\vec{b}|}=\frac{a_xb_x+a_yb_y+a_zb_z}{\sqrt{a_x^2+a_y^2+a_z^2}\cdot\sqrt{b_x^2+b_y^2+b_z^2}}.$$

$\vec{a}$ 与 $\vec{b}$ 的向量积　$\vec{a}\times\vec{b}=\begin{vmatrix}\vec{i} & \vec{j} & \vec{k}\\ a_x & a_y & a_z\\ b_x & b_y & b_z\end{vmatrix}$.

(3) 向量间的位置关系($\vec{a},\vec{b}$ 不为零向量).

$\vec{a}\perp\vec{b}\Leftrightarrow\vec{a}\cdot\vec{b}=0\Leftrightarrow a_xb_x+a_yb_y+a_zb_z=0.$

$\vec{a}/\!/\vec{b}\Leftrightarrow\vec{a}=\lambda\vec{b}\Leftrightarrow\dfrac{a_x}{b_x}=\dfrac{a_y}{b_y}=\dfrac{a_z}{b_z}.$

3. 空间平面的方程

(1) 点法式方程　$A(x-x_0)+B(y-y_0)+C(z-z_0)=0.$

(2) 一般式方程　$Ax+By+Cz+D=0.$

其中,$\vec{n}=\{A,B,C\}$为平面的法向量.

(3) 空间两平面间的位置关系.

设平面 Π_1,Π_2 的法向量分别为$\vec{n_1}=\{A_1,B_1,C_1\},\vec{n_2}=\{A_2,B_2,C_2\}$,则

$\Pi_1 /\!/ \Pi_2 \quad\Leftrightarrow\quad \vec{n_1}/\!/\vec{n_2}\Leftrightarrow\dfrac{A_1}{A_2}=\dfrac{B_1}{B_2}=\dfrac{C_1}{C_2}.$

$\Pi_1\perp\Pi_2 \quad\Leftrightarrow\quad \vec{n_1}\perp\vec{n_2}\Leftrightarrow\vec{n_1}\cdot\vec{n_2}=0\Leftrightarrow A_1A_2+B_1B_2+C_1C_2=0.$

Π_1 与 Π_2 夹角 θ 的余弦　$\cos\theta=\left|\cos(\widehat{\vec{n_1},\vec{n_2}})\right|=\dfrac{|\vec{n_1}\cdot\vec{n_2}|}{|\vec{n_1}||\vec{n_2}|}.$

4. 空间直线的方程

(1) 点向式方程　$\dfrac{x-x_0}{m}=\dfrac{y-y_0}{n}=\dfrac{z-z_0}{p},$

其中,$\vec{s}=\{m,n,p\}$是直线的一个方向向量.

(2) 一般式方程　$\begin{cases}A_1x+B_1y+C_1z+D_1=0\\A_2x+B_2y+C_2z+D_2=0\end{cases}.$

直线的方向向量为$\vec{s}=\vec{n_1}\times\vec{n_2}=\begin{vmatrix}\vec{i}&\vec{j}&\vec{k}\\A_1&B_1&C_1\\A_2&B_2&C_2\end{vmatrix}.$

(3) 空间两直线间的位置关系.

两直线 L_1 与 L_2 的方向向量分别为$\vec{s_1}=\{m_1,n_1,p_1\},\vec{s_2}=\{m_2,n_2,p_2\}$,则

$$L_1 /\!/ L_2\Leftrightarrow\vec{s_1}/\!/\vec{s_2}\Leftrightarrow\frac{m_1}{m_2}=\frac{n_1}{n_2}=\frac{p_1}{p_2}.$$

$$L_1\perp L_2\Leftrightarrow\vec{s_1}\perp\vec{s_2}\Leftrightarrow\vec{s_1}\cdot\vec{s_2}=0\Leftrightarrow m_1m_2+n_1n_2+p_1p_2=0.$$

L_1 与 L_2 的夹角 θ　　$\cos\theta=\left|\cos(\widehat{\vec{s_1},\vec{s_2}})\right|=\dfrac{|\vec{s_1}\cdot\vec{s_2}|}{|\vec{s_1}||\vec{s_2}|}.$

(4) 空间直线与平面的位置关系.

直线 L 的方向向量$\vec{s}=\{l,m,n\}$,平面 Π 的法向量 $\vec{n}=\{A,B,C\}$.

$$L \perp \Pi \Leftrightarrow \vec{s} \mathbin{//} \vec{n} \Leftrightarrow \frac{A}{l}=\frac{B}{m}=\frac{C}{n},$$

$$L \mathbin{//} \Pi \Leftrightarrow \vec{s} \perp \vec{n} \Leftrightarrow Al+Bm+Cn=0.$$

直线 L 与平面 Π 的夹角 θ

$$\sin\theta=\frac{|\vec{s}\cdot\vec{n}|}{|\vec{s}||\vec{n}|}=\frac{|Al+Bm+Cn|}{\sqrt{l^2+m^2+n^2}\sqrt{A^2+B^2+C^2}}.$$

学法建议

1. 明确区分空间点的坐标与向量的坐标表示.

2. 主要是用向量的坐标进行向量的运算，重点在于向量的数量积 $\vec{a}\cdot\vec{b}$ 和向量积 $\vec{a}\times\vec{b}$，它们在确定平面或直线的方程以及研究平面、直线间的位置关系过程中起着十分重要的作用.

3. 在空间直角坐标系中，无论是平面还是直线，它们的方程都是线性的，即所有的变量都只以一次方的形式出现. 不要混淆平面直角坐标系中的直线方程与空间坐标系中的平面方程，认清空间平面方程与直线方程的区别.

求平面方程、直线方程的基本方法分别是点法式、点向式，所以在已知一定点 M_0 的条件下，确定平面的法向量 $\vec{n}$ 或直线的方向向量 $\vec{s}$ 是关键，向量积常常是解决问题的有效工具，建议根据几何条件通过数形结合（画草图）的方法，将所要求的法向量 $\vec{n}$ 或方向向量 $\vec{s}$ 与题设中的已知向量联系. 另外，求平面（或直线）方程的方法往往不止一种，读者可灵活运用已给的条件，选择一种比较简单的方法.

4*. 常见的二次曲面中，记住特殊柱面（母线平行于坐标轴的柱面）以及特殊旋转曲面（曲线在坐标面中，绕坐标轴旋转而成的旋转曲面）的特征，根据特征区分曲面类型.

复习题 1

1. 单项选择题：

(1) 点 $A(5,3,1)$ 关于 x 轴的对称点是(　　).

A. $(-5,-3,-1)$　　B. $(5,3,-1)$

C. $(5,-3,-1)$　　D. $(-5,3,1)$

(2) 下列向量中为单位向量的是(　　).

A. $\vec{i}+\vec{j}+\vec{k}$　　B. $\left\{\frac{\sqrt{2}}{2},0,-\frac{\sqrt{2}}{2}\right\}$

C. $\left\{\frac{1}{3},\frac{1}{3},\frac{1}{3}\right\}$　　D. $\left\{\frac{1}{2},\frac{1}{2},0\right\}$

(3) 下列各组角中，可作为向量方向角的是(　　).

A. $-\frac{\pi}{3},-\frac{\pi}{4},\frac{\pi}{3}$　　B. $\frac{\pi}{3},\frac{\pi}{4},\frac{\pi}{3}$

C. $\frac{\pi}{6},\frac{\pi}{2},\frac{\pi}{6}$　　D. $\frac{\pi}{3},\frac{2\pi}{3},\frac{\pi}{3}$

(4) 设向量 $\vec{a}=\{-1,1,2\}$，$\vec{b}=\{2,0,1\}$，则有(　　).

A. $(\widehat{\vec{a},\vec{b}})=\frac{\pi}{4}$　　B. $(\widehat{\vec{a},\vec{b}})=\frac{\pi}{6}$

C. $\vec{a}/\!/\vec{b}$　　D. $\vec{a}\perp\vec{b}$

(5) 同时垂直于 Oz 轴与向量 $\vec{b}=\{1,1,2\}$ 的单位向量是(　　).

A. $(1,-1,0)$　　B. $\left\{\frac{1}{2},-\frac{1}{2},0\right\}$

C. $\left\{-\frac{1}{\sqrt{2}},\frac{1}{\sqrt{2}},0\right\}$　　D. $\left\{\frac{1}{\sqrt{2}},\frac{1}{\sqrt{2}},0\right\}$

(6) 已知向量 $\vec{a},\vec{b}$ 的模分别为 $|\vec{a}|=2$，$|\vec{b}|=\sqrt{2}$，且 $\vec{a}\cdot\vec{b}=\sqrt{2}$，则 $|\vec{a}\times\vec{b}|=$(　　).

A. $\sqrt{3}$　　B. $\sqrt{2}$　　C. $\sqrt{6}$　　D. 1

(7) 设直线 $\frac{x}{m}=\frac{y-1}{3}=\lambda(z+2)$ 与平面 $-3x+9y+z-10=0$ 垂直，则 m,λ 的值是(　　).

A. $m=1,\lambda=\frac{1}{3}$　　B. $m=-1,\lambda=\frac{1}{3}$

C. $m=-1,\lambda=3$　　D. $m=-1,\lambda=-3$

(8) 已知三平面的方程分别为 $\Pi_1: x-5y+2z+1=0$，$\Pi_2: 3x-2y+3z+8=0$，$\Pi_3: 4x+2y+3z-9=0$，则必有(　　).

A. Π_1 与 Π_2 平行　　B. Π_1 与 Π_3 垂直

C. Π_2 与 Π_3 垂直　　D. Π_2 与 Π_3 平行

(9) 直线 $\frac{x-3}{1}=\frac{y-2}{-1}=\frac{z-2}{2}$ 与平面 $x-y-z+1=0$ 的位置关系是(　　).

A. 垂直　　B. 相交但不垂直　　C. 平行　　D. 直线在平面上

(10) 柱面 $y=z^2$ 的母线平行于(　　).

A. x 轴　　B. y 轴　　C. z 轴　　D. yOz 平面

2. 填空题：

(1) 点 $A(2,-1,2)$ 到 z 轴的距离为________.

(2) 已知点 A 的坐标为 $(0,1,1)$，$\overrightarrow{AB}=\{2,3,-3\}$，则点 B 的坐标为________.

(3) 已知 α,β,γ 为某一向量的三个方向角，则 $\sin^2\alpha-\cos^2\beta-\cos^2\gamma=$________.

(4) 已知向量 $\vec{a},\vec{b}$ 的模分别为 $|\vec{a}|=2$，$|\vec{b}|=\sqrt{3}$，$(\widehat{\vec{a},\vec{b}})=\frac{\pi}{6}$，则 $|\vec{a}+2\vec{b}|=$________.

(5) 若两向量 $\vec{a}=-2\vec{i}+3\vec{j}+n\vec{k}$ 与 $\vec{b}=m\vec{i}-6\vec{j}+2\vec{k}$ 平行，则 $m=$________，$n=$______.

(6) 过点 $A(2,-2,1)$，$B(0,0,2)$ 的直线方程为______________.

(7) 过原点且与平面 $x-y+2z+4=0$ 垂直的直线方程为______________.

(8) 过点 $(3,0,-1)$ 且与平面 $3x-y+2z+4=0$ 平行的平面方程为______________.

(9) 过原点，且平行于向量 $\vec{a}=\{2,1,-1\}$ 及 $\vec{b}=\{3,0,4\}$ 的平面方程为______________.

(10) 双曲线$\begin{cases} x=0 \\ \dfrac{y^2}{4}-\dfrac{z^2}{9}=1 \end{cases}$绕 z 轴旋转而成的曲面方程为____________________.

3. 已知点 $A(1,2,3)$,$B(0,0,1)$,$C(3,1,0)$,求以 AB,AC 为邻边的平行四边形的面积.

4. 设 $\vec{a}=3\vec{m}-\vec{n}$,$\vec{b}=\vec{m}-2\vec{n}$,其中 $\vec{m}$,$\vec{n}$ 为互相垂直的单位向量,求 $\vec{a}\cdot\vec{b}$ 及 $|\vec{a}\times\vec{b}|$.

5. 求过点 $M(1,2-1)$且与直线$\begin{cases} x=-t+2 \\ y=3t \\ z=-5t \end{cases}$平行的直线方程.

6. 一直线过点 $M(3,-2,7)$,且与平面 $x-y+2z-3=0$ 平行,又与直线$\dfrac{x-1}{1}=\dfrac{y}{3}=\dfrac{z-10}{2}$垂直,求其方程.

7. 求通过 z 轴且过点 $A(1,-1,1)$的平面方程.

8. 求通过点 $M(1,2,1)$且同时垂直于两平面 $x+y=0$ 和 $5y+z=0$ 的平面方程.

第 2 章 线性代数及其应用

线性代数是数学的一个重要分支，它在自然科学、工程技术和经济管理等诸多领域有着极其广泛的应用. 本章主要介绍矩阵的概念和基本运算，行列式的概念和基本性质，以及矩阵的初等变换，并以此为工具介绍线性方程组的求解及简单应用.

§2.1 矩阵的概念及运算

学习目标

1. 理解矩阵的概念，会用矩阵抽象地表示经济或工程管理中的数表.
2. 能熟练地进行矩阵的加减、数乘、乘法、幂和转置等运算.
3. 能用矩阵运算解决简单的实际问题.
4. 能用矩阵乘法将线性方程组的一般形式化为矩阵形式.

引入问题

【调运方案】某种物资有 3 个产地 $A_i(i=1,2,3)$，4 个销地 $B_j(j=1,2,3,4)$，现把这种物资从 3 个产地运送到 4 个销地，其调运方案见表 2－1 所示.

表 2－1 （单位：吨）

供货量 销地 / 产地	B_1	B_2	B_3	B_4
A_1	20	18	18	19
A_2	22	15	17	19
A_3	18	25	20	20

该物资从 3 个产地运送到 4 个销地的数量关系可抽象为如下的矩形数表：

$$\begin{pmatrix} 20 & 18 & 18 & 19 \\ 22 & 15 & 17 & 19 \\ 18 & 25 & 20 & 20 \end{pmatrix}$$

该数表由 3 行 4 列构成，其中的数具体描述了该物资由产地 $A_i(i=1,2,3)$ 运到销地 B_j $(j=1,2,3,4)$ 的吨数. 数学上把这种矩形数表称为矩阵.

主要知识

一、矩阵的概念

1. 矩阵的定义

定义 2-1 由 $m\times n$ 个数 $a_{ij}(i=1,2,\cdots,m;j=1,2,\cdots,n)$ 排成的 m 行 n 列的矩形数表

$$\begin{pmatrix} a_{11} & a_{12} & \cdots & a_{1n} \\ a_{21} & a_{22} & \cdots & a_{2n} \\ \vdots & \vdots & & \vdots \\ a_{m1} & a_{m2} & \cdots & a_{mn} \end{pmatrix}$$

称为 m 行 n 列**矩阵**，简称 $m\times n$ 矩阵，其中 m 为矩阵的**行数**，n 为矩阵的**列数**，a_{ij} 指位于矩阵第 i 行、第 j 列的**元素**，i 是行标，j 是列标（本书只讨论元素 a_{ij} 是实数的矩阵）.

矩阵通常用大写黑体字母 $\boldsymbol{A},\boldsymbol{B},\cdots$ 表示，有时为了强调矩阵的行数 m 和列数 n，也将矩阵写成 $\boldsymbol{A}_{m\times n}$，即 $\boldsymbol{A}=(a_{ij})_{m\times n}$.

例如，引入问题中所得到的矩阵数表就是一个 3×4 矩阵，即

$$\boldsymbol{A}_{3\times 4}=\begin{pmatrix} 20 & 18 & 18 & 19 \\ 22 & 15 & 17 & 19 \\ 18 & 25 & 20 & 20 \end{pmatrix}.$$

2. 几种常见的特殊矩阵

在实际问题中，常常会遇到以下几种特殊类型的矩阵.

(1) 方阵. 当矩阵 $\boldsymbol{A}$ 的行数与列数相等，即 $m=n$ 时，称 $\boldsymbol{A}$ 为 n **阶方阵**，简称方阵，记作 $\boldsymbol{A}_n$ 或 $\boldsymbol{A}$.

例如，$\boldsymbol{A}=\begin{pmatrix} 1 & 3 \\ 0 & 2 \end{pmatrix}$ 是一个 2 阶方阵，$\boldsymbol{B}=\begin{pmatrix} 1 & 2 & 2 \\ 2 & -1 & 1 \\ 1 & 0 & 3 \end{pmatrix}$ 是一个 3 阶方阵.

(2) 行矩阵和列矩阵.

当 $m=1$ 时，只有一行的矩阵 $\boldsymbol{A}_{1\times n}=(a_1,a_2,\cdots,a_n)$ 称为**行矩阵**.

当 $n=1$ 时，只有一列的矩阵 $\boldsymbol{A}_{m\times 1}=\begin{pmatrix} a_1 \\ a_2 \\ \vdots \\ a_m \end{pmatrix}$ 称为**列矩阵**.

特别地，当 $m=n=1$ 时，$\boldsymbol{A}_{1\times 1}$ 称为 1 阶矩阵（或单元素矩阵），记作 $\boldsymbol{A}_{1\times 1}=a_{11}$，1 阶矩阵就是一个数 a_{11}.

说明

为避免元素间的混淆，行矩阵中一般用逗号将各个元素隔开.

(3) 零矩阵. 所有元素均为零的矩阵称为**零矩阵**，记作$\boldsymbol{O}_{m\times n}$或$\boldsymbol{O}$.

值得指出的是，不同型的零矩阵是不同的矩阵. 例如

$$\boldsymbol{A}=\begin{pmatrix}0&0\\0&0\end{pmatrix},\boldsymbol{B}=\begin{bmatrix}0&0&0\\0&0&0\\0&0&0\end{bmatrix}$$

都是零矩阵，但两者不等.

(4) 三角矩阵. 主对角线(从左上角到右下角的连线)以下的元素全为零的n阶方阵

$$\begin{bmatrix}a_{11}&a_{12}&\cdots&a_{1n}\\0&a_{22}&\cdots&a_{2n}\\\vdots&\vdots&&\vdots\\0&0&\cdots&a_{nn}\end{bmatrix}$$

称为n阶**上三角矩阵**.

主对角线以上的元素全为零的n阶方阵

$$\begin{bmatrix}a_{11}&0&\cdots&0\\a_{21}&a_{22}&\cdots&0\\\vdots&\vdots&&\vdots\\a_{n1}&a_{n2}&\cdots&a_{nn}\end{bmatrix}$$

称为n阶**下三角矩阵**.

(5) 对角矩阵. 除主对角线元素外其余元素都为零的n阶方阵

$$\begin{bmatrix}a_{11}&0&\cdots&0\\0&a_{22}&\cdots&0\\\vdots&\vdots&&\vdots\\0&0&\cdots&a_{nn}\end{bmatrix}$$

称为n阶**对角矩阵**.

(6) 单位矩阵. 主对角线上的每个元素都为1的n阶对角矩阵

$$\begin{bmatrix}1&0&\cdots&0\\0&1&\cdots&0\\\vdots&\vdots&&\vdots\\0&0&\cdots&1\end{bmatrix}$$

称为n阶**单位矩阵**，通常记作$\boldsymbol{E}_n$或$\boldsymbol{E}$.

二、矩阵的运算

1. 矩阵的相等

如果两个矩阵具有相同的行数与列数，则称这两个矩阵为**同型矩阵**.

定义 2-2 若矩阵 $\boldsymbol{A}=(a_{ij})_{m\times n}$ 和矩阵 $\boldsymbol{B}=(b_{ij})_{m\times n}$ 为同型矩阵，且对应的元素相等，即

$$a_{ij}=b_{ij}(i=1,2,\cdots,m;j=1,2,\cdots,n),$$

则称矩阵 $\boldsymbol{A}$ 与 $\boldsymbol{B}$ **相等**，记作 $\boldsymbol{A}=\boldsymbol{B}$.

例如，两个同型矩阵 $\boldsymbol{A}=\begin{pmatrix}1&5&-2\\x&0&3\end{pmatrix}$，$\boldsymbol{B}=\begin{pmatrix}1&y&-2\\6&0&3\end{pmatrix}$，若已知 $\boldsymbol{A}=\boldsymbol{B}$，则必有 $x=6$，$y=5$.

2. 矩阵的线性运算

定义 2-3 设有两个同型矩阵 $\boldsymbol{A}=(a_{ij})_{m\times n}$ 与 $\boldsymbol{B}=(b_{ij})_{m\times n}$，将它们的对应元素相加(减)所得到的 $m\times n$ 矩阵，称为矩阵 $\boldsymbol{A}$ 与 $\boldsymbol{B}$ 的**和(差)**，记作 $\boldsymbol{A}+\boldsymbol{B}(\boldsymbol{A}-\boldsymbol{B})$，即

$$\boldsymbol{A}\pm\boldsymbol{B}=\begin{pmatrix}a_{11}\pm b_{11}&a_{12}\pm b_{12}&\cdots&a_{1n}\pm b_{1n}\\a_{21}\pm b_{21}&a_{22}\pm b_{22}&\cdots&a_{2n}\pm b_{2n}\\\vdots&\vdots&&\vdots\\a_{m1}\pm b_{m1}&a_{m2}\pm b_{m2}&\cdots&a_{mn}\pm b_{mn}\end{pmatrix}.$$

需要说明的是，只有当两个矩阵是同型矩阵时，这两个矩阵才能进行加(减)法运算.

定义 2-4 以数 λ 乘矩阵 $\boldsymbol{A}=(a_{ij})_{m\times n}$ 的每一个元素所得到的矩阵，称为**数乘矩阵**，记作 $\lambda\boldsymbol{A}$ 或 $\boldsymbol{A}\lambda$，即

$$\lambda\boldsymbol{A}=\boldsymbol{A}\lambda=\begin{pmatrix}\lambda a_{11}&\lambda a_{12}&\cdots&\lambda a_{1n}\\\lambda a_{21}&\lambda a_{22}&\cdots&\lambda a_{2n}\\\vdots&\vdots&&\vdots\\\lambda a_{m1}&\lambda a_{m2}&\cdots&\lambda a_{mn}\end{pmatrix}.$$

特别地，当 $\lambda=-1$ 时，可得到 $-1\boldsymbol{A}=(-a_{ij})_{m\times n}$. 该矩阵称为 $\boldsymbol{A}$ 的**负矩阵**，记作 $-\boldsymbol{A}$，即

$$-\boldsymbol{A}=(-a_{ij})_{m\times n}=\begin{pmatrix}-a_{11}&-a_{12}&\cdots&-a_{1n}\\-a_{21}&-a_{22}&\cdots&-a_{2n}\\\vdots&\vdots&&\vdots\\-a_{m1}&-a_{m2}&\cdots&-a_{mn}\end{pmatrix}.$$

矩阵的加(减)法和数乘两种运算统称为矩阵的**线性运算**，它满足下列运算规律(设 $\boldsymbol{A}$，$\boldsymbol{B}$，$\boldsymbol{C}$ 都是同型矩阵，λ，μ 是数)：

(1) 交换律 $\boldsymbol{A}+\boldsymbol{B}=\boldsymbol{B}+\boldsymbol{A}$；

(2) 结合律 $\boldsymbol{A}+(\boldsymbol{B}+\boldsymbol{C})=(\boldsymbol{A}+\boldsymbol{B})+\boldsymbol{C}$；

(3) 分配律 $\lambda(\boldsymbol{A}+\boldsymbol{B})=\lambda\boldsymbol{A}+\lambda\boldsymbol{B}$，$(\lambda+\mu)\boldsymbol{A}=\lambda\boldsymbol{A}+\mu\boldsymbol{A}$.

例 1　已知 $\boldsymbol{A}=\begin{pmatrix}2 & 4 & 1\\ 3 & -3 & -2\end{pmatrix}$，$\boldsymbol{B}=\begin{pmatrix}1 & 0 & -1\\ 2 & 3 & -2\end{pmatrix}$，求 $\boldsymbol{A}+2\boldsymbol{B}$ 及 $\boldsymbol{A}-\boldsymbol{B}$.

解　$$\boldsymbol{A}+2\boldsymbol{B}=\begin{pmatrix}2 & 4 & 1\\ 3 & -3 & -2\end{pmatrix}+2\begin{pmatrix}1 & 0 & -1\\ 2 & 3 & -2\end{pmatrix}=\begin{pmatrix}2 & 4 & 1\\ 3 & -3 & -2\end{pmatrix}+\begin{pmatrix}2 & 0 & -2\\ 4 & 6 & -4\end{pmatrix}=\begin{pmatrix}4 & 4 & -1\\ 7 & 3 & -6\end{pmatrix},$$

$$\boldsymbol{A}-\boldsymbol{B}=\begin{pmatrix}2 & 4 & 1\\ 3 & -3 & -2\end{pmatrix}-\begin{pmatrix}1 & 0 & -1\\ 2 & 3 & -2\end{pmatrix}=\begin{pmatrix}1 & 4 & 2\\ 1 & -6 & 0\end{pmatrix}.$$

例 2　【物资运费】设有某物资(单位:t)由两个产地分两次运往四个销地，两次调运方案分别用矩阵

$$\boldsymbol{A}=\begin{pmatrix}5 & 5 & 8 & 6\\ 4 & 4 & 0 & 3\end{pmatrix},\boldsymbol{B}=\begin{pmatrix}6 & 5 & 7 & 5\\ 4 & 5 & 2 & 2\end{pmatrix}$$

表示. 由于某些原因，运费由第一次每吨 2 千元上涨到第二次每吨 3 千元，试用矩阵表示各产地与各销地之间物资的运费(单位:千元).

解　两个产地与四个销地之间物资的运费可用矩阵表示为

$$2\boldsymbol{A}+3\boldsymbol{B}=2\begin{pmatrix}5 & 5 & 8 & 6\\ 4 & 4 & 0 & 3\end{pmatrix}+3\begin{pmatrix}6 & 5 & 7 & 5\\ 4 & 5 & 2 & 2\end{pmatrix}$$
$$=\begin{pmatrix}10 & 10 & 16 & 12\\ 8 & 8 & 0 & 6\end{pmatrix}+\begin{pmatrix}18 & 15 & 21 & 15\\ 12 & 15 & 6 & 6\end{pmatrix}$$
$$=\begin{pmatrix}28 & 25 & 37 & 27\\ 20 & 23 & 6 & 12\end{pmatrix}.$$

最后一个矩阵中的各元素分别表示两个产地与四个销地之间物资的运输费用.

3. 矩阵的乘法运算

定义 2－5　设矩阵 $\boldsymbol{A}=(a_{ij})_{m\times s}$，$\boldsymbol{B}=(b_{ij})_{s\times n}$，由

$$c_{ij}=a_{i1}b_{1j}+a_{i2}b_{2j}+\cdots+a_{is}b_{sj}=\sum_{k=1}^{s}a_{ik}b_{kj}\ (i=1,2,\cdots,m;j=1,2,\cdots,n)$$

为元素的矩阵 $\boldsymbol{C}=(c_{ij})_{m\times n}$ 称为矩阵 $\boldsymbol{A}$ 与 $\boldsymbol{B}$ 的**乘积矩阵**，记作 $\boldsymbol{C}=\boldsymbol{AB}=(c_{ij})_{m\times n}$.

对矩阵乘法要注意以下几点：

(1) 只有当 $\boldsymbol{A}$(左矩阵)的列数等于 $\boldsymbol{B}$(右矩阵)的行数时，$\boldsymbol{A}$ 与 $\boldsymbol{B}$ 才能相乘.

(2) 矩阵 $\boldsymbol{C}=\boldsymbol{AB}$ 中的元素 c_{ij} 为 $\boldsymbol{A}$ 的第 i 行与 $\boldsymbol{B}$ 的第 j 列对应元素的乘积之和，即

$$c_{ij}=(a_{i1}\ \ a_{i2}\ \ \cdots\ \ a_{is})\begin{pmatrix}b_{1j}\\ b_{2j}\\ \vdots\\ b_{sj}\end{pmatrix}=a_{i1}b_{1j}+a_{i2}b_{2j}+\cdots+a_{is}b_{sj}.$$

(3) 乘积矩阵 $\boldsymbol{AB}=\boldsymbol{C}$，其行数恰是左矩阵 $\boldsymbol{A}$ 的行数，列数恰是右矩阵 $\boldsymbol{B}$ 的列数.

例 3 设矩阵 $\boldsymbol{A}=\begin{pmatrix}1 & 2\\3 & -1\\0 & 4\end{pmatrix}$，$\boldsymbol{B}=\begin{pmatrix}2 & 4\\3 & 1\end{pmatrix}$，求 $\boldsymbol{AB}$.

解 $\boldsymbol{AB}=\begin{pmatrix}1 & 2\\3 & -1\\0 & 4\end{pmatrix}\begin{pmatrix}2 & 4\\3 & 1\end{pmatrix}=\begin{pmatrix}1\times2+2\times3 & 1\times4+2\times1\\3\times2+(-1)\times3 & 3\times4+(-1)\times1\\0\times2+4\times3 & 0\times4+4\times1\end{pmatrix}=\begin{pmatrix}8 & 6\\3 & 11\\12 & 4\end{pmatrix}$.

此例中，$\boldsymbol{A}$ 为 3×2 矩阵，$\boldsymbol{B}$ 为 2×2 矩阵，乘积 $\boldsymbol{AB}$ 有意义，而 $\boldsymbol{BA}$ 没有意义. 由此可知，在矩阵乘法中必须注意矩阵相乘的顺序，不能随意改变. 换句话说，矩阵的乘法一般不满足交换律，即 $\boldsymbol{AB}\neq\boldsymbol{BA}$.

例 4 设 $\boldsymbol{A}=\begin{pmatrix}1 & 1\\-1 & -1\end{pmatrix}$，$\boldsymbol{B}=\begin{pmatrix}1 & -1\\-1 & 1\end{pmatrix}$，求 $\boldsymbol{AB}$.

解
$$\boldsymbol{AB}=\begin{pmatrix}1 & 1\\-1 & -1\end{pmatrix}\begin{pmatrix}1 & -1\\-1 & 1\end{pmatrix}=\begin{pmatrix}0 & 0\\0 & 0\end{pmatrix}.$$

此例表明，两个非零矩阵的乘积可能是零矩阵. 换句话说，当 $\boldsymbol{AB}=\boldsymbol{O}$ 时，一般不能推出 $\boldsymbol{A}=\boldsymbol{O}$ 或 $\boldsymbol{B}=\boldsymbol{O}$.

例 5 已知
$$\boldsymbol{A}=\begin{pmatrix}2 & 3 & 0\\1 & 2 & 0\end{pmatrix},\boldsymbol{B}=\begin{pmatrix}1 & 0\\0 & 2\\3 & 0\end{pmatrix},\boldsymbol{C}=\begin{pmatrix}1 & 0\\0 & 2\\4 & 5\end{pmatrix},$$
求 $\boldsymbol{AB}$ 及 $\boldsymbol{AC}$.

解
$$\boldsymbol{AB}=\begin{pmatrix}2 & 3 & 0\\1 & 2 & 0\end{pmatrix}\begin{pmatrix}1 & 0\\0 & 2\\3 & 0\end{pmatrix}=\begin{pmatrix}2 & 6\\1 & 4\end{pmatrix},$$
$$\boldsymbol{AC}=\begin{pmatrix}2 & 3 & 0\\1 & 2 & 0\end{pmatrix}\begin{pmatrix}1 & 0\\0 & 2\\4 & 5\end{pmatrix}=\begin{pmatrix}2 & 6\\1 & 4\end{pmatrix}.$$

可以看出，当矩阵 $\boldsymbol{A}\neq\boldsymbol{O}$ 时，一般不能由 $\boldsymbol{AB}=\boldsymbol{AC}$ 得到 $\boldsymbol{B}=\boldsymbol{C}$，即矩阵乘法不满足消去律.

由上面几例可知矩阵的乘法和数的乘法运算规律有许多不同之处：

(1) 矩阵乘法一般不满足交换律；

(2) 矩阵乘法中存在 $\boldsymbol{A}\neq\boldsymbol{O},\boldsymbol{B}\neq\boldsymbol{O}$，但有 $\boldsymbol{AB}=\boldsymbol{O}$；

(3) 矩阵乘法的消去律不成立，即 $\boldsymbol{A}\neq\boldsymbol{O}$，且 $\boldsymbol{AB}=\boldsymbol{AC}$，不能得到 $\boldsymbol{B}=\boldsymbol{C}$.

可以证明矩阵的乘法满足下列运算规律（假设运算都是可行的）：

(1) 结合律 $(\boldsymbol{AB})\boldsymbol{C}=\boldsymbol{A}(\boldsymbol{BC})$，$\lambda(\boldsymbol{AB})=(\lambda\boldsymbol{A})\boldsymbol{B}=\boldsymbol{A}(\lambda\boldsymbol{B})$（$\lambda$ 为常数）；

(2) 分配律 $\boldsymbol{A}(\boldsymbol{B}+\boldsymbol{C})=\boldsymbol{AB}+\boldsymbol{AC}$，$(\boldsymbol{B}+\boldsymbol{C})\boldsymbol{A}=\boldsymbol{BA}+\boldsymbol{CA}$.

有了矩阵记号及矩阵的各种运算，为后面讨论一般线性方程组的解带来很大的方便.

例如，由 m 个方程，n 个未知量组成的 n 元线性方程组

$$\begin{cases} a_{11}x_1 + a_{12}x_2 + \cdots + a_{1n}x_n = b_1 \\ a_{21}x_1 + a_{22}x_2 + \cdots + a_{2n}x_n = b_2 \\ \cdots\cdots \\ a_{m1}x_1 + a_{m2}x_2 + \cdots + a_{mn}x_n = b_m \end{cases},$$

如果设

$$\boldsymbol{A} = \begin{pmatrix} a_{11} & a_{12} & \cdots & a_{1n} \\ a_{21} & a_{22} & \cdots & a_{2n} \\ \vdots & \vdots & & \vdots \\ a_{m1} & a_{m2} & \cdots & a_{mn} \end{pmatrix}, \boldsymbol{X} = \begin{pmatrix} x_1 \\ x_2 \\ \vdots \\ x_n \end{pmatrix}, \boldsymbol{B} = \begin{pmatrix} b_1 \\ b_2 \\ \vdots \\ b_m \end{pmatrix},$$

利用矩阵乘法，上述线性方程组可表示成矩阵形式：

$$\begin{pmatrix} a_{11} & a_{12} & \cdots & a_{1n} \\ a_{21} & a_{22} & \cdots & a_{2n} \\ \vdots & \vdots & & \vdots \\ a_{m1} & a_{m2} & \cdots & a_{mn} \end{pmatrix} \begin{pmatrix} x_1 \\ x_2 \\ \vdots \\ x_n \end{pmatrix} = \begin{pmatrix} b_1 \\ b_2 \\ \vdots \\ b_m \end{pmatrix},$$

简记为

$$\boldsymbol{AX} = \boldsymbol{B}.$$

这样，解上述线性方程组等价于从矩阵方程 $\boldsymbol{AX}=\boldsymbol{B}$ 中解出未知矩阵 $\boldsymbol{X}$.

由于矩阵乘法满足结合律，由此可以定义方阵的方幂.

定义 2-6　设 $\boldsymbol{A}$ 为 n 阶方阵，对于正整数 k，则

$$\boldsymbol{A}^k = \underbrace{\boldsymbol{AA}\cdots\boldsymbol{A}}_{k\text{个}},$$

称为**方阵 $\boldsymbol{A}$ 的 k 次幂**. 规定 $\boldsymbol{A}^0=\boldsymbol{E}(\boldsymbol{A}\neq\boldsymbol{O})$.

设 k,l 为任意自然数，则方阵 $\boldsymbol{A}$ 有

$$\boldsymbol{A}^k\boldsymbol{A}^l = \boldsymbol{A}^{k+l}, (\boldsymbol{A}^k)^l = \boldsymbol{A}^{kl}.$$

由于矩阵乘法一般不满足交换律，所以对于两个 n 阶方阵 $\boldsymbol{A},\boldsymbol{B}$，一般来说 $(\boldsymbol{AB})^k$ $\boldsymbol{A}^k\boldsymbol{B}^k$. 此外，当 $\boldsymbol{A}^k=\boldsymbol{O}(k>1)$ 时，也未必有 $\boldsymbol{A}=\boldsymbol{O}$. 例如

$$\boldsymbol{A} = \begin{pmatrix} 0 & 1 \\ 0 & 0 \end{pmatrix} \neq \boldsymbol{O}, \boldsymbol{A}^2 = \begin{pmatrix} 0 & 0 \\ 0 & 0 \end{pmatrix} = \boldsymbol{O}.$$

例 6　已知 $\boldsymbol{A}=\begin{pmatrix} 1 & 0 \\ 2 & 1 \end{pmatrix}, \boldsymbol{B}=\begin{pmatrix} 1 & -2 \\ -1 & 3 \end{pmatrix}$，求 $2\boldsymbol{AB}-3\boldsymbol{A}^2$.

解　$2\boldsymbol{AB} - 3\boldsymbol{A}^2 = \boldsymbol{A}(2\boldsymbol{B} - 3\boldsymbol{A})$

$$=\begin{pmatrix}1&0\\2&1\end{pmatrix}\left[\begin{pmatrix}2&-4\\-2&6\end{pmatrix}-\begin{pmatrix}3&0\\6&3\end{pmatrix}\right]$$

$$=\begin{pmatrix}1&0\\2&1\end{pmatrix}\begin{pmatrix}-1&-4\\-8&3\end{pmatrix}=\begin{pmatrix}-1&-4\\-10&-5\end{pmatrix}.$$

例 7 设矩阵 $\boldsymbol{A}=\begin{pmatrix}1&2&3\\4&3&-1\end{pmatrix}$,求 $\boldsymbol{AE},\boldsymbol{EA}$.

解 $\boldsymbol{AE}=\boldsymbol{A}_{2\times3}\boldsymbol{E}_3=\begin{pmatrix}1&2&3\\4&3&-1\end{pmatrix}\begin{pmatrix}1&0&0\\0&1&0\\0&0&1\end{pmatrix}=\begin{pmatrix}1&2&3\\4&3&-1\end{pmatrix}=\boldsymbol{A}$,

$\boldsymbol{EA}=\boldsymbol{E}_2\boldsymbol{A}_{2\times3}=\begin{pmatrix}1&0\\0&1\end{pmatrix}\begin{pmatrix}1&2&3\\4&3&-1\end{pmatrix}=\begin{pmatrix}1&2&3\\4&3&-1\end{pmatrix}=\boldsymbol{A}$.

由此可知,任意矩阵 $\boldsymbol{A}$ 与单位矩阵 $\boldsymbol{E}$ 相乘(右乘或左乘),仍为矩阵 $\boldsymbol{A}$,即有

$$\boldsymbol{A}_{m\times n}\boldsymbol{E}_n=\boldsymbol{A}_{m\times n},\boldsymbol{E}_m\boldsymbol{A}_{m\times n}=\boldsymbol{A}_{m\times n}.$$

4. 矩阵的转置

定义 2-7 把矩阵 $\boldsymbol{A}$ 的行与列依次互换,所得到的矩阵称为 $\boldsymbol{A}$ 的**转置矩阵**,记作 $\boldsymbol{A}^{\mathrm{T}}$.

例如,矩阵 $\boldsymbol{A}=\begin{pmatrix}2&6&3\\5&-4&1\end{pmatrix}$ 的转置矩阵为 $\boldsymbol{A}^{\mathrm{T}}=\begin{pmatrix}2&5\\6&-4\\3&1\end{pmatrix}$.

矩阵的转置满足下列运算规律(假设运算都是可行的):

(1) $(\boldsymbol{A}^{\mathrm{T}})^{\mathrm{T}}=\boldsymbol{A}$; (2) $(\boldsymbol{A}+\boldsymbol{B})^{\mathrm{T}}=\boldsymbol{A}^{\mathrm{T}}+\boldsymbol{B}^{\mathrm{T}}$;

(3) $(\lambda\boldsymbol{A})^{\mathrm{T}}=\lambda\boldsymbol{A}^{\mathrm{T}}$($\lambda$ 是常数); (4) $(\boldsymbol{AB})^{\mathrm{T}}=\boldsymbol{B}^{\mathrm{T}}\boldsymbol{A}^{\mathrm{T}}$.

例 8 设 $\boldsymbol{A}=\begin{pmatrix}2&0&-1\\1&3&2\end{pmatrix}$,$\boldsymbol{B}=\begin{pmatrix}3&0\\1&4\\0&2\end{pmatrix}$,求 $(\boldsymbol{AB})^{\mathrm{T}}$ 及 $\boldsymbol{B}^{\mathrm{T}}\boldsymbol{A}^{\mathrm{T}}$.

解 因为

$$\boldsymbol{AB}=\begin{pmatrix}2&0&-1\\1&3&2\end{pmatrix}\begin{pmatrix}3&0\\1&4\\0&2\end{pmatrix}=\begin{pmatrix}6&-2\\6&16\end{pmatrix},$$

所以 $$(\boldsymbol{AB})^{\mathrm{T}}=\begin{pmatrix}6&6\\-2&16\end{pmatrix}.$$

而 $$\boldsymbol{B}^{\mathrm{T}}\boldsymbol{A}^{\mathrm{T}}=\begin{pmatrix}3&1&0\\0&4&2\end{pmatrix}\begin{pmatrix}2&1\\0&3\\-1&2\end{pmatrix}=\begin{pmatrix}6&6\\-2&16\end{pmatrix}.$$

此例验证了 $$(\boldsymbol{AB})^{\mathrm{T}}=\boldsymbol{B}^{\mathrm{T}}\boldsymbol{A}^{\mathrm{T}}.$$

例 9 【产品利润】某企业有三个车间生产甲、乙、丙、丁四种产品,各车间生产每种产品的数量用矩阵 $\boldsymbol{A}$ 表示:

$$A=\begin{pmatrix}5 & 8 & 7 & 6\\ 6 & 7 & 8 & 5\\ 5 & 7 & 8 & 9\end{pmatrix}\begin{matrix}\text{一车间}\\ \text{二车间},\\ \text{三车间}\end{matrix}$$

$$\begin{matrix}\text{甲} & \text{乙} & \text{丙} & \text{丁}\end{matrix}$$

若甲、乙、丙、丁四种产品的单位成本分别为 8,10,12,14(万元),销售单价分别为 13,15,16,17(万元). 试用矩阵运算指出哪个车间为企业创造的利润最大?

解　设单位成本矩阵 $\boldsymbol{C}=(8,10,12,14)^{\mathrm{T}}$,销售单价矩阵 $\boldsymbol{P}=(13,15,16,17)^{\mathrm{T}}$,则单位利润矩阵 $\boldsymbol{B}=\boldsymbol{P}-\boldsymbol{C}=(5,5,4,3)^{\mathrm{T}}$,从而各车间利润矩阵为

$$\boldsymbol{L}=\boldsymbol{AB}=\begin{pmatrix}5 & 8 & 7 & 6\\ 6 & 7 & 8 & 5\\ 5 & 7 & 8 & 9\end{pmatrix}\begin{pmatrix}5\\ 5\\ 4\\ 3\end{pmatrix}=\begin{pmatrix}111\\ 112\\ 119\end{pmatrix},$$

由此可知,第三车间为企业创造的利润最大.

练习与思考 2.1

1. 判断题:

(1) 矩阵可以比较大小;

(2) 两个零矩阵一定相等;

(3) 两个矩阵相等,则其对应元素也相等;

(4) $\boldsymbol{A}^2=\boldsymbol{A}$,则 $\boldsymbol{A}=\boldsymbol{O}$ 或 $\boldsymbol{A}=\boldsymbol{E}$.

2. 指出下列矩阵哪些是零矩阵、单位矩阵、行矩阵、列矩阵、三角矩阵、方阵:

(1) $(1,0)$;　(2) $\begin{pmatrix}0\\ 0\\ 1\end{pmatrix}$;　(3) $\begin{pmatrix}1 & 0\\ 0 & 1\end{pmatrix}$;　(4) $\begin{pmatrix}1 & 2 & 3\\ 0 & 1 & 2\\ 0 & 0 & 1\end{pmatrix}$;　(5) $\begin{pmatrix}0 & 0\\ 0 & 0\\ 0 & 0\end{pmatrix}$;

(6) $\begin{pmatrix}1 & 0 & 0\\ 2 & 2 & 0\\ 1 & 0 & 1\end{pmatrix}$.

3. 已知 $\begin{pmatrix}1 & 4-x & 4\\ 3 & 5 & 2z\end{pmatrix}=\begin{pmatrix}1 & x & 4\\ y & 5 & z-2\end{pmatrix}$,求 x,y,z.

4. 已知关系式 $(2,x)\begin{pmatrix}2 & 1\\ 0 & 1\end{pmatrix}=(4,3)$,则元素 x 为何值?

习题 2.1

1. 填空题:

(1) 设 $\boldsymbol{A}=(a_{ij})_{3\times5}$,$\boldsymbol{B}=(b_{ij})_{m\times n}$,则

① 当 $m=$______,$n=$______时,$\boldsymbol{A}+\boldsymbol{B}$ 有意义,$\boldsymbol{A}+\boldsymbol{B}$ 是______行______列矩阵;

② 当 $m=$______,$n=$______时,$\boldsymbol{AB}$ 有意义,$\boldsymbol{AB}$ 是______行______列矩阵;

③ 当 $m=$______,$n=$______时,$\boldsymbol{B}^{\mathrm{T}}\boldsymbol{A}$ 有意义,$\boldsymbol{B}^{\mathrm{T}}\boldsymbol{A}$ 是______行______列矩阵.

(2) $\begin{pmatrix}-1 & 0 & 2\\ 2 & 3 & 1\\ 4 & 6 & 5\end{pmatrix}+\begin{pmatrix}3 & 2 & 1\\ -3 & 0 & -2\\ 1 & -5 & -4\end{pmatrix}=$______.

(3) 若 $\boldsymbol{A}=\begin{pmatrix}1 & -1 & 3\\ -2 & 4 & 5\end{pmatrix}$,则 $-\boldsymbol{A}=$______.

(4) $\begin{pmatrix}1\\ 3\\ 2\end{pmatrix}(2,1,3)=$______.

(5) $(2,1,3)\begin{pmatrix}1\\ 3\\ 2\end{pmatrix}=$______.

(6) 若 $\boldsymbol{A}=\begin{pmatrix}-1 & 1 & 3\\ 2 & -2 & -5\end{pmatrix}$,则 $\boldsymbol{A}^{\mathrm{T}}=$______.

已知矩阵 $\boldsymbol{A}=\begin{pmatrix}a+2b & b-3d\\ 3a-c & a-b\end{pmatrix}$,如果 $\boldsymbol{A}=\boldsymbol{E}$,求 a,b,c,d 的值.

设 $\boldsymbol{A}=\begin{pmatrix}-2 & 1 & 4 & 1\\ 0 & 3 & -2 & 1\\ 5 & 0 & 3 & 2\end{pmatrix}$,$\boldsymbol{B}=\begin{pmatrix}4 & 3 & 2 & -1\\ 8 & -3 & 0 & 1\\ 1 & 2 & -5 & 0\end{pmatrix}$,且 $\boldsymbol{A}+2\boldsymbol{X}=\boldsymbol{B}$,求矩阵 $\boldsymbol{X}$.

设矩阵 $\boldsymbol{A}=\begin{pmatrix}1 & 5 & 1\\ 1 & 2 & -3\\ 9 & -5 & 3\end{pmatrix}$,$\boldsymbol{B}=\begin{pmatrix}1 & x_1 & x_2\\ x_1 & 2 & x_3\\ x_2 & x_3 & 3\end{pmatrix}$,$\boldsymbol{C}=\begin{pmatrix}0 & y_1 & y_2\\ -y_1 & 0 & y_3\\ -y_2 & -y_3 & 0\end{pmatrix}$,并且 $\boldsymbol{A}=\boldsymbol{B}+\boldsymbol{C}$,求矩阵 $\boldsymbol{B}$ 和 $\boldsymbol{C}$.

设 $\boldsymbol{A}=\begin{pmatrix}1 & 2\\ 0 & 1\end{pmatrix}$,$\boldsymbol{B}=\begin{pmatrix}-1 & 1\\ 1 & -1\end{pmatrix}$,求 $2\boldsymbol{A}-3\boldsymbol{B}$,$\boldsymbol{AB}+\boldsymbol{BA}$,$\boldsymbol{AB}^{\mathrm{T}}$.

计算下列矩阵:

(1) $\begin{pmatrix}2 & 1\\ 1 & 3\end{pmatrix}\begin{pmatrix}-1 & 1 & 2\\ 0 & 3 & 5\end{pmatrix}$;

(2) $\begin{pmatrix}1\\ 2\\ 3\end{pmatrix}(-1,2)+\begin{pmatrix}1 & 2\\ -1 & 3\\ 1 & 0\end{pmatrix}$;

(3) $\begin{pmatrix}2 & -1\\ 4 & 0\\ 1 & 3\end{pmatrix}\begin{pmatrix}5 & -3\\ -8 & 4\end{pmatrix}$;

(4) $(x_1,x_2,x_3)\begin{pmatrix}1 & -2 & 3\\ 1 & 4 & -1\\ 5 & -3 & 2\end{pmatrix}\begin{pmatrix}x_1\\ x_2\\ x_3\end{pmatrix}$;

(5) $\begin{pmatrix}2 & 1 & 4 & 0\\ 1 & -1 & 3 & 4\end{pmatrix}\begin{pmatrix}1 & 3 & 1\\ 0 & -1 & 2\\ 1 & -3 & 1\\ 4 & 0 & -2\end{pmatrix}$;

(6) $\begin{pmatrix}a_{11} & a_{12} & a_{13}\\ a_{21} & a_{22} & a_{23}\\ a_{31} & a_{32} & a_{33}\end{pmatrix}\begin{pmatrix}x_1\\ x_2\\ x_3\end{pmatrix}$;

(7) $\begin{pmatrix} 1 & 5 \\ 0 & 1 \end{pmatrix}^3$；　　　　(8) $\begin{pmatrix} 1 & 1 \\ -1 & -1 \end{pmatrix}^3$.

7. 设 $\boldsymbol{A}=\begin{bmatrix} 0 & 1 & 3 \\ 1 & -1 & 2 \\ 1 & 2 & 1 \end{bmatrix}$，$\boldsymbol{B}=\begin{bmatrix} 1 & -1 \\ 3 & 1 \\ 2 & 2 \end{bmatrix}$，求 $\boldsymbol{B}^{\mathrm{T}}\boldsymbol{A}^{\mathrm{T}}$.

8.【用电度数】某市为避开高峰期用电，实行峰谷分段计费，鼓励夜间用电. 已知峰(AM8:00—PM9:00)与谷(PM9:00—AM8:00)的电费标准(单位:元/度)分别为 0.5583 和 0.3583. 某宿舍三个住户某月的用电情况如下：

$$\begin{array}{c} \\ 1 \\ 2 \\ 3 \end{array}\begin{array}{c} \begin{array}{cc} \text{峰} & \text{谷} \end{array} \\ \begin{bmatrix} 120 & 150 \\ 132 & 174 \\ 142 & 200 \end{bmatrix} \end{array},$$

请用矩阵的运算给出这三户该月的电费.

9.【机床产值】某机床厂生产甲、乙、丙、丁四种规格的机床，其中一、二、三季度的产量用矩阵 $\boldsymbol{A}$ 表示，其成本和销售单价用矩阵 $\boldsymbol{B}$ 表示(单位:万元)，且

$$\boldsymbol{A}=\begin{array}{c}\begin{bmatrix} 5 & 6 & 8 & 7 \\ 4 & 5 & 7 & 5 \\ 6 & 7 & 8 & 9 \end{bmatrix} \\ \begin{array}{cccc} \text{甲} & \text{乙} & \text{丙} & \text{丁} \end{array}\end{array}\begin{array}{l} 1\text{季度} \\ 2\text{季度} \\ 3\text{季度} \\ \\ \end{array},\quad \boldsymbol{B}=\begin{array}{c}\begin{bmatrix} 2 & 3 \\ 3 & 4.5 \\ 5 & 6 \\ 4 & 5.5 \end{bmatrix} \\ \begin{array}{cc} \text{成本} & \text{单价} \end{array}\end{array}\begin{array}{l} \text{甲} \\ \text{乙} \\ \text{丙} \\ \text{丁} \\ \\ \end{array}.$$

求出各个季度的成本总额和销售总额.

§2.2　方阵的行列式

学习目标

1. 理解行列式的概念和性质，会用对角线法则计算二阶、三阶行列式.
2. 会用化三角形法及降阶算法(按行按列展开法)计算行列式.

引入问题

在初等数学中，对于二元线性方程组

$$\begin{cases} a_{11}x_1 + a_{12}x_2 = b_1, \\ a_{21}x_1 + a_{22}x_2 = b_2 \end{cases} \tag{2-1}$$

用消元法，可得到

$$\begin{cases}(a_{11}a_{22}-a_{21}a_{12})x_1=b_1a_{22}-b_2a_{12}\\(a_{11}a_{22}-a_{21}a_{12})x_2=a_{11}b_2-a_{21}b_1\end{cases}.$$

当 $a_{11}a_{22}-a_{21}a_{12}\neq 0$,方程组(2-1)有唯一解

$$\begin{cases}x_1=\dfrac{b_1a_{22}-b_2a_{12}}{a_{11}a_{22}-a_{21}a_{12}}\\x_2=\dfrac{a_{11}b_2-a_{21}b_1}{a_{11}a_{22}-a_{21}a_{12}}\end{cases}.$$

为了清楚地揭示解与系数的关系,定义一个计算符号,即

$$D=\begin{vmatrix}a_{11}&a_{12}\\a_{21}&a_{22}\end{vmatrix}=a_{11}a_{22}-a_{21}a_{12},D_1=\begin{vmatrix}b_1&a_{12}\\b_2&a_{22}\end{vmatrix}=b_1a_{22}-b_2a_{12},$$

$$D_2=\begin{vmatrix}a_{11}&b_1\\a_{21}&b_2\end{vmatrix}=a_{11}b_2-a_{21}b_1.$$

于是,当 $D\neq 0$ 时,方程组(2-1)的唯一解可表示为

$$x_1=\frac{D_1}{D},x_2=\frac{D_2}{D}.$$

这种计算符号就是行列式.

主要知识

一、行列式的概念

由 2×2 个数排成两行两列,组成的符号

$$\begin{vmatrix}a_{11}&a_{12}\\a_{21}&a_{22}\end{vmatrix}$$

称为**二阶行列式**. 它代表的是算式 $a_{11}a_{22}-a_{21}a_{12}$,即

$$\begin{vmatrix}a_{11}&a_{12}\\a_{21}&a_{22}\end{vmatrix}=a_{11}a_{22}-a_{21}a_{12},$$

其中 $a_{ij}\,(i,j=1,2)$ 称为**行列式的元素**,表明该元素位于第 i 行第 j 列.

二阶行列式可用图 2-1 的对角线法则计算.

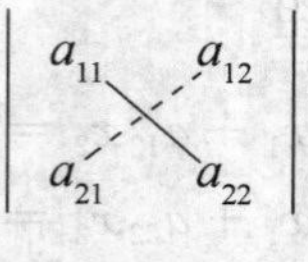

图 2-1

例 1　用行列式解二元线性方程组

$$\begin{cases}2x_1 - x_2 = 5 \\ 3x_1 + 2x_2 = -3\end{cases}.$$

解　因为
$$D = \begin{vmatrix} 2 & -1 \\ 3 & 2 \end{vmatrix} = 7 \neq 0,$$

而
$$D_1 = \begin{vmatrix} 5 & -1 \\ -3 & 2 \end{vmatrix} = 7, D_2 = \begin{vmatrix} 2 & 5 \\ 3 & -3 \end{vmatrix} = -21,$$

所以方程组的解为

$$x_1 = \frac{D_1}{D} = \frac{7}{7} = 1, x_2 = \frac{D_2}{D} = \frac{-21}{7} = -3.$$

说明

上述公式也称为求解线性方程组的**克莱姆(Cramer)法则**，详见本节四*.

将二阶行列式的概念加以推广，由 3×3 个数排成三行三列，组成的符号

$$\begin{vmatrix} a_{11} & a_{12} & a_{13} \\ a_{21} & a_{22} & a_{23} \\ a_{31} & a_{32} & a_{33} \end{vmatrix}$$

称为**三阶行列式**. 三阶行列式其计算规律遵循如图 2-2 所示的对角线法则：图中实线上三元素的乘积冠正号，虚线上三元素的乘积冠负号.

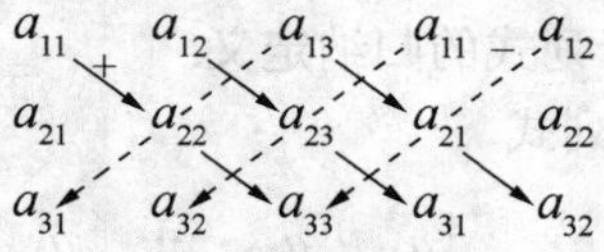

图 2-2

即 $$\begin{vmatrix} a_{11} & a_{12} & a_{13} \\ a_{21} & a_{22} & a_{23} \\ a_{31} & a_{32} & a_{33} \end{vmatrix} = a_{11}a_{22}a_{33} + a_{12}a_{23}a_{31} + a_{13}a_{21}a_{32} - a_{13}a_{22}a_{31} - a_{11}a_{23}a_{32} - a_{12}a_{21}a_{33}.$$

一般地，由 $n \times n$ 个数排成 n 行 n 列，组成的符号

$$\begin{vmatrix} a_{11} & a_{12} & \cdots & a_{1n} \\ a_{21} & a_{22} & \cdots & a_{2n} \\ \vdots & \vdots & & \vdots \\ a_{n1} & a_{n2} & \cdots & a_{nn} \end{vmatrix}$$

称为 n **阶行列式**.

为方便讨论 n 阶行列式，先引入行列式的余子式和代数余子式的概念.

定义 2-8 在 n 阶行列式中，把元素 a_{ij} 所在的第 i 行和第 j 列元素划去，留下的元素保持原来的相对位置不变，构成的 $n-1$ 阶行列式称为元素 a_{ij} 的**余子式**，记作 M_{ij}. 元素 a_{ij} 的余子式 M_{ij} 乘以符号项 $(-1)^{i+j}$，称为 a_{ij} 的**代数余子式**，记作 A_{ij}，即

$$A_{ij}=(-1)^{i+j}\cdot M_{ij}.$$

例如，三阶行列式 $\begin{vmatrix} a_{11} & a_{12} & a_{13} \\ a_{21} & a_{22} & a_{23} \\ a_{31} & a_{32} & a_{33} \end{vmatrix}$ 中，元素 a_{12} 的余子式为

$$M_{12}=\begin{vmatrix} a_{21} & a_{23} \\ a_{31} & a_{33} \end{vmatrix},$$

代数余子式为

$$A_{12}=(-1)^{1+2}M_{12}=-\begin{vmatrix} a_{21} & a_{23} \\ a_{31} & a_{33} \end{vmatrix}.$$

利用代数余子式，可发现三阶行列式有如下规律：

$$\begin{vmatrix} a_{11} & a_{12} & a_{13} \\ a_{21} & a_{22} & a_{23} \\ a_{31} & a_{32} & a_{33} \end{vmatrix}=a_{11}\begin{vmatrix} a_{22} & a_{23} \\ a_{32} & a_{33} \end{vmatrix}-a_{12}\begin{vmatrix} a_{21} & a_{23} \\ a_{31} & a_{33} \end{vmatrix}+a_{13}\begin{vmatrix} a_{21} & a_{22} \\ a_{31} & a_{32} \end{vmatrix}$$

$$=a_{11}\ (-1)^{1+1}M_{11}+a_{12}\ (-1)^{1+2}M_{12}+a_{13}\ (-1)^{1+3}M_{13}$$

$$=a_{11}A_{11}+a_{12}A_{12}+a_{13}A_{13}.$$

上式也称为三阶行列式**按第一行的展开式**.

将上式加以推广，得到 n 阶行列式的归纳定义.

定义 2-9 n 阶方阵 $\boldsymbol{A}$ 的行列式

$$|\boldsymbol{A}|=\begin{vmatrix} a_{11} & a_{12} & \cdots & a_{1n} \\ a_{21} & a_{22} & \cdots & a_{2n} \\ \vdots & \vdots & & \vdots \\ a_{n1} & a_{n2} & \cdots & a_{nn} \end{vmatrix}$$

$$=a_{11}A_{11}+a_{12}A_{12}+\cdots+a_{1n}A_{1n}=\sum_{j=1}^{n}a_{1j}A_{1j},$$

称为**行列式按第一行展开**，其中，A_{1j} 为元素 $a_{1j}(j=1,2,\cdots,n)$ 的代数余子式.

此行列式也可按照任一行(列)展开，即行列式的值等于它的任一行(列)的各元素与其对应的代数余子式乘积之和，这也称为**按行按列展开法则**.

规定：当 $n=1$ 时，$|a_{11}|=a_{11}$.

注意	这里 $\|a_{11}\|$ 不是 a_{11} 的绝对值，而是一阶行列式.

特别指出：

(1) 矩阵中只有方阵 $\boldsymbol{A}$ 才有对应的行列式 $|\boldsymbol{A}|$. 行列式与矩阵是两个完全不同的概念，行列式是经过某种运算法则算出来的数(或代数式)，而矩阵只是一个数表. 两者要加以区别，不可混淆.

(2) 行列式的上述归纳定义(也称为按行按列展开法则)，其意义是将 n 阶行列式化为 $n-1$ 阶行列式来处理，体现了降阶算法的思想.

例 2　计算三阶行列式

$$D=\begin{vmatrix}1 & -1 & 4\\ -1 & 0 & 0\\ 2 & 1 & 1\end{vmatrix}.$$

解法一　若按第 1 行展开，有

$$\begin{aligned}D&=1\times A_{11}+(-1)\times A_{12}+4\times A_{13}\\&=1\times(-1)^{1+1}\begin{vmatrix}0 & 0\\ 1 & 1\end{vmatrix}-(-1)^{1+2}\begin{vmatrix}-1 & 0\\ 2 & 1\end{vmatrix}+4\times(-1)^{1+3}\begin{vmatrix}-1 & 0\\ 2 & 1\end{vmatrix}=-5.\end{aligned}$$

解法二　若按第 2 行展开，有

$$D=(-1)\times A_{21}=-(-1)^{2+1}\begin{vmatrix}-1 & 4\\ 1 & 1\end{vmatrix}=-5.$$

需要说明的是，行列式按不同行(列)展开结果相同，但计算的复杂程度不同. 由本例可以看出，按照零多的行(列)展开，计算简单.

例 3　求解方程

$$\begin{vmatrix}1 & 1 & 1\\ 2 & 3 & x\\ 4 & 9 & x^2\end{vmatrix}=0.$$

解　方程左端的三阶行列式按对角线法则，得

$$D=3x^2+4x+18-12-9x-2x^2=x^2-5x+6.$$

由 $x^2-5x+6=0$，解得　$x=2$　或　$x=3$.

利用 n 阶行列式按行按列展开法则，易得特殊行列式的值.

(1) 三角行列式——主对角线(左上角到右下角的对角线)以上(下)的元素都为零的行列式称为下(上)三角行列式.

上三角行列式：

$$\begin{vmatrix}a_{11} & a_{12} & \cdots & a_{1n}\\ & a_{22} & \cdots & a_{2n}\\ & & \ddots & \vdots\\ & & & a_{nn}\end{vmatrix}=a_{11}a_{22}\cdots a_{nn}.$$

下三角行列式：

$$\begin{vmatrix} a_{11} & & & \\ a_{21} & a_{22} & & \\ \vdots & \vdots & \ddots & \\ a_{n1} & a_{n2} & \cdots & a_{nn} \end{vmatrix} = a_{11}a_{22}\cdots a_{nn}.$$

(2) 对角行列式——只在对角线上有非零元素的行列式称为**对角行列式**.

$$\begin{vmatrix} \lambda_1 & & & \\ & \lambda_2 & & \\ & & \ddots & \\ & & & \lambda_n \end{vmatrix} = \lambda_1\lambda_2\cdots\lambda_n$$

或

$$\begin{vmatrix} & & & \lambda_1 \\ & & \lambda_2 & \\ & \iddots & & \\ \lambda_n & & & \end{vmatrix} = (-1)^{\frac{n(n-1)}{2}}\lambda_1\lambda_2\cdots\lambda_n.$$

二、行列式的性质

为简化行列式的计算,有必要研究行列式的性质.

性质 2-1 行列式$|\boldsymbol{A}|$与它的**转置行列式**$|\boldsymbol{A}^{\mathrm{T}}|$相等,即$|\boldsymbol{A}|=|\boldsymbol{A}^{\mathrm{T}}|$.

例如,二阶行列式

$$|\boldsymbol{A}| = \begin{vmatrix} a_{11} & a_{12} \\ a_{21} & a_{22} \end{vmatrix} = a_{11}a_{22}-a_{21}a_{12},\ |\boldsymbol{A}^{\mathrm{T}}| = \begin{vmatrix} a_{11} & a_{21} \\ a_{12} & a_{22} \end{vmatrix} = a_{11}a_{22}-a_{21}a_{12}.$$

显然有

$$|\boldsymbol{A}| = |\boldsymbol{A}^{\mathrm{T}}|.$$

性质 2-1 表明,行列式中的行与列的地位相同,行列式的性质如果对行成立,则对列也成立,反之亦然.

性质 2-2 互换行列式的任意两行(列),行列式的值变号.

例如,对二阶行列式互换两列,有

$$\begin{vmatrix} a_{11} & a_{12} \\ a_{21} & a_{22} \end{vmatrix} = a_{11}a_{22}-a_{12}a_{21} = -(a_{12}a_{21}-a_{11}a_{22}) = -\begin{vmatrix} a_{12} & a_{11} \\ a_{22} & a_{21} \end{vmatrix}.$$

通常用 r_i 表示行列式的第 i 行,用 c_i 表示第 i 列. 交换 i,j 两行记作 $r_i\leftrightarrow r_j$,交换 i,j 两列记作 $c_i\leftrightarrow c_j$.

推论 2-1 若行列式中有两行(列)对应元素相同,则此行列式值为零.

推论 2-2 行列式中任一行(列)与另一行(列)元素对应代数余子式乘积之和为零.

例如,设三阶行列式$\begin{vmatrix} a_{11} & a_{12} & a_{13} \\ a_{21} & a_{22} & a_{23} \\ a_{31} & a_{32} & a_{33} \end{vmatrix}$,用第一行各元素分别乘以第二行对应元素的代数

余子式，即有

$$a_{11}A_{21}+a_{12}A_{22}+a_{13}A_{23}=a_{11}(-1)^{2+1}\begin{vmatrix}a_{12}&a_{13}\\a_{32}&a_{33}\end{vmatrix}+a_{12}(-1)^{2+2}\begin{vmatrix}a_{11}&a_{13}\\a_{31}&a_{33}\end{vmatrix}+a_{13}(-1)^{2+3}\begin{vmatrix}a_{11}&a_{12}\\a_{31}&a_{32}\end{vmatrix}$$

$$=-\left(a_{11}\begin{vmatrix}a_{12}&a_{13}\\a_{32}&a_{33}\end{vmatrix}-a_{12}\begin{vmatrix}a_{11}&a_{13}\\a_{31}&a_{33}\end{vmatrix}+a_{13}\begin{vmatrix}a_{11}&a_{12}\\a_{31}&a_{32}\end{vmatrix}\right)$$

$$=-\begin{vmatrix}a_{11}&a_{12}&a_{13}\\a_{11}&a_{12}&a_{13}\\a_{31}&a_{32}&a_{33}\end{vmatrix}\xlongequal{r_1\leftrightarrow r_2}\begin{vmatrix}a_{11}&a_{12}&a_{13}\\a_{11}&a_{12}&a_{13}\\a_{31}&a_{32}&a_{33}\end{vmatrix}.$$

显然，这个行列式有两行完全相同，所以值为零.

性质 2-3　行列式中某一行(列)中所有元素乘以同一数 k，等于用数 k 乘以行列式.

例如，

$$\begin{vmatrix}a_{11}&a_{12}&a_{13}\\ka_{21}&ka_{22}&ka_{23}\\a_{31}&a_{32}&a_{33}\end{vmatrix}=k\begin{vmatrix}a_{11}&a_{12}&a_{13}\\a_{21}&a_{22}&a_{23}\\a_{31}&a_{32}&a_{33}\end{vmatrix}.$$

也就是说，行列式中某行(列)的所有元素的公因子可提到行列式外面.

通常第 i 行(列)乘以 k，记作 $r_i\times k(c_i\times k)$.

推论 2-3　行列式中某行(列)中所有元素为零，则此行列式值为零.

推论 2-4　行列式中有两行(列)对应元素成比例，则此行列式值为零.

推论 2-5　设有 n 阶方阵 $\boldsymbol{A}$，则有 $|\lambda\boldsymbol{A}|=\lambda^n|\boldsymbol{A}|$.

例如，设三阶方阵 $\boldsymbol{A}=\begin{bmatrix}a_{11}&a_{12}&a_{13}\\a_{21}&a_{22}&a_{23}\\a_{31}&a_{32}&a_{33}\end{bmatrix}$，则 $\lambda\boldsymbol{A}=\begin{bmatrix}\lambda a_{11}&\lambda a_{12}&\lambda a_{13}\\\lambda a_{21}&\lambda a_{22}&\lambda a_{23}\\\lambda a_{31}&\lambda a_{32}&\lambda a_{33}\end{bmatrix}$，从而有

$$|\lambda\boldsymbol{A}|=\begin{vmatrix}\lambda a_{11}&\lambda a_{12}&\lambda a_{13}\\\lambda a_{21}&\lambda a_{22}&\lambda a_{23}\\\lambda a_{31}&\lambda a_{32}&\lambda a_{33}\end{vmatrix}=\lambda^3|\boldsymbol{A}|.$$

性质 2-4　如果行列式的某一行(列)的各元素是两数之和，则该行列式可分解为两个行列式之和.

例如，

$$\begin{vmatrix}a_{11}+b_{11}&a_{12}+b_{12}&a_{13}+b_{13}\\a_{21}&a_{22}&a_{23}\\a_{31}&a_{32}&a_{33}\end{vmatrix}=\begin{vmatrix}a_{11}&a_{12}&a_{13}\\a_{21}&a_{22}&a_{23}\\a_{31}&a_{32}&a_{33}\end{vmatrix}+\begin{vmatrix}b_{11}&b_{12}&b_{13}\\a_{21}&a_{22}&a_{23}\\a_{31}&a_{32}&a_{33}\end{vmatrix}.$$

需要说明的是，行列式关于第一行可分解为两个行列式之和，并且这两个行列式除了第一行外，其余元素均保持不变.

性质 2-5 把行列式某一行(列)各元素的 k 倍加到另一行(列)对应元素上去,行列式值不变.

例如,

$$\begin{vmatrix} a_{11} & a_{12} & a_{13} \\ a_{21} & a_{22} & a_{23} \\ a_{31} & a_{32} & a_{33} \end{vmatrix} \xlongequal{r_2+kr_1} \begin{vmatrix} a_{11} & a_{12} & a_{13} \\ a_{21}+ka_{11} & a_{22}+ka_{12} & a_{23}+ka_{13} \\ a_{31} & a_{32} & a_{33} \end{vmatrix}.$$

通常数 k 乘行列式中第 i 行(列)加到第 j 行(列)上,记作 $r_j+kr_i(c_j+kc_i)$.

需要说明的是,利用性质 2-5 可以把行列式中某些元素化为 0,从而可简化行列式的计算.

性质 2-6 设 $\boldsymbol{A},\boldsymbol{B}$ 是任意两个同阶方阵,则 $|\boldsymbol{AB}|=|\boldsymbol{A}||\boldsymbol{B}|$.

三、行列式的计算

下面举例介绍计算行列式常用的两种方法:化三角形法和降阶算法.

例 4 计算行列式

$$\begin{vmatrix} 1 & 1 & -1 & 1 \\ -1 & 1 & 4 & 1 \\ 3 & 4 & 1 & 0 \\ 4 & 0 & -5 & 2 \end{vmatrix}.$$

解法一

$$\begin{vmatrix} 1 & 1 & -1 & 1 \\ -1 & 1 & 4 & 1 \\ 3 & 4 & 1 & 0 \\ 4 & 0 & -5 & 2 \end{vmatrix} \xlongequal[\substack{r_3-3r_1 \\ r_4-4r_1}]{r_2+r_1} \begin{vmatrix} 1 & 1 & -1 & 1 \\ 0 & 2 & 3 & 2 \\ 0 & 1 & 4 & -3 \\ 0 & -4 & -1 & -2 \end{vmatrix} \xlongequal{r_2 \leftrightarrow r_3} -\begin{vmatrix} 1 & 1 & -1 & 1 \\ 0 & 1 & 4 & -3 \\ 0 & 2 & 3 & 2 \\ 0 & -4 & -1 & -2 \end{vmatrix}$$

$$\xlongequal[r_4+4r_2]{r_3-2r_2} -\begin{vmatrix} 1 & 1 & -1 & 1 \\ 0 & 1 & 4 & -3 \\ 0 & 0 & -5 & 8 \\ 0 & 0 & 15 & -14 \end{vmatrix} \xlongequal{r_4+3r_3} -\begin{vmatrix} 1 & 1 & -1 & 1 \\ 0 & 1 & 4 & -3 \\ 0 & 0 & -5 & 8 \\ 0 & 0 & 0 & 10 \end{vmatrix} = 50.$$

上述利用行列式性质,将行列式化为三角行列式的计算方法称为**化三角形法**.

解法二

$$\begin{vmatrix} 1 & 1 & -1 & 1 \\ -1 & 1 & 4 & 1 \\ 3 & 4 & 1 & 0 \\ 4 & 0 & -5 & 2 \end{vmatrix} \xlongequal[r_4-2r_1]{r_2-r_1} \begin{vmatrix} 1 & 1 & -1 & 1 \\ -2 & 0 & 5 & 0 \\ 3 & 4 & 1 & 0 \\ 2 & -2 & -3 & 0 \end{vmatrix} \xlongequal[\text{列展开}]{\text{按第 4}} 1\times(-1)^{1+4}\begin{vmatrix} -2 & 0 & 5 \\ 3 & 4 & 1 \\ 2 & -2 & -3 \end{vmatrix}$$

$$\xlongequal{r_2+2r_3} -\begin{vmatrix} -2 & 0 & 5 \\ 7 & 0 & -5 \\ 2 & -2 & -3 \end{vmatrix}$$

$$\xlongequal[\text{列展开}]{\text{按第 2}}-(-2)\times(-1)^{3+2}\begin{vmatrix}-2 & 5\\ 7 & -5\end{vmatrix}=50.$$

上述利用行列式性质将行列式某行(列)只保留一个非零元素(如第 4 列),然后按此行(列)展开,转化为低阶行列式的计算方法称为**降阶算法**.

例 5　计算行列式

$$\begin{vmatrix}1 & 2 & 3 & 4\\ 4 & 1 & 2 & 3\\ 3 & 4 & 1 & 2\\ 2 & 3 & 4 & 1\end{vmatrix}.$$

解　此行列式的特点是各行(列)元素的和都是 10,据此有

$$\begin{vmatrix}1 & 2 & 3 & 4\\ 4 & 1 & 2 & 3\\ 3 & 4 & 1 & 2\\ 2 & 3 & 4 & 1\end{vmatrix}\xlongequal[\substack{c_1+c_3\\ c_1+c_4}]{c_1+c_2}\begin{vmatrix}10 & 2 & 3 & 4\\ 10 & 1 & 2 & 3\\ 10 & 4 & 1 & 2\\ 10 & 3 & 4 & 1\end{vmatrix}=10\begin{vmatrix}1 & 2 & 3 & 4\\ 1 & 1 & 2 & 3\\ 1 & 4 & 1 & 2\\ 1 & 3 & 4 & 1\end{vmatrix}$$

$$\xlongequal[\substack{r_3-r_1\\ r_4-r_1}]{r_2-r_1}10\begin{vmatrix}1 & 2 & 3 & 4\\ 0 & -1 & -1 & -1\\ 0 & 2 & -2 & -2\\ 0 & 1 & 1 & -3\end{vmatrix}\xlongequal[r_4+r_2]{r_3+2r_2}10\begin{vmatrix}1 & 2 & 3 & 4\\ 0 & -1 & -1 & -1\\ 0 & 0 & -4 & -4\\ 0 & 0 & 0 & -4\end{vmatrix}=-160.$$

例 6　设 $\boldsymbol{A}=\begin{pmatrix}2 & 5 & 3\\ 0 & 1 & -2\\ 0 & 0 & -3\end{pmatrix}$,$\boldsymbol{B}=\begin{pmatrix}1 & 7 & -4\\ 0 & 2 & 5\\ 0 & 0 & 4\end{pmatrix}$,求 $|\boldsymbol{AB}|$,$|\boldsymbol{A}+\boldsymbol{B}|$,$|\boldsymbol{A}|+|\boldsymbol{B}|$,$|2\boldsymbol{A}|$.

解

$$|\boldsymbol{AB}|=|\boldsymbol{A}||\boldsymbol{B}|=2\times1\times(-3)\times1\times2\times4=-48,$$

$$|\boldsymbol{A}+\boldsymbol{B}|=\begin{vmatrix}3 & 12 & -1\\ 0 & 3 & 3\\ 0 & 0 & 1\end{vmatrix}=9,$$

$$|\boldsymbol{A}|+|\boldsymbol{B}|=-6+8=2,$$

$$|2\boldsymbol{A}|=2^3|\boldsymbol{A}|=8\times(-6)=-48.$$

注意　对于 n 阶方阵 $\boldsymbol{A}$ 与 $\boldsymbol{B}$,一般不满足 $\boldsymbol{AB}=\boldsymbol{BA}$,但有

$$|\boldsymbol{AB}|=|\boldsymbol{A}||\boldsymbol{B}|=|\boldsymbol{B}||\boldsymbol{A}|=|\boldsymbol{BA}|.$$

四*、行列式的应用

定理 2-1(克莱姆法则)　如果线性方程组

$$\begin{cases}a_{11}x_1+a_{12}x_2+\cdots+a_{1n}x_n=b_1\\ a_{21}x_1+a_{22}x_2+\cdots+a_{2n}x_n=b_2\\ \qquad\cdots\cdots\\ a_{n1}x_1+a_{n2}x_2+\cdots+a_{nn}x_n=b_n\end{cases}\tag{2-2}$$

的系数行列式

$$D=\begin{vmatrix} a_{11} & a_{12} & \cdots & a_{1n} \\ a_{21} & a_{22} & \cdots & a_{2n} \\ \vdots & \vdots & & \vdots \\ a_{n1} & a_{n2} & \cdots & a_{nn} \end{vmatrix} \neq 0,$$

则线性方程组(2-2)有唯一解

$$x_1=\frac{D_1}{D}, x_2=\frac{D_2}{D}, \cdots, x_n=\frac{D_n}{D},$$

其中 $D_j(j=1,2,\cdots,n)$是用常数项代替 D 中的第 j 列得到的行列式，即

$$D_j=\begin{vmatrix} a_{11} & \cdots & a_{1,j-1} & b_1 & a_{1,j+1} & \cdots & a_{1n} \\ a_{21} & \cdots & a_{2,j-1} & b_2 & a_{2,j+1} & \cdots & a_{2n} \\ \vdots & & \vdots & \vdots & \vdots & & \vdots \\ a_{n1} & \cdots & a_{n,j-1} & b_n & a_{n,j+1} & \cdots & a_{nn} \end{vmatrix} (j=1,2,\cdots,n).$$

克莱姆(Cramer)法则给出了用行列式求解线性方程组(2-2)的方法，但用此方法必须满足两个条件：

(1) 方程个数与未知量个数相等；

(2) 系数行列式 $D\neq 0$.

例 7 解线性方程组

$$\begin{cases} 2x_1+x_2-5x_3+x_4=8 \\ x_1-3x_2\quad -6x_4=9 \\ 2x_2-x_3+2x_4=-5 \\ x_1+4x_2-7x_3+6x_4=0 \end{cases}.$$

解 因为系数行列式

$$D=\begin{vmatrix} 2 & 1 & -5 & 1 \\ 1 & -3 & 0 & -6 \\ 0 & 2 & -1 & 2 \\ 1 & 4 & -7 & 6 \end{vmatrix}=27\neq 0,$$

$$D_1=\begin{vmatrix} 8 & 1 & -5 & 1 \\ 9 & -3 & 0 & -6 \\ -5 & 2 & -1 & 2 \\ 0 & 4 & -7 & 6 \end{vmatrix}=81, \quad D_2=\begin{vmatrix} 2 & 8 & -5 & 1 \\ 1 & 9 & 0 & -6 \\ 0 & -5 & -1 & 2 \\ 1 & 0 & -7 & 6 \end{vmatrix}=-108,$$

$$D_3=\begin{vmatrix} 2 & 1 & 8 & 1 \\ 1 & -3 & 9 & -6 \\ 0 & 2 & -5 & 2 \\ 1 & 4 & 0 & 6 \end{vmatrix}=-27, \quad D_4=\begin{vmatrix} 2 & 1 & -5 & 8 \\ 1 & -3 & 0 & 9 \\ 0 & 2 & -1 & -5 \\ 1 & 4 & -7 & 0 \end{vmatrix}=27,$$

所以由克莱姆法则知，方程组有唯一解，即

$$x_1=\frac{81}{27}=3,x_2=-\frac{108}{27}=-4,x_3=\frac{-27}{27}=-1,x_4=\frac{27}{27}=1.$$

练习与思考 2.2

1. 判断题：

(1) 方阵就是行列式；

(2) 对于 n 阶方阵 $\boldsymbol{A}$ 与 $\boldsymbol{B}$，有 $|\boldsymbol{A}+\boldsymbol{B}|=|\boldsymbol{A}|+|\boldsymbol{B}|$；

(3) $\begin{vmatrix} a+u & c+w \\ b+v & d+x \end{vmatrix}=\begin{vmatrix} a & c \\ b & d \end{vmatrix}+\begin{vmatrix} u & w \\ v & x \end{vmatrix}$；

(4) $\begin{vmatrix} 2a & 2c \\ 2b & 2d \end{vmatrix}=2^2\begin{vmatrix} a & c \\ b & d \end{vmatrix}$；

(5) 任意两个行列式(元素是实数)都能比较大小.

2. 以三阶行列式 $\begin{vmatrix} a_{11} & a_{12} & a_{13} \\ a_{21} & a_{22} & a_{23} \\ a_{31} & a_{32} & a_{33} \end{vmatrix}$ 为例，若用第一行各元素分别乘以第三行对应元素的代数余子式后相加，结果如何？

3. 用行列式求解二元线性方程组 $\begin{cases} 5x+3y=0 \\ 12x+7y+1=0 \end{cases}$.

4. 比较矩阵与行列式有何不同？

习题 2.2

1. 单项选择题：

(1) 设 $\boldsymbol{A}$ 为 n 阶方阵，λ 为任意非零常数，则 $|\lambda\boldsymbol{A}|=($　　$)$.

A. $\lambda|\boldsymbol{A}|$　　B. $\lambda^n|\boldsymbol{A}|$　　C. $|\lambda||\boldsymbol{A}|$　　D. $|\lambda^n||\boldsymbol{A}|$

(2) 设 $\boldsymbol{A},\boldsymbol{B}$ 是 n 阶方阵，实数 $\lambda\neq0$，则下列正确的是(　　).

A. $|\boldsymbol{A}+\boldsymbol{B}|=|\boldsymbol{A}|+|\boldsymbol{B}|$　　B. $|\lambda\boldsymbol{A}|=\lambda|\boldsymbol{A}|$

C. $|\boldsymbol{A}^{\mathrm{T}}|=|\boldsymbol{A}|$　　D. $|(\boldsymbol{AB})^{\mathrm{T}}|\neq|(\boldsymbol{BA})^{\mathrm{T}}|$

(3) 若 $\begin{vmatrix} a_{11} & a_{12} & a_{13} \\ a_{21} & a_{22} & a_{23} \\ a_{31} & a_{32} & a_{33} \end{vmatrix}=3$，则 $\begin{vmatrix} a_{11} & a_{12} & a_{13} \\ 2a_{11}-a_{21} & 2a_{12}-a_{22} & 2a_{13}-a_{23} \\ a_{31} & a_{32} & a_{33} \end{vmatrix}=($　　$)$.

A. 3　　B. -3　　C. 6　　D. -6

(4) 若行列式 $\begin{vmatrix} 0 & 0 & 2 & 0 \\ -1 & 0 & 0 & 0 \\ 0 & 2 & 0 & 0 \\ 4 & 1 & 0 & x \end{vmatrix}=12$，则 $x=($　　$)$.

A. -3　　B. 3　　C. -6　　D. 6

(5) $\begin{vmatrix} k-1 & 2 \\ 3 & k-2 \end{vmatrix} \neq 0$ 的充要条件是(　　).

A. $k\neq -1$　　B. $k\neq 4$

C. $k\neq -1$ 或 $k\neq 4$　　D. $k\neq -1$ 且 $k\neq 4$

2. 写出 $D=\begin{vmatrix} 1 & 0 & 2 \\ -1 & 2 & 3 \\ 4 & 0 & 1 \end{vmatrix}$ 中元素 a_{32} 的余子式和代数余子式.

3. 计算下列行列式:

(1) $\begin{vmatrix} 4 & 2 & 3 \\ 2 & 3 & 0 \\ 3 & 0 & 0 \end{vmatrix}$; (2) $\begin{vmatrix} a & b & 0 \\ c & 0 & b \\ 0 & c & a \end{vmatrix}$; (3) $\begin{vmatrix} 3 & 1 & 11 \\ -1 & 4 & 1 \\ 1 & 2 & 7 \end{vmatrix}$; (4) $\begin{vmatrix} 0 & 1 & 3 \\ -1 & 0 & 2 \\ -3 & -2 & 0 \end{vmatrix}$.

4. 解方程: $\begin{vmatrix} x-2 & 1 & 0 \\ 1 & x-2 & 1 \\ 0 & 0 & x-2 \end{vmatrix}=0$.

5. 设 $\boldsymbol{A}=\begin{pmatrix} 1 & 2 & 4 \\ 0 & 3 & 4 \\ 0 & 0 & 2 \end{pmatrix}$, $\boldsymbol{B}=\begin{pmatrix} 1 & 2 & 3 \\ 0 & 2 & 4 \\ 0 & 0 & 5 \end{pmatrix}$, 求 $|\boldsymbol{AB}|$, $|2\boldsymbol{A}|$, $|\boldsymbol{A}+\boldsymbol{B}|$, $|\boldsymbol{A}|+|\boldsymbol{B}|$.

6. 计算下列行列式:

(1) $\begin{vmatrix} 4 & -4 & 0 & 0 \\ 1 & 2 & 1 & -1 \\ -7 & 5 & 2 & 0 \\ 0 & 2 & 1 & -1 \end{vmatrix}$; (2) $\begin{vmatrix} 2 & 0 & 0 & 4 \\ 3 & 0 & 1 & 1 \\ 0 & -1 & 2 & 3 \\ 2 & 0 & 5 & 1 \end{vmatrix}$;

(3) $\begin{vmatrix} 2 & 1 & -5 & 1 \\ 1 & -3 & 0 & -6 \\ 0 & 2 & -1 & 2 \\ 1 & 4 & -7 & 6 \end{vmatrix}$; (4) $\begin{vmatrix} 3 & 1 & -1 & 2 \\ -5 & 1 & 3 & -4 \\ 2 & 0 & 1 & -1 \\ 1 & -5 & 3 & -3 \end{vmatrix}$;

(5) $\begin{vmatrix} 1 & -1 & 0 & 2 \\ 0 & -1 & -1 & 2 \\ -1 & 2 & -1 & 0 \\ 2 & 1 & 1 & 0 \end{vmatrix}$; (6) $\begin{vmatrix} 3 & 1 & 1 & 1 \\ 1 & 3 & 1 & 1 \\ 1 & 1 & 3 & 1 \\ 1 & 1 & 1 & 3 \end{vmatrix}$.

7*. 利用克莱姆法则解下列方程组:

(1) $\begin{cases} x_1+x_2+x_3=6 \\ 3x_1+2x_2-x_3=4 \\ 5x_1-x_2+3x_3=12 \end{cases}$; (2) $\begin{cases} x_1-x_2+x_3-2x_4=2 \\ 2x_1 \quad -x_3+4x_4=4 \\ 3x_1+2x_2+x_3 \quad =-1 \\ -x_1+2x_2-x_3+2x_4=-4 \end{cases}$.

8*. 已知 $f(x)$ 为二次多项式,且 $f(1)=-2$, $f(-1)=10$, $f(2)=-5$, 求 $f(x)$.

§2.3　方阵的逆矩阵

学习目标

1. 理解逆矩阵的概念.
2. 能判断矩阵是否可逆，会用伴随矩阵法求二阶、三阶矩阵的逆矩阵.
3. 能利用逆矩阵解简单的矩阵方程.

引入问题

回顾解一元线性方程 $ax=b$，当数 $a\neq 0$，总存在唯一的乘法逆元 a^{-1}，使得其解为 $x=a^{-1}b$. 那么在矩阵方程 $\boldsymbol{AX}=\boldsymbol{B}$（$\boldsymbol{A}$，$\boldsymbol{B}$ 为已知矩阵）中，若矩阵 $\boldsymbol{A}$ 不是零矩阵，其解是否也可以写成 $\boldsymbol{X}=\boldsymbol{A}^{-1}\boldsymbol{B}$ 呢？如果可以，$\boldsymbol{A}^{-1}$ 的含义又是什么呢？

主要知识

一、逆矩阵的定义

定义 2-10　设 $\boldsymbol{A}$ 为 n 阶方阵，如果存在 n 阶方阵 $\boldsymbol{B}$，使得

$$\boldsymbol{AB}=\boldsymbol{BA}=\boldsymbol{E},$$

则称方阵 $\boldsymbol{A}$ 是可逆的，并称 $\boldsymbol{B}$ 是 $\boldsymbol{A}$ 的**逆矩阵**，简称 $\boldsymbol{A}$ 的逆，记作 $\boldsymbol{B}=\boldsymbol{A}^{-1}$.

显然，$\boldsymbol{A}$ 也是 $\boldsymbol{B}$ 的逆矩阵，即 $\boldsymbol{A}$ 与 $\boldsymbol{B}$ 互逆.

例如，单位矩阵 $\boldsymbol{E}$ 是可逆矩阵. 事实上，因为 $\boldsymbol{EE}=\boldsymbol{E}$，所以 $\boldsymbol{E}^{-1}=\boldsymbol{E}$.

又如，对于方阵

$$\boldsymbol{A}=\begin{pmatrix}1 & 1\\ 1 & 2\end{pmatrix},$$

存在一个方阵
$$\boldsymbol{B}=\begin{pmatrix}2 & -1\\ -1 & 1\end{pmatrix},$$

使得
$$\begin{pmatrix}1 & 1\\ 1 & 2\end{pmatrix}\begin{pmatrix}2 & -1\\ -1 & 1\end{pmatrix}=\begin{pmatrix}2 & -1\\ -1 & 1\end{pmatrix}\begin{pmatrix}1 & 1\\ 1 & 2\end{pmatrix}=\begin{pmatrix}1 & 0\\ 0 & 1\end{pmatrix},$$

所以
$$\boldsymbol{A}^{-1}=\begin{pmatrix}1 & 1\\ 1 & 2\end{pmatrix}^{-1}=\begin{pmatrix}2 & -1\\ -1 & 1\end{pmatrix}.$$

可以证明可逆矩阵具有下列性质：

(1) 若 $\boldsymbol{A}$ 可逆，则 $\boldsymbol{A}^{-1}$ 是唯一的；

(2) 若 $\boldsymbol{A}$ 可逆，则 $\boldsymbol{A}^{-1}$ 也可逆，且 $(\boldsymbol{A}^{-1})^{-1}=\boldsymbol{A}$；

(3) 若同阶方阵 $\boldsymbol{A},\boldsymbol{B}$ 可逆，则 $\boldsymbol{AB}$ 也可逆，且 $(\boldsymbol{AB})^{-1}=\boldsymbol{B}^{-1}\boldsymbol{A}^{-1}$；

(4) 若 $\boldsymbol{A}$ 可逆，则 $\lambda\boldsymbol{A}$ 也可逆（常数 $\lambda\neq0$），且 $(\lambda\boldsymbol{A})^{-1}=\dfrac{1}{\lambda}\boldsymbol{A}^{-1}$；

(5) 若 $\boldsymbol{A}$ 可逆，则 $\boldsymbol{A}^{\mathrm{T}}$ 也可逆，且 $(\boldsymbol{A}^{\mathrm{T}})^{-1}=(\boldsymbol{A}^{-1})^{\mathrm{T}}$；

(6) 若 $\boldsymbol{A}$ 可逆，则 $|\boldsymbol{A}^{-1}|=\dfrac{1}{|\boldsymbol{A}|}$.

二、逆矩阵的求法

我们知道，并非任何方阵都可逆. 那么，满足什么条件，方阵 $\boldsymbol{A}$ 可逆？如果 $\boldsymbol{A}$ 是可逆的，其逆矩阵 $\boldsymbol{A}^{-1}$ 如何求呢？下面的定理给出了回答.

定理 2-2 n 阶方阵 $\boldsymbol{A}=(a_{ij})_{n\times n}$ 可逆的充要条件是 $|\boldsymbol{A}|\neq0$，且

$$\boldsymbol{A}^{-1}=\frac{1}{|\boldsymbol{A}|}\boldsymbol{A}^{*},\tag{2-3}$$

其中，矩阵 $\boldsymbol{A}^{*}=\begin{pmatrix}A_{11}&A_{12}&\cdots&A_{1n}\\A_{21}&A_{22}&\cdots&A_{2n}\\\vdots&\vdots&&\vdots\\A_{n1}&A_{n2}&\cdots&A_{nn}\end{pmatrix}^{\mathrm{T}}=\begin{pmatrix}A_{11}&A_{21}&\cdots&A_{n1}\\A_{12}&A_{22}&\cdots&A_{n2}\\\vdots&\vdots&&\vdots\\A_{1n}&A_{2n}&\cdots&A_{nn}\end{pmatrix}$ 称为矩阵 $\boldsymbol{A}$ 的**伴随矩阵**，A_{ij} 为 $\boldsymbol{A}$ 中元素 a_{ij} 的代数余子式.

定理 2-2 不仅给出了判断一个方阵可逆的充要条件. 同时，它也给出了求逆矩阵的方法——**伴随矩阵法**.

推论 2-6 若 $\boldsymbol{AB}=\boldsymbol{E}$（或 $\boldsymbol{BA}=\boldsymbol{E}$），则 $\boldsymbol{B}=\boldsymbol{A}^{-1}$.

证明 由 $\boldsymbol{AB}=\boldsymbol{E}$，得 $|\boldsymbol{A}||\boldsymbol{B}|=|\boldsymbol{E}|=1$，所以 $|\boldsymbol{A}|\neq0$，故 $\boldsymbol{A}$ 可逆，且

$$\boldsymbol{B}=\boldsymbol{EB}=(\boldsymbol{A}^{-1}\boldsymbol{A})\boldsymbol{B}=\boldsymbol{A}^{-1}(\boldsymbol{AB})=\boldsymbol{A}^{-1}\boldsymbol{E}=\boldsymbol{A}^{-1}.$$

显然，利用推论 2-6 判断 $\boldsymbol{A}$ 是否可逆（或 $\boldsymbol{B}$ 是否可逆），要比定义 2-10 简单一些.

例 1 设 $\boldsymbol{A}=\begin{pmatrix}a&b\\c&d\end{pmatrix}$，在什么条件下 $\boldsymbol{A}$ 可逆，并求 $\boldsymbol{A}^{-1}$.

解 因为 $|\boldsymbol{A}|=ad-bc$，$\boldsymbol{A}^{*}=\begin{pmatrix}A_{11}&A_{21}\\A_{12}&A_{22}\end{pmatrix}=\begin{pmatrix}d&-b\\-c&a\end{pmatrix}$.

当 $|\boldsymbol{A}|=ad-bc\neq0$ 时，矩阵 $\boldsymbol{A}$ 可逆，且逆矩阵

$$\boldsymbol{A}^{-1}=\frac{1}{|\boldsymbol{A}|}\boldsymbol{A}^{*}=\frac{1}{ad-bc}\begin{pmatrix}d&-b\\-c&a\end{pmatrix}.$$

此例的结论可作为公式使用，注意观察伴随矩阵 $\boldsymbol{A}^{*}$ 与 $\boldsymbol{A}$ 的元素之间的关系.

例 2 已知矩阵

$$\boldsymbol{A}=\begin{pmatrix}1&-2&1\\2&-3&1\\3&1&-3\end{pmatrix},$$

判断 $\boldsymbol{A}$ 是否可逆？若可逆，求 $\boldsymbol{A}^{-1}$.

解　因为 $|\boldsymbol{A}|=\begin{vmatrix}1 & -2 & 1\\ 2 & -3 & 1\\ 3 & 1 & -3\end{vmatrix}=1\neq 0$，所以 $\boldsymbol{A}$ 可逆.

矩阵 $\boldsymbol{A}$ 的各元素的代数余子式为

$$A_{11}=(-1)^{1+1}\begin{vmatrix}-3 & 1\\ 1 & -3\end{vmatrix}=8, A_{12}=(-1)^{1+2}\begin{vmatrix}2 & 1\\ 3 & -3\end{vmatrix}=9, A_{13}=(-1)^{1+3}\begin{vmatrix}2 & -3\\ 3 & 1\end{vmatrix}=11,$$

$$A_{21}=(-1)^{2+1}\begin{vmatrix}-2 & 1\\ 1 & -3\end{vmatrix}=-5, A_{22}=(-1)^{2+2}\begin{vmatrix}1 & 1\\ 3 & -3\end{vmatrix}=-6, A_{23}=(-1)^{2+3}\begin{vmatrix}1 & -2\\ 3 & 1\end{vmatrix}=-7,$$

$$A_{31}=(-1)^{3+1}\begin{vmatrix}-2 & 1\\ -3 & 1\end{vmatrix}=1, A_{32}=(-1)^{3+2}\begin{vmatrix}1 & 1\\ 2 & 1\end{vmatrix}=1, A_{33}=(-1)^{3+3}\begin{vmatrix}1 & -2\\ 2 & -3\end{vmatrix}=1.$$

由式(2－3)，得

$$\boldsymbol{A}^{-1}=\frac{1}{|\boldsymbol{A}|}\boldsymbol{A}^{*}=\begin{pmatrix}8 & -5 & 1\\ 9 & -6 & 1\\ 11 & -7 & 1\end{pmatrix}.$$

三*、用逆矩阵解矩阵方程

对于矩阵方程 $\boldsymbol{AX}=\boldsymbol{B}$，如果矩阵 $\boldsymbol{A}$ 可逆，则用 $\boldsymbol{A}^{-1}$ 左乘 $\boldsymbol{AX}=\boldsymbol{B}$ 的两端，有

$$\boldsymbol{A}^{-1}\boldsymbol{AX}=\boldsymbol{A}^{-1}\boldsymbol{B},$$

从而得

$$\boldsymbol{X}=\boldsymbol{A}^{-1}\boldsymbol{B}.$$

例 3　设 $\boldsymbol{A}=\begin{pmatrix}1 & -2 & 1\\ 2 & -3 & 1\\ 3 & 1 & -3\end{pmatrix}$，$\boldsymbol{B}=\begin{pmatrix}1\\ 3\\ 2\end{pmatrix}$，求解矩阵方程 $\boldsymbol{AX}=\boldsymbol{B}$.

解　由上述例 2 已知 $\boldsymbol{A}$ 可逆，且

$$\boldsymbol{A}^{-1}=\begin{pmatrix}8 & -5 & 1\\ 9 & -6 & 1\\ 11 & -7 & 1\end{pmatrix},$$

于是

$$\boldsymbol{X}=\boldsymbol{A}^{-1}\boldsymbol{B}=\begin{pmatrix}8 & -5 & 1\\ 9 & -6 & 1\\ 11 & -7 & 1\end{pmatrix}\begin{pmatrix}1\\ 3\\ 2\end{pmatrix}=\begin{pmatrix}-5\\ -7\\ -8\end{pmatrix}.$$

例 4　设 $\boldsymbol{A}=\begin{pmatrix}0 & -1 & 0\\ 1 & 0 & 1\\ 1 & 0 & 2\end{pmatrix}$，$\boldsymbol{B}=\begin{pmatrix}2 & 1\\ 5 & 3\end{pmatrix}$，$\boldsymbol{C}=\begin{pmatrix}1 & 3\\ 2 & 0\\ 3 & 1\end{pmatrix}$，求满足 $\boldsymbol{AXB}=\boldsymbol{C}$ 的未知矩阵 $\boldsymbol{X}$.

解 因为$|\boldsymbol{A}|=\begin{vmatrix}0&-1&0\\1&0&1\\1&0&2\end{vmatrix}=1\neq0$，$|\boldsymbol{B}|=\begin{vmatrix}2&1\\5&3\end{vmatrix}=1\neq0$，故$\boldsymbol{A},\boldsymbol{B}$都可逆.

由式(2-3)可分别得到

$$\boldsymbol{A}^{-1}=\frac{1}{|\boldsymbol{A}|}\boldsymbol{A}^*=\begin{pmatrix}0&2&-1\\-1&0&0\\0&-1&1\end{pmatrix},\boldsymbol{B}^{-1}=\begin{pmatrix}3&-1\\-5&2\end{pmatrix},$$

分别用$\boldsymbol{A}^{-1}$左乘、$\boldsymbol{B}^{-1}$右乘$\boldsymbol{AXB}=\boldsymbol{C}$的两端，得

$$\boldsymbol{A}^{-1}\boldsymbol{AXBB}^{-1}=\boldsymbol{A}^{-1}\boldsymbol{CB}^{-1},$$

于是

$$\boldsymbol{X}=\boldsymbol{A}^{-1}\boldsymbol{CB}^{-1}=\begin{pmatrix}0&2&-1\\-1&0&0\\0&-1&1\end{pmatrix}\begin{pmatrix}1&3\\2&0\\3&1\end{pmatrix}\begin{pmatrix}3&-1\\-5&2\end{pmatrix}$$

$$=\begin{pmatrix}1&-1\\-1&-3\\1&1\end{pmatrix}\begin{pmatrix}3&-1\\-5&2\end{pmatrix}=\begin{pmatrix}8&-3\\12&-5\\-2&1\end{pmatrix}.$$

注意 由于矩阵的乘法不满足交换律，利用逆矩阵求解矩阵方程，左乘、右乘是有区别的，应区分清楚.

练习与思考 2.3

1. 任何一个方阵$\boldsymbol{A}$是否都可逆？满足什么条件$\boldsymbol{A}$才可逆？
2. 可逆矩阵$\boldsymbol{A}^{-1}=\dfrac{1}{\boldsymbol{A}}$，对吗？
3. 若$\boldsymbol{A}$可逆，$|\boldsymbol{A}^{-1}|=\dfrac{1}{|\boldsymbol{A}|}$，对吗？
4. 已知n阶方阵$\boldsymbol{A}$与$\boldsymbol{B}$都可逆，矩阵方程$\boldsymbol{AXB}=\boldsymbol{A}$的解$\boldsymbol{X}$如何表示？

习题 2.3

1. 单项选择题：

(1) 设$\boldsymbol{A}=\begin{pmatrix}2&5\\1&3\end{pmatrix}$，则伴随矩阵$\boldsymbol{A}^*$为(　　).

A. $\begin{pmatrix}-3&5\\1&-2\end{pmatrix}$　　　　B. $\begin{pmatrix}3&5\\1&2\end{pmatrix}$

C. $\begin{pmatrix}-3 & -5\\-1 & -2\end{pmatrix}$　　　　D. $\begin{pmatrix}3 & -5\\-1 & 2\end{pmatrix}$

(2) 设 n 阶方阵 $\boldsymbol{A}=(a_{ij})_{n\times n}$，$\boldsymbol{B}=\begin{pmatrix}A_{11} & A_{12} & \cdots & A_{1n}\\A_{21} & A_{22} & \cdots & A_{2n}\\\vdots & \vdots & \vdots & \vdots\\A_{n1} & A_{n2} & \cdots & A_{nn}\end{pmatrix}$，其中 A_{ij} 是 a_{ij} 的代数余子式(i，$j=1,2,\cdots,n$)，则(　　).

A. $\boldsymbol{B}$ 是 $\boldsymbol{A}$ 的伴随矩阵　　　　B. $\boldsymbol{B}^{\mathrm{T}}$ 是 $\boldsymbol{A}$ 的伴随矩阵

C. $\boldsymbol{A}$ 是 $\boldsymbol{B}$ 的伴随矩阵　　　　D. $\boldsymbol{B}$ 不是 $\boldsymbol{A}^{\mathrm{T}}$ 的伴随矩阵

(3) n 阶方阵 $\boldsymbol{A}$ 可逆的充要条件是(　　).

A. $\boldsymbol{A}\neq\boldsymbol{O}$　　B. $\boldsymbol{A}^*\neq\boldsymbol{O}$　　C. $|\boldsymbol{A}|\neq 0$　　D. $|\boldsymbol{A}^*|>0$

(4) 设 $\boldsymbol{A}=\begin{pmatrix}3 & 4\\1 & 1\end{pmatrix}$，则 $\boldsymbol{A}^{-1}$ 为(　　).

A. $\begin{pmatrix}-1 & 4\\1 & -3\end{pmatrix}$　B. $\begin{pmatrix}1 & 4\\1 & 3\end{pmatrix}$　C. $\begin{pmatrix}-1 & -4\\-1 & -3\end{pmatrix}$　D. $\begin{pmatrix}1 & -4\\-1 & 3\end{pmatrix}$

2. 判断下列方阵是否可逆，若可逆求其逆矩阵.

(1) $\begin{pmatrix}2 & 3\\1 & 2\end{pmatrix}$；　(2) $\begin{pmatrix}1 & 2\\2 & 4\end{pmatrix}$；　(3) $\begin{pmatrix}1 & -1 & 2\\0 & 1 & -1\\2 & 1 & 0\end{pmatrix}$；

(4) $\begin{pmatrix}1 & 0 & 0\\0 & 2 & 0\\0 & 0 & 3\end{pmatrix}$；　(5) $\begin{pmatrix}2 & 5 & 7\\6 & 3 & 4\\5 & -2 & -3\end{pmatrix}$；(6) $\begin{pmatrix}2 & 1 & 0 & 0\\0 & 2 & 1 & 0\\0 & 0 & 2 & 1\\0 & 0 & 0 & 2\end{pmatrix}$.

3*. 解下列矩阵方程：

(1) $\begin{pmatrix}2 & 5\\1 & 3\end{pmatrix}\boldsymbol{X}=\begin{pmatrix}4 & -6\\2 & 1\end{pmatrix}$；　　(2) $\begin{pmatrix}1 & 4\\-1 & 2\end{pmatrix}\boldsymbol{X}\begin{pmatrix}2 & 0\\-1 & 1\end{pmatrix}=\begin{pmatrix}3 & 1\\0 & -1\end{pmatrix}$；

(3) $\boldsymbol{X}\begin{pmatrix}1 & 1 & 1\\0 & 1 & 1\\0 & 0 & 2\end{pmatrix}=\begin{pmatrix}0 & -2 & 1\\0 & 1 & -1\end{pmatrix}$；　(4) $\begin{pmatrix}1 & -2 & -1\\3 & -2 & -2\\2 & 1 & -1\end{pmatrix}\boldsymbol{X}=\begin{pmatrix}1 & -3 & 0\\10 & 2 & 7\\10 & 7 & 8\end{pmatrix}$.

4. 设 $\boldsymbol{A}=\begin{pmatrix}1 & 0 & 1\\0 & 2 & 0\\1 & 0 & 1\end{pmatrix}$，且 $\boldsymbol{AB}+\boldsymbol{E}=\boldsymbol{A}^2+\boldsymbol{B}$，求 $\boldsymbol{B}$.

5*. 设 $\boldsymbol{A}=\begin{pmatrix}1 & 2 & 3\\2 & 2 & 5\\3 & 5 & 1\end{pmatrix}$，$\boldsymbol{B}=\begin{pmatrix}1\\2\\3\end{pmatrix}$，求矩阵方程 $\boldsymbol{AX}=\boldsymbol{B}$ 的解矩阵 $\boldsymbol{X}$.

6*.【信息矩阵】某军事单位收到上级发来的信息矩阵为 $\boldsymbol{A}=\begin{pmatrix}1 & -3 & 0\\10 & 2 & 7\\10 & 7 & 8\end{pmatrix}$，并事先知道上级单位在发送该信息矩阵之前，用原始信息矩阵 $\boldsymbol{X}$ 右乘加密矩阵 $\boldsymbol{M}$ 的方法加了密(即

$MX=A$)，已知加密矩阵

$$M=\begin{pmatrix}1&-2&-1\\3&-2&-2\\2&1&-1\end{pmatrix},$$

求原始信息矩阵 X.

§2.4 矩阵的初等变换

学习目标

1. 了解行阶梯形矩阵、行最简形矩阵、矩阵初等变换的定义.
2. 能熟练地用初等行变换化矩阵为行阶梯形矩阵和行最简形矩阵.
3. 会用初等行变换求逆矩阵.
4. 理解矩阵的秩的概念，会用初等行变换求矩阵的秩.

引入问题

用消元法求解线性方程组

$$\begin{cases}x_1-2x_2+4x_3=2 & ①\\ -x_1+2x_2-x_3=1 & ②\\ 2x_1-3x_2+7x_3=2 & ③\end{cases} \tag{2-4}$$

的过程如下：

$$\begin{cases}x_1-2x_2+4x_3=2 & ①\\ -x_1+2x_2-x_3=1 & ②\\ 2x_1-3x_2+7x_3=2 & ③\end{cases}\xrightarrow[③-2\times①]{②+①}\begin{cases}x_1-2x_2+4x_3=2 & ①\\ 3x_3=3 & ②\\ x_2-x_3=-2 & ③\end{cases}$$

$$\xrightarrow[③\times\frac{1}{3}]{②\leftrightarrow③}\begin{cases}x_1-2x_2+4x_3=2 & ①\\ x_2-x_3=-2 & ②\\ x_3=1 & ③\end{cases}\longrightarrow\begin{cases}x_1=-4\\ x_2=-1.\\ x_3=1\end{cases}$$

上述消元过程，对方程组(2-4)主要运用了以下三种变换方法：

(1) 互换两个方程的位置；

(2) 用一个非零常数乘某一方程；

(3) 用一个数乘某一方程后，加到另一方程上去.

这三种变换称为线性方程组的初等变换. 由于上述过程只对方程组的系数和常数进行运算，未知量并未参与运算，实际上是对方程组的系数和常数项构成的矩阵

$$\widetilde{A}=(A\mid B)=\begin{pmatrix}1&-2&4&2\\-1&2&-1&1\\2&-3&7&2\end{pmatrix}$$

进行相应的变换，于是产生了矩阵的初等变换.

主要知识

一、行阶梯形矩阵和行最简形矩阵

定义 2－11　满足下列条件的非零矩阵称为**行阶梯形矩阵**：

(1) 若有零行(元素全为零的行)，一定在矩阵的最下方；

(2) 各非零行的首个非零元所在列，在该首项下方的元素(若有的话)都为零.

例如，矩阵

$$\begin{pmatrix}1&-1&-3\\0&2&0\\0&0&4\end{pmatrix},\quad\begin{pmatrix}2&0&1&0\\0&3&0&2\\0&0&4&-1\end{pmatrix},\quad\begin{pmatrix}1&3&0&-3&1&-1\\0&0&2&2&0&5\\0&0&0&0&1&6\\0&0&0&0&0&0\end{pmatrix}$$

都是行阶梯形矩阵.

定义 2－12　若行阶梯形矩阵还满足下列条件，则称为**行最简形矩阵**：

(1) 各非零行的首个非零元均为 1；

(2) 各非零行的首个非零元所在列的其他元素都为零.

例如，矩阵

$$\begin{pmatrix}1&0&0\\0&1&0\\0&0&1\end{pmatrix},\begin{pmatrix}1&0&2&1&0\\0&1&-3&2&0\\0&0&0&0&1\\0&0&0&0&0\end{pmatrix},\begin{pmatrix}1&2&0&-3&0&-1\\0&0&1&2&0&5\\0&0&0&0&1&6\\0&0&0&0&0&0\end{pmatrix}$$

都是行最简形矩阵. 显然，行最简形矩阵也是行阶梯形矩阵.

二、矩阵的初等变换

定义 2－13　下面三种变换称为矩阵的**初等行(列)变换**.

(1) 交换矩阵的第 i 行(列)与第 j 行(列)，记作 $r_i\leftrightarrow r_j\,(c_i\leftrightarrow c_j)$；

(2) 用一个非零常数 k 乘矩阵的第 i 行(列)的所有元，记作 $k\times r_i\,(k\times c_i)$；

(3) 把矩阵第 i 行(列)的 k 倍加到第 j 行(列)的对应元素上，记作 $r_j+kr_i\,(c_j+kc_i)$.

矩阵的初等行变换与初等列变换，统称为**初等变换**. 这里主要讨论**初等行变换**.

若矩阵 $\boldsymbol{A}$ 经过有限次初等变换化为矩阵 $\boldsymbol{B}$，称矩阵 $\boldsymbol{A}$ 与 $\boldsymbol{B}$ **等价**，记为 $\boldsymbol{A}\to\boldsymbol{B}$(或 $\boldsymbol{A}\sim\boldsymbol{B}$).

例 1 用初等行变换将矩阵 $A=\begin{pmatrix}-2&1&1\\1&1&-2\\1&-2&1\end{pmatrix}$ 化为行阶梯形矩阵.

解 $A=\begin{pmatrix}-2&1&1\\1&1&-2\\1&-2&1\end{pmatrix}\xrightarrow{r_1\leftrightarrow r_2}\begin{pmatrix}1&1&-2\\-2&1&1\\1&-2&1\end{pmatrix}\xrightarrow[r_3-r_1]{r_2+2r_1}\begin{pmatrix}1&1&-2\\0&3&-3\\0&-3&3\end{pmatrix}$

$\xrightarrow{r_3+r_2}\begin{pmatrix}1&1&-2\\0&3&-3\\0&0&0\end{pmatrix}$.

例 2 用初等行变换将矩阵 $B=\begin{pmatrix}2&-1&-1&1&2\\1&1&-2&1&4\\4&-6&2&-2&4\\3&6&-9&7&9\end{pmatrix}$ 化为行最简形矩阵.

解 $B=\begin{pmatrix}2&-1&-1&1&2\\1&1&-2&1&4\\4&-6&2&-2&4\\3&6&-9&7&9\end{pmatrix}\xrightarrow[\frac{1}{2}r_3]{r_1\leftrightarrow r_2}\begin{pmatrix}1&1&-2&1&4\\2&-1&-1&1&2\\2&-3&1&-1&2\\3&6&-9&7&9\end{pmatrix}$

$\xrightarrow{\substack{r_2-r_3\\r_3-2r_1\\r_4-3r_1}}\begin{pmatrix}1&1&-2&1&4\\0&2&-2&2&0\\0&-5&5&-3&-6\\0&3&-3&4&-3\end{pmatrix}\xrightarrow{\substack{\frac{1}{2}r_2\\r_3+5r_2\\r_4-3r_2}}\begin{pmatrix}1&1&-2&1&4\\0&1&-1&1&0\\0&0&0&2&-6\\0&0&0&1&-3\end{pmatrix}$

$\xrightarrow{\substack{r_3\leftrightarrow r_4\\r_4-2r_3}}\begin{pmatrix}1&1&-2&1&4\\0&1&-1&1&0\\0&0&0&1&-3\\0&0&0&0&0\end{pmatrix}\xrightarrow{\substack{r_1-r_2\\r_2-r_3}}\begin{pmatrix}1&0&-1&0&4\\0&1&-1&0&3\\0&0&0&1&-3\\0&0&0&0&0\end{pmatrix}$.

该矩阵即为行最简形矩阵.

想一想

在上例中,第二步若用 r_2-2r_1 是否可行?这时行阶梯形矩阵是否相同?

将矩阵 A 化为行最简形矩阵的一般步骤可归纳为:

(1) 将矩阵 A 化为行阶梯形矩阵.

先将第 1 行的第一个元素(假设不是 1)化为 1,并将其下方元素全化为 0;再将第 2 行从左至右第一个非零元的下方元素全化为 0,直至把矩阵化为行阶梯形矩阵.

(2) 将行阶梯形矩阵化为行最简形矩阵.

从非零行最后一行起,将该非零行第一个非零元化为 1,并将其上方的元素全化为 0;再将倒数第二个非零行的第一个非零元化为 1,并将其上方的元素全化为 0,直至把矩阵化为行最简形矩阵.

可以证明,对于任何矩阵 $A_{m\times n}$,总可以经过有限次初等行变换将其化为行阶梯形矩阵和行最简形矩阵.一个矩阵的行阶梯形矩阵形式不唯一,而行最简形矩阵形式是唯一的.

三、用初等变换求逆矩阵

设 A 为 n 阶可逆矩阵,E 为 n 阶单位矩阵,用初等行变换求逆矩阵 A^{-1} 的步骤如下:

(1) 构造 $n\times 2n$ 矩阵 $(A\mid E)$;

(2) 对矩阵 $(A\mid E)$ 施以初等行变换,当把矩阵 $(A\mid E)$ 中 A 化为 E 时,原来的 E 就变为 A^{-1},即

$$(A\mid E)\xrightarrow{\text{初等行变换}}(E\mid A^{-1}).$$

说明

用初等行变换求一个方阵的逆矩阵时,不必先判别这个方阵是否可逆,只要在行变换过程中发现某一行的所有元素全变成零,就可知道这个方阵是不可逆的.

例 3　用初等行变换的方法判断下列方阵是否可逆?若可逆,求其逆矩阵:

(1) $A=\begin{pmatrix}3&2&1\\1&2&2\\3&4&3\end{pmatrix}$;　　(2) $B=\begin{pmatrix}1&2&3\\4&5&6\\4&2&0\end{pmatrix}$.

解　(1) 作 3×6 矩阵 $(A\mid E)$,并对其施以初等行变换:

$$(A\mid E)=\left(\begin{array}{ccc|ccc}3&2&1&1&0&0\\1&2&2&0&1&0\\3&4&3&0&0&1\end{array}\right)\xrightarrow[\substack{r_2-3r_1\\r_3-3r_1}]{r_2\leftrightarrow r_1}\left(\begin{array}{ccc|ccc}1&2&2&0&1&0\\0&-4&-5&1&-3&0\\0&-2&-3&0&-3&1\end{array}\right)\xrightarrow[\substack{r_3-2r_2\\r_1+r_2}]{r_2\leftrightarrow r_3}$$

$$\left(\begin{array}{ccc|ccc}1&0&-1&0&-2&1\\0&-2&-3&0&-3&1\\0&0&1&1&3&-2\end{array}\right)\xrightarrow[r_1+r_3]{r_2+3r_3}\left(\begin{array}{ccc|ccc}1&0&0&1&1&-1\\0&-2&0&3&6&-5\\0&0&1&1&3&-2\end{array}\right)$$

$$\xrightarrow{-\frac{1}{2}r_2}\left(\begin{array}{ccc|ccc}1&0&0&1&1&-1\\0&1&0&-\frac{3}{2}&-3&\frac{5}{2}\\0&0&1&1&3&-2\end{array}\right)=(E\mid A^{-1}),$$

所以

$$A^{-1}=\begin{pmatrix}1&1&-1\\-\frac{3}{2}&-3&\frac{5}{2}\\1&3&-2\end{pmatrix}.$$

(2) 作 3×6 矩阵$(\boldsymbol{B} \mid \boldsymbol{E})$,并对其施以初等行变换:

$$(\boldsymbol{B} \mid \boldsymbol{E})=\left(\begin{array}{ccc|ccc}1&2&3&1&0&0\\4&5&6&0&1&0\\4&2&0&0&0&1\end{array}\right)\xrightarrow[r_3-4r_1]{r_2-4r_1}\left(\begin{array}{ccc|ccc}1&2&3&1&0&0\\0&-3&-6&-4&1&0\\0&-6&-12&-4&0&1\end{array}\right)$$

$$\xrightarrow{r_3-2r_2}\left(\begin{array}{ccc|ccc}1&2&3&1&0&0\\0&-3&-6&-4&1&0\\0&0&0&4&-2&1\end{array}\right).$$

由于左边的矩阵中最后一行元素全部为零,所以$\boldsymbol{B}$不可逆,即$\boldsymbol{B}^{-1}$不存在.

四、用初等行变换求矩阵方程 $\boldsymbol{AX}=\boldsymbol{B}$

用初等行变换求矩阵方程$\boldsymbol{AX}=\boldsymbol{B}$的步骤如下:

(1) 构造矩阵$(\boldsymbol{A} \mid \boldsymbol{B})$;

(2) 对矩阵$(\boldsymbol{A} \mid \boldsymbol{B})$施以初等行变换,当把$\boldsymbol{A}$化为单位矩阵$\boldsymbol{E}$时,原来的$\boldsymbol{B}$就化为$\boldsymbol{X}=\boldsymbol{A}^{-1}\boldsymbol{B}$,即

$$(\boldsymbol{A} \mid \boldsymbol{B})\xrightarrow{\text{初等行变换}}(\boldsymbol{E} \mid \boldsymbol{A}^{-1}\boldsymbol{B}).$$

例 4 已知$\boldsymbol{A}=\begin{pmatrix}1&2&3\\2&2&1\\3&4&3\end{pmatrix}$,$\boldsymbol{B}=\begin{pmatrix}2&5\\3&1\\4&3\end{pmatrix}$,求满足$\boldsymbol{AX}=\boldsymbol{B}$的未知矩阵$\boldsymbol{X}$.

解 $$(\boldsymbol{A} \mid \boldsymbol{B})=\left(\begin{array}{ccc|cc}1&2&3&2&5\\2&2&1&3&1\\3&4&3&4&3\end{array}\right)\xrightarrow[r_3-3r_1]{r_2-2r_1}\left(\begin{array}{ccc|cc}1&2&3&2&5\\0&-2&-5&-1&-9\\0&-2&-6&-2&-12\end{array}\right)$$

$$\xrightarrow[r_3-r_2]{r_1+r_2}\left(\begin{array}{ccc|cc}1&0&-2&1&-4\\0&-2&-5&-1&-9\\0&0&-1&-1&-3\end{array}\right)$$

$$\xrightarrow[r_2-5r_3]{r_1-2r_3}\left(\begin{array}{ccc|cc}1&0&0&3&2\\0&-2&0&4&6\\0&0&-1&-1&-3\end{array}\right)$$

$$\xrightarrow[-r_3]{-\frac{1}{2}r_2}\left(\begin{array}{ccc|cc}1&0&0&3&2\\0&1&0&-2&-3\\0&0&1&1&3\end{array}\right)=(\boldsymbol{E} \mid \boldsymbol{X}),$$

所以 $$\boldsymbol{X}=\begin{pmatrix}3&2\\-2&-3\\1&3\end{pmatrix}.$$

五、矩阵的秩

定义 2-14 矩阵$\boldsymbol{A}$的行阶梯形矩阵中非零行的行数r称为矩阵$\boldsymbol{A}$的**秩**,记作$R(\boldsymbol{A})=r$.

例如,矩阵$\begin{pmatrix}2&3\\0&0\end{pmatrix}$的秩是 1,$\begin{pmatrix}2&1&-3&4\\0&0&0&3\\0&0&0&0\end{pmatrix}$的秩是 2.

矩阵的秩是矩阵的本质属性之一.可以证明,**初等变换不改变矩阵的秩**.因此,可以通过施行初等行变换的方法求任意矩阵的秩.

例 5　求矩阵 $\boldsymbol{A}=\begin{pmatrix}1&0&3&2&0\\2&-3&0&7&-5\\3&-2&5&8&0\\2&1&8&3&6\end{pmatrix}$的秩.

解　对矩阵施行初等行变换,有

$$\boldsymbol{A}\xrightarrow[r_4-2r_1]{\substack{r_2-2r_1\\r_3-3r_1}}\begin{pmatrix}1&0&3&2&0\\0&-3&-6&3&-5\\0&-2&-4&2&0\\0&1&2&-1&6\end{pmatrix}\xrightarrow[\substack{r_3+2r_2\\r_4+3r_2}]{r_2\leftrightarrow r_4}\begin{pmatrix}1&0&3&2&0\\0&1&2&-1&6\\0&0&0&0&12\\0&0&0&0&13\end{pmatrix}$$

$$\xrightarrow{\frac{1}{12}r_3}\begin{pmatrix}1&0&3&2&0\\0&1&2&-1&6\\0&0&0&0&1\\0&0&0&0&13\end{pmatrix}\xrightarrow{r_4-13r_3}\begin{pmatrix}1&0&3&2&0\\0&1&2&-1&6\\0&0&0&0&1\\0&0&0&0&0\end{pmatrix},$$

所得行阶梯形矩阵中非零行的行数为 3,即 $R(\boldsymbol{A})=3$.

例 6　设矩阵 $\boldsymbol{A}=\begin{pmatrix}1&2&-1&\lambda\\2&5&\lambda&-1\\1&1&-6&10\end{pmatrix}$,已知 $R(\boldsymbol{A})=2$,求 λ 的值.

解　$\boldsymbol{A}\xrightarrow[r_3-r_1]{r_2-2r_1}\begin{pmatrix}1&2&-1&\lambda\\0&1&\lambda+2&-2\lambda-1\\0&-1&-5&-\lambda+10\end{pmatrix}\xrightarrow{r_3+r_2}\begin{pmatrix}1&2&-1&\lambda\\0&1&\lambda+2&-2\lambda-1\\0&0&\lambda-3&-3\lambda+9\end{pmatrix}$.

由于 $R(\boldsymbol{A})=2$,故 $\lambda-3=0$ 且 $-3\lambda+9=0$,即 $\lambda=3$.

由矩阵秩的定义易知,n 阶可逆矩阵 $\boldsymbol{A}$ 的秩为 n,因此,可逆矩阵又称为**满秩矩阵**(或**非奇异矩阵**),而不可逆矩阵又称为**降秩矩阵**(或**奇异矩阵**).可以证明,任何一个满秩矩阵都能通过初等行变换化为单位矩阵.

练习与思考 2.4

1. 判断题:

(1) 与矩阵等价的行最简形矩阵唯一;

(2) 与矩阵等价的行阶梯形矩阵唯一;

(3) 矩阵 $\boldsymbol{A}$ 的秩就是与 $\boldsymbol{A}$ 等价的行阶梯形矩阵中非零行的行数;

(4) 初等变换不改变矩阵的秩;

(5) 一个 n 阶矩阵 $\boldsymbol{A}$ 的秩为 n，则 $\boldsymbol{A}$ 必可逆；

(6) n 阶可逆矩阵与 n 阶单位矩阵 $\boldsymbol{E}$ 是等价的.

2. 下列矩阵是否是行阶梯形矩阵？若是，是否是行最简形矩阵？

(1) $\begin{pmatrix} 5 & 0 & 3 & 7 & 4 \\ 0 & 1 & 2 & 9 & 6 \\ 0 & 0 & 0 & 5 & 1 \\ 0 & 0 & 0 & 0 & 3 \end{pmatrix}$； (2) $\begin{pmatrix} 1 & 0 & 3 & 0 & 0 \\ 0 & 1 & 8 & -1 & 0 \\ 0 & 0 & 0 & 1 & 1 \\ 0 & 0 & 0 & 0 & 0 \end{pmatrix}$； (3) $\begin{pmatrix} 1 & -2 & 0 & 0 \\ 0 & 0 & 1 & 0 \\ 0 & 0 & 0 & 1 \end{pmatrix}$.

习题 2.4

1. 单项选择题：

(1) 设矩阵 $\boldsymbol{A}=\begin{pmatrix} k & 1 & 1 \\ 1 & k & 1 \\ 1 & 1 & k \end{pmatrix}$，且 $R(\boldsymbol{A})=3$，则 k 为(　　).

A. $k\neq1$ 且 $k\neq-2$　　　B. $k\neq1$ 或 $k\neq-2$

C. $k\neq1$　　　D. $k\neq-2$

(2) 设 $\boldsymbol{A}=\begin{pmatrix} 2 & -2 & 4 & 3 \\ 0 & 1 & -1 & 2 \\ 0 & 2 & -2 & 4 \end{pmatrix}$，$\boldsymbol{B}=\begin{pmatrix} 1 \\ 3 \\ -2 \end{pmatrix}$，则矩阵 $\boldsymbol{A},\boldsymbol{B}$ 的秩分别为(　　).

A. $R(\boldsymbol{A})=3, R(\boldsymbol{B})=3$　　　B. $R(\boldsymbol{A})=2, R(\boldsymbol{B})=1$

C. $R(\boldsymbol{A})=2, R(\boldsymbol{B})=3$　　　D. $R(\boldsymbol{A})=3, R(\boldsymbol{B})=1$

2. 用初等行变换化下列矩阵为行最简形矩阵：

(1) $\begin{pmatrix} 2 & 0 & 1 \\ 1 & -4 & -1 \\ -1 & 8 & 3 \end{pmatrix}$；　　(2) $\begin{pmatrix} 1 & 0 & 2 & -1 \\ 2 & 0 & 3 & 1 \\ 3 & 0 & 4 & 3 \end{pmatrix}$；

(3) $\begin{pmatrix} 1 & 1 & 2 & 1 \\ 2 & -1 & 2 & 4 \\ 1 & -2 & 0 & 3 \\ 4 & 1 & 4 & 2 \end{pmatrix}$；　　(4) $\begin{pmatrix} 1 & -2 & 3 & -4 & 4 \\ 0 & 1 & -1 & 1 & -3 \\ 1 & 3 & 0 & -3 & 1 \\ 0 & -7 & 3 & 1 & -3 \end{pmatrix}$.

3. 用初等行变换求下列矩阵的逆矩阵：

(1) $\begin{pmatrix} 2 & 0 & 1 \\ 1 & -4 & -1 \\ -1 & 8 & 3 \end{pmatrix}$； (2) $\begin{pmatrix} 2 & 2 & 3 \\ 1 & -1 & 0 \\ -1 & 2 & 1 \end{pmatrix}$； (3) $\begin{pmatrix} 1 & 2 & 3 & 4 \\ 2 & 3 & 1 & 2 \\ 1 & 1 & 1 & -1 \\ 1 & 0 & -2 & -6 \end{pmatrix}$.

4. 用初等行变换解矩阵方程 $\begin{pmatrix} 2 & 1 \\ 1 & 2 \end{pmatrix}\boldsymbol{X}=\begin{pmatrix} 1 & 2 \\ -1 & 4 \end{pmatrix}$.

5. 用初等行变换解矩阵方程 $\boldsymbol{AX}=\boldsymbol{B}$，其中

$$\boldsymbol{A}=\begin{pmatrix} 1 & 0 & 1 \\ 2 & 1 & 0 \\ -3 & 2 & -5 \end{pmatrix}, \boldsymbol{B}=\begin{pmatrix} 1 & 0 & -1 \\ -2 & 1 & 0 \\ 1 & 0 & 3 \end{pmatrix}.$$

6. 求下列矩阵的秩：

(1) $\begin{pmatrix} 1 & 2 & 3 \\ 2 & 3 & -5 \\ 4 & 7 & 1 \end{pmatrix}$；(2) $\begin{pmatrix} 1 & -2 & 3 & 5 \\ 0 & 1 & 2 & 1 \\ 1 & -1 & 5 & 6 \end{pmatrix}$；(3) $\begin{pmatrix} 3 & 2 & 0 & 5 & 0 \\ 3 & -2 & 3 & 6 & -1 \\ 2 & 0 & 1 & 5 & -3 \\ 1 & 6 & -4 & -1 & 4 \end{pmatrix}$.

7. 设 $\boldsymbol{A}=\begin{pmatrix} 1 & -1 & 1 & 2 \\ 3 & a & -1 & 2 \\ 5 & 3 & b & 6 \end{pmatrix}$，已知 $R(\boldsymbol{A})=2$，求 a 与 b 的值.

§2.5　线性方程组

学习目标

1. 会用线性方程组解的判定定理判断方程组解的情况.
2. 会用矩阵的初等行变换求解一般线性方程组.
3*. 会用线性方程组解决一些实际应用问题.

引入问题

前面我们用克莱姆法则或逆矩阵解决了方程个数与未知量个数相等，且系数行列式不等于零的线性方程组求解的问题. 但对于方程个数与未知量个数不等的方程组，如

$$\begin{cases} x_1 - x_2 + x_3 - x_4 = 0 \\ 2x_1 - x_2 + 3x_3 - 2x_4 = -1 \\ 3x_1 - 2x_2 - x_3 + 2x_4 = 4 \end{cases}$$

是否有解？如果有解，它有多少解？怎样求出其所有解？

主要知识

一、线性方程组的一般解法

设线性方程组的一般形式为

$$\begin{cases} a_{11}x_1 + a_{12}x_2 + \cdots + a_{1n}x_n = b_1 \\ a_{21}x_1 + a_{22}x_2 + \cdots + a_{2n}x_n = b_2 \\ \cdots\cdots \\ a_{m1}x_1 + a_{m2}x_2 + \cdots + a_{mn}x_n = b_m \end{cases}, \qquad (2-5)$$

其中 m,n 可以相等,也可以不相等. 若右端的常数项 $b_i(i=1,2,\cdots,m)$ 不全为零时,式(2-5)称为**非齐次线性方程组**.

设 $$\boldsymbol{A}=\begin{pmatrix}a_{11}&a_{12}&\cdots&a_{1n}\\a_{21}&a_{22}&\cdots&a_{2n}\\\vdots&\vdots&&\vdots\\a_{m1}&a_{m2}&\cdots&a_{mn}\end{pmatrix},\boldsymbol{X}=\begin{pmatrix}x_1\\x_2\\\vdots\\x_n\end{pmatrix},\boldsymbol{B}=\begin{pmatrix}b_1\\b_2\\\vdots\\b_m\end{pmatrix}$$

分别称为方程组(2-5)的**系数矩阵**、**未知矩阵**和**常数项矩阵**. 将系数矩阵与常数项矩阵一起构成的矩阵

$$\widetilde{\boldsymbol{A}}=(\boldsymbol{A}\,\vdots\,\boldsymbol{B})=\left(\begin{array}{cccc:c}a_{11}&a_{12}&\cdots&a_{1n}&b_1\\a_{21}&a_{22}&\cdots&a_{2n}&b_2\\\vdots&\vdots&&\vdots&\vdots\\a_{m1}&a_{m2}&\cdots&a_{mn}&b_m\end{array}\right)$$

称为方程组(2-5)的**增广矩阵**.

若右端的常数项 $b_i(i=1,2,\cdots,m)$ 全为零时,即

$$\begin{cases}a_{11}x_1+a_{12}x_2+\cdots+a_{1n}x_n=0\\a_{21}x_1+a_{22}x_2+\cdots+a_{2n}x_n=0\\\cdots\cdots\\a_{m1}x_1+a_{m2}x_2+\cdots+a_{mn}x_n=0\end{cases}, \tag{2-6}$$

式(2-6)称为**齐次线性方程组**.

我们知道对线性方程组作同解变形,实际上就是对方程组的系数和常数项进行变换,而这恰是对方程组的增广矩阵 $\widetilde{\boldsymbol{A}}$ 进行初等行变换,这就是线性方程组的一般解法(也称**高斯**(Gauss)**消元法**). 下面举例说明方法.

例 1 解线性方程组

$$\begin{cases}x_1+2x_2+3x_3=-7\\2x_1-x_2+2x_3=-8.\\x_1+3x_2=7\end{cases}$$

解 对方程组的增广矩阵施以初等行变换

$$\widetilde{\boldsymbol{A}}=(\boldsymbol{A}\,\vdots\,\boldsymbol{B})=\begin{pmatrix}1&2&3&-7\\2&-1&2&-8\\1&3&0&7\end{pmatrix}\xrightarrow[r_3-r_1]{r_2-2r_1}\begin{pmatrix}1&2&3&-7\\0&-5&-4&6\\0&1&-3&14\end{pmatrix}$$

$$\xrightarrow[r_3+5r_2]{r_3\leftrightarrow r_2}\begin{pmatrix}1&2&3&-7\\0&1&-3&14\\0&0&-19&76\end{pmatrix}\xrightarrow{-\frac{1}{19}r_3}\begin{pmatrix}1&2&3&-7\\0&1&-3&14\\0&0&1&-4\end{pmatrix}\xrightarrow[\substack{r_1-3r_3\\r_1-2r_2}]{r_2+3r_3}\begin{pmatrix}1&0&0&1\\0&1&0&2\\0&0&1&-4\end{pmatrix}.$$

由此可以直接得出方程组的解为 $\begin{cases}x_1=1\\x_2=2\\x_3=-4\end{cases}$.

例 2　解线性方程组

$$\begin{cases} x_1 - x_2 + x_3 - x_4 = 0 \\ 2x_1 - x_2 + 3x_3 - 2x_4 = -1. \\ 3x_1 - 2x_2 - x_3 + 2x_4 = 4 \end{cases}$$

解　对方程组的增广矩阵施以初等行变换

$$\widetilde{\mathbf{A}} = \begin{pmatrix} 1 & -1 & 1 & -1 & 0 \\ 2 & -1 & 3 & -2 & -1 \\ 3 & -2 & -1 & 2 & 4 \end{pmatrix} \xrightarrow[r_3 - 3r_1]{r_2 - 2r_1} \begin{pmatrix} 1 & -1 & 1 & -1 & 0 \\ 0 & 1 & 1 & 0 & -1 \\ 0 & 1 & -4 & 5 & 4 \end{pmatrix}$$

$$\xrightarrow{r_3 - r_2} \begin{pmatrix} 1 & -1 & 1 & -1 & 0 \\ 0 & 1 & 1 & 0 & -1 \\ 0 & 0 & -5 & 5 & 5 \end{pmatrix} \xrightarrow{-\frac{1}{5}r_3} \begin{pmatrix} 1 & -1 & 1 & -1 & 0 \\ 0 & 1 & 1 & 0 & -1 \\ 0 & 0 & 1 & -1 & -1 \end{pmatrix}$$

$$\xrightarrow[r_1 + r_2]{\substack{r_2 - r_3 \\ r_1 - r_3}} \begin{pmatrix} 1 & 0 & 0 & 1 & 1 \\ 0 & 1 & 0 & 1 & 0 \\ 0 & 0 & 1 & -1 & -1 \end{pmatrix}.$$

行最简形矩阵所对应的同解方程组为

$$\begin{cases} x_1 + x_4 = 1 \\ x_2 + x_4 = 0 \\ x_3 - x_4 = -1 \end{cases}.$$

移项，得

$$\begin{cases} x_1 = 1 - x_4 \\ x_2 = -x_4 \\ x_3 = -1 + x_4 \end{cases},$$

其中 x_4 的值可以任取，称为**自由未知量**. 若取 $x_4 = c$（c 为任意常数），则方程组的解为

$$\begin{cases} x_1 = 1 - c \\ x_2 = -c \\ x_3 = -1 + c \\ x_4 = c \end{cases}（c \text{ 为任意常数}）.$$

这是**无穷多组解**，这种解的表达式称为方程组的**一般解**.

例 3　解线性方程组

$$\begin{cases} 2x_1 + x_2 + 4x_3 + x_4 = 4 \\ 3x_1 - x_2 + 2x_3 + x_4 = 3 \\ x_1 + 2x_2 + 3x_3 + 2x_4 = 2 \\ 4x_1 - 2x_2 + 3x_3 = 1 \end{cases}.$$

解　对方程组的增广矩阵施以初等行变换

$$\widetilde{\mathbf{A}}=\begin{pmatrix}2&1&4&1&4\\3&-1&2&1&3\\1&2&3&2&2\\4&-2&3&0&1\end{pmatrix}\xrightarrow[\substack{r_3-2r_1\\r_4-4r_1}]{\substack{r_1\leftrightarrow r_3\\r_2-3r_1}}\begin{pmatrix}1&2&3&2&2\\0&-7&-7&-5&-3\\0&-3&-2&-3&0\\0&-10&-9&-8&-7\end{pmatrix}$$

$$\xrightarrow[\substack{7r_3-3r_2\\r_2\times(-1)}]{\substack{r_4-r_3\\r_4-r_2}}\begin{pmatrix}1&2&3&2&2\\0&7&7&5&3\\0&0&7&-6&9\\0&0&0&0&-4\end{pmatrix}.$$

行阶梯形矩阵的第 4 行代表第 4 个方程，即

$$0x_1+0x_2+0x_3+0x_4=-4,$$

显然，这是不可能的，因此，原方程组无解.

由上述三例可知，线性方程组可能有唯一解，也可能有无穷多组解，还可能无解. 那么如何判断方程组是否有解？若方程组有解，它有多少解？

观察上述三个线性方程组的系数矩阵 $\mathbf{A}$ 及增广矩阵 $\widetilde{\mathbf{A}}$ 的秩，未知量个数 n 与方程组解的情况，我们会发现：

例 1 中，$R(\mathbf{A})=R(\widetilde{\mathbf{A}})=3$（未知量的个数），方程组有唯一解；

例 2 中，$R(\mathbf{A})=R(\widetilde{\mathbf{A}})=3<4$（未知量的个数），方程组有无穷多组解；

例 3 中，$R(\mathbf{A})=3\neq R(\widetilde{\mathbf{A}})=4$，出现矛盾方程，方程组无解.

由上述分析可归纳出下述关于线性方程组解的判定定理.

二、线性方程组解的判定定理

1. 非齐次线性方程组解的判定

定理 2-3 非齐次线性方程组（2-5）**有解的充分必要条件**是其系数矩阵 $\mathbf{A}$ 及增广矩阵 $\widetilde{\mathbf{A}}$ **的秩相等**，即 $R(\mathbf{A})=r=R(\widetilde{\mathbf{A}})$.

(1) 当 $r=n$（未知量个数）时，有唯一解；

(2) 当 $r<n$（未知量个数）时，有无穷多组解，此时自由未知量的个数是 $n-r$ 个.

例 4 判别方程组 $\begin{cases}2x_1-x_2-x_3+x_4=1\\x_1+2x_2-x_3-2x_4=0\\3x_1+x_2-2x_3-x_4=2\end{cases}$ 是否有解？

解 对增广矩阵施以初等行变换

$$\widetilde{\mathbf{A}}=\begin{pmatrix}2&-1&-1&1&1\\1&2&-1&-2&0\\3&1&-2&-1&2\end{pmatrix}\xrightarrow[\substack{r_2-2r_1\\r_3-3r_1}]{r_1\leftrightarrow r_2}\begin{pmatrix}1&2&-1&-2&0\\0&-5&1&5&1\\0&-5&1&5&2\end{pmatrix}$$

$$\xrightarrow{r_3-r_2}\begin{pmatrix}1&2&-1&-2&0\\0&-5&1&5&1\\0&0&0&0&1\end{pmatrix}.$$

$R(\widetilde{\boldsymbol{A}})=3\neq R(\boldsymbol{A})=2$，因此，方程组无解.

例 5　判别方程组$\begin{cases}-3x_1+x_2+4x_3=-1\\ x_1+x_2+x_3=0\\ -2x_1+2x_3=-1\\ 2x_2+4x_3=-1\end{cases}$是否有解？若有解，有多少解？并求之.

解　对增广矩阵施以初等行变换

$$\widetilde{\boldsymbol{A}}=\begin{pmatrix}-3&1&4&-1\\1&1&1&0\\-2&0&2&-1\\0&2&4&-1\end{pmatrix}\xrightarrow{r_1\leftrightarrow r_2}\begin{pmatrix}1&1&1&0\\-3&1&4&-1\\-2&0&2&-1\\0&2&4&-1\end{pmatrix}\xrightarrow[r_3+2r_1]{r_2+3r_1}\begin{pmatrix}1&1&1&0\\0&4&7&-1\\0&2&4&-1\\0&2&4&-1\end{pmatrix}$$

$$\xrightarrow[r_3\leftrightarrow r_2]{r_4-r_3}\begin{pmatrix}1&1&1&0\\0&2&4&-1\\0&4&7&-1\\0&0&0&0\end{pmatrix}\xrightarrow{r_3-2r_2}\begin{pmatrix}1&1&1&0\\0&2&4&-1\\0&0&-1&1\\0&0&0&0\end{pmatrix}.$$

因为 $R(\boldsymbol{A})=R(\widetilde{\boldsymbol{A}})=3$（未知量的个数），所以方程组有唯一解.

对所得阶梯形矩阵继续作初等行变换，有

$$\widetilde{\boldsymbol{A}}\rightarrow\begin{pmatrix}1&1&1&0\\0&2&4&-1\\0&0&-1&1\\0&0&0&0\end{pmatrix}\xrightarrow[\substack{r_2-2r_3\\ r_1-r_3\\ r_1-r_2}]{\substack{(-1)r_3\\ \frac{1}{2}r_2}}\begin{pmatrix}1&0&0&-1/2\\0&1&0&3/2\\0&0&1&-1\\0&0&0&0\end{pmatrix},$$

即得方程组的唯一解为$\begin{cases}x_1=-\dfrac{1}{2}\\ x_2=\dfrac{3}{2}\\ x_3=-1\end{cases}$.

例 6　设线性方程组为$\begin{cases}x_1+2x_3=-1\\ -x_1+x_2-3x_3=2\\ 2x_1-x_2+ax_3=b\end{cases}$，问 a,b 取何值时(1) 有唯一解？(2) 无解？(3) 有无穷多解？并在有无穷多解时，求出方程组的一般解.

解　对方程组的增广矩阵施以初等行变换，将它化为行阶梯形矩阵

$$\widetilde{\boldsymbol{A}}=\begin{pmatrix}1&0&2&-1\\-1&1&-3&2\\2&-1&a&b\end{pmatrix}\xrightarrow[r_3-2r_1]{r_2+r_1}\begin{pmatrix}1&0&2&-1\\0&1&-1&1\\0&-1&a-4&b+2\end{pmatrix}$$

$$\xrightarrow{r_3+r_2}\begin{pmatrix}1&0&2&-1\\0&1&-1&1\\0&0&a-5&b+3\end{pmatrix}.$$

(1) 当 $a-5\neq 0$,即 $a\neq 5$ 时,$R(\boldsymbol{A})=R(\widetilde{\boldsymbol{A}})=3$(未知量个数),方程组有唯一解;

(2) 当 $a-5=0,b+3\neq 0$,即 $a=5,b\neq -3$ 时,$R(\boldsymbol{A})=2\neq R(\widetilde{\boldsymbol{A}})=3$,方程组无解;

(3) 当 $a-5=0,b+3=0$,即 $a=5,b=-3$ 时,$R(\boldsymbol{A})=R(\widetilde{\boldsymbol{A}})=2<3$(未知量个数),方程组有无穷多组解.同解方程组为

$$\begin{cases}x_1+2x_3=-1\\ x_2-x_3=1\end{cases},$$

其中 x_3 为自由未知量.取 $x_3=c$(c 为任意常数),则原方程组的一般解为

$$\begin{cases}x_1=-1-2c\\ x_2=1+c\\ x_3=c\end{cases}.$$

2. 齐次线性方程组解的判定

对于齐次线性方程组(2-6),由于增广矩阵 $\widetilde{\boldsymbol{A}}=(\boldsymbol{A}\mid\boldsymbol{O})$,故 $R(\boldsymbol{A})=R(\widetilde{\boldsymbol{A}})$,这表明齐次线性方程组(2-6)总有解.显然,它至少有零解,但我们更关心的是方程组(2-6)在什么条件下有非零解.

定理 2-4 齐次线性方程组(2-6)一定有解,并且

(1) 当 $R(\boldsymbol{A})=n$(未知量个数)时,只有零解;

(2) 当 $R(\boldsymbol{A})<n$(未知量个数)时,有无穷多组非零解.

例 7 判别方程组 $\begin{cases}x_1+2x_2-3x_3=0\\ 2x_1+5x_2+2x_3=0\\ 3x_1+4x_2-5x_3=0\\ 4x_1+9x_2-4x_3=0\end{cases}$ 是否有非零解?

解 对系数矩阵 $\boldsymbol{A}$ 做初等行变换,有

$$\boldsymbol{A}=\begin{pmatrix}1&2&-3\\2&5&2\\3&4&-5\\4&9&-4\end{pmatrix}\xrightarrow[\substack{r_3-3r_1\\ r_4-4r_1}]{r_2-2r_1}\begin{pmatrix}1&2&-3\\0&1&8\\0&-2&4\\0&1&8\end{pmatrix}\xrightarrow[r_4-r_2]{r_3+2r_2}\begin{pmatrix}1&2&-3\\0&1&8\\0&0&20\\0&0&0\end{pmatrix},$$

$R(\boldsymbol{A})=3$,未知量个数 $n=3$,故方程组只有零解 $x_1=0,x_2=0,x_3=0$,没有非零解.

例 8 判别方程组 $\begin{cases}x_1+x_2+2x_3+2x_4=0\\ 2x_1-x_2+x_3-2x_4=0\\ x_1-2x_2-x_3-4x_4=0\end{cases}$ 有无非零解?若有非零解,求出其一般解.

解 对系数矩阵 $\boldsymbol{A}$ 做初等行变换,有

$$\boldsymbol{A}=\begin{pmatrix}1&1&2&2\\2&-1&1&-2\\1&-2&-1&-4\end{pmatrix}\xrightarrow[r_3-r_1]{r_2-2r_1}\begin{pmatrix}1&1&2&2\\0&-3&-3&-6\\0&-3&-3&-6\end{pmatrix}\xrightarrow{r_3-r_2}\begin{pmatrix}1&1&2&2\\0&-3&-3&-6\\0&0&0&0\end{pmatrix}$$

$$\xrightarrow{\left(-\frac{1}{3}\right)r_2}\begin{pmatrix}1&1&2&2\\0&1&1&2\\0&0&0&0\end{pmatrix}\xrightarrow{r_1-r_2}\begin{pmatrix}1&0&1&0\\0&1&1&2\\0&0&0&0\end{pmatrix}.$$

$R(\boldsymbol{A})=2<4$,方程组有非零解. 同解方程组为

$$\begin{cases}x_1=-x_3\\x_2=-x_3-2x_4\end{cases},$$

其中 x_3,x_4 为自由未知量. 取 $x_3=c_1,x_4=c_2$,则方程组的一般解为

$$\begin{cases}x_1=-c_1\\x_2=-c_1-2c_2\\x_3=c_1\\x_4=c_2\end{cases}(c_1,c_2\text{ 为任意常数}).$$

若将上述例 8 的一般解写成矩阵(向量)形式,有

$$\boldsymbol{X}=\begin{pmatrix}x_1\\x_2\\x_3\\x_4\end{pmatrix}=\begin{pmatrix}-c_1\\-c_1-2c_2\\c_1\\c_2\end{pmatrix}=c_1\begin{pmatrix}-1\\-1\\1\\0\end{pmatrix}+c_2\begin{pmatrix}0\\-2\\0\\1\end{pmatrix}(c_1,c_2\text{ 为任意常数}).$$

这种解的表达式称为**齐次线性方程组的通解**.

在上述通解中,一般把

$$\boldsymbol{\xi}_1=\begin{pmatrix}-1\\-1\\1\\0\end{pmatrix},\boldsymbol{\xi}_2=\begin{pmatrix}0\\-2\\0\\1\end{pmatrix}$$

称为齐次线性方程组的**基础解系**,这时,通解可表示为 $\boldsymbol{X}=c_1\boldsymbol{\xi}_1+c_2\boldsymbol{\xi}_2$($c_1,c_2$ 为任意常数).

同样方法,若将前面例 6 的一般解也写成矩阵(向量)形式,有

$$\boldsymbol{X}=\begin{pmatrix}x_1\\x_2\\x_3\end{pmatrix}=\begin{pmatrix}-1\\1\\0\end{pmatrix}+c\begin{pmatrix}-2\\1\\1\end{pmatrix}(c\text{ 为任意常数}).$$

这种解的表达式称为**非齐次线性方程组的通解**.

若记 $\boldsymbol{\eta}_0=\begin{pmatrix}-1\\1\\0\end{pmatrix}$,则 η_0 是原方程组的一个特解. $\boldsymbol{\xi}=\begin{pmatrix}-2\\1\\1\end{pmatrix}$是对应齐次线性方程组的基础解系,则通解又可表示为 $\boldsymbol{X}=\boldsymbol{\eta}_0+c\boldsymbol{\xi}$($c$ 为任意常数).

值得指出的是,线性方程组的通解与一般解本质上是相同的,只是通解的表述形式更能突出解的结构. 由于在无穷多组解的情形下,自由未知量的取法不唯一,因此,通解的表达式也不唯一.

三*、线性方程组的应用举例

在工程技术和经济管理中，对许多问题的研究往往归结为求解线性方程组. 下面举例说明线性方程组在解决实际问题中的基本应用.

例 9 【电路分析】在如图 2-3 所示的电路中，求各支路上的电流强度.

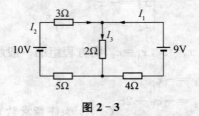

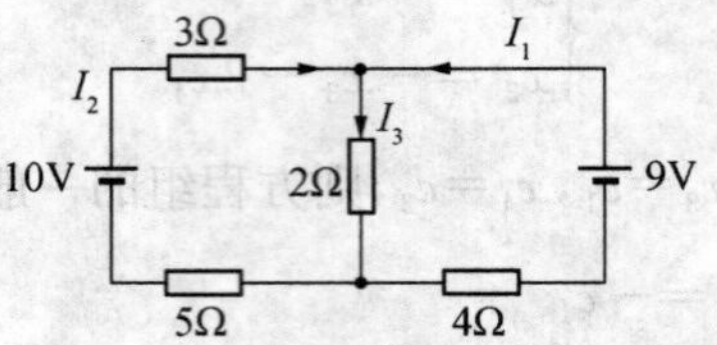

图 2-3

解 根据基尔霍夫第一定律(结点电流定律)，可知回路上的电流为

$$I_1+I_2-I_3=0.$$

根据基尔霍夫第二定律(回路电压定律)，可知右回路上的电压为

$$4I_1+2I_3=9;$$

左回路上的电压为

$$8I_2+2I_3=10.$$

用初等行变换化简电路方程组的增广矩阵，得

$$\begin{pmatrix}1&1&-1&0\\4&0&2&9\\0&8&2&10\end{pmatrix}\xrightarrow{r_2-4r_1}\begin{pmatrix}1&1&-1&0\\0&-4&6&9\\0&8&2&10\end{pmatrix}\xrightarrow[\frac{1}{14}\times r_3]{r_3+2r_2}\begin{pmatrix}1&1&-1&0\\0&-4&6&9\\0&0&1&2\end{pmatrix}$$

$$\xrightarrow[r_1+r_3]{r_2-6r_3}\begin{pmatrix}1&1&0&2\\0&-4&0&-3\\0&0&1&2\end{pmatrix}\xrightarrow[r_1-r_2]{-\frac{1}{4}\times r_2}\begin{pmatrix}1&0&0&1.25\\0&1&0&0.75\\0&0&1&2\end{pmatrix},$$

所以各支路上的电流强度为 $I_1=1.25(\mathrm{A})$，$I_2=0.75(\mathrm{A})$，$I_3=2(\mathrm{A})$.

例 10 【资源分配】某公司规划对甲、乙、丙三个项目进行投资，计划年投资 1 000 万元，并期望获得 4.6%的年投资收益率. 根据市场分析，甲、乙、丙三个项目年投资收益率分别为 3%，4%和 6%，其中丙项目所获利润比甲、乙项目所获利润之和多 8 万元，问该公司如何分配三个项目的投资额?

解 设该公司对甲、乙、丙三个项目投资额分别为 x_1，x_2 和 x_3 万元，由三个项目年投资收益率可知，三个项目年获利分别为 $0.03x_1$，$0.04x_2$ 和 $0.06x_3$ 万元.

根据条件可得：

$$\begin{cases}x_1+x_2+x_3=1\,000\\0.03x_1+0.04x_2-0.06x_3=-8,\\0.03x_1+0.04x_2+0.06x_3=46\end{cases}$$

化简,得

$$\begin{cases} x_1+x_2+x_3=1\,000 \\ 3x_1+4x_2-6x_3=-800. \\ 3x_1+4x_2+6x_3=4\,600 \end{cases}$$

$$\widetilde{A}=\begin{bmatrix} 1 & 1 & 1 & 1\,000 \\ 3 & 4 & -6 & -800 \\ 3 & 4 & 6 & 4\,600 \end{bmatrix}\xrightarrow[r_2-3r_1]{r_3-r_2}\begin{bmatrix} 1 & 1 & 1 & 1\,000 \\ 0 & 1 & -9 & -3\,800 \\ 0 & 0 & 12 & 5\,400 \end{bmatrix}\xrightarrow[\substack{r_2+9r_3 \\ r_1-r_3 \\ r_1-r_2}]{\frac{1}{12}r_3}\begin{bmatrix} 1 & 0 & 0 & 300 \\ 0 & 1 & 0 & 250 \\ 0 & 0 & 1 & 450 \end{bmatrix}.$$

所以,该公司对甲、乙、丙三项目的投资额应为 300 万元、250 万元和 450 万元.

例 11　【交通流量】图 2-4 给出了某地区单行街道的交通网络流量图,图中箭头标识数为高峰期每小时过车数. 设进出道路的车辆相同,总数各为 800 辆,若进入每个交叉点的车辆数等于离开该点的车辆数,则交通就不出现堵塞. 求各支路交通流量为多少时,该地区交通流量达到平衡.

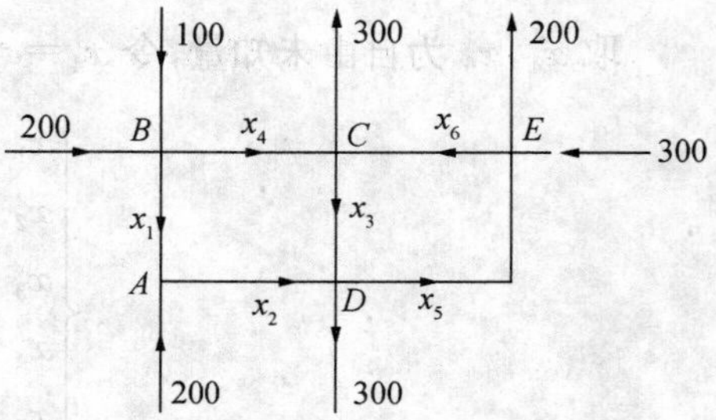

图 2-4

解　设每小时进出交叉点的未知车辆数如图 2-4所示. 根据交通流量平衡条件,可建立如下线性方程组:

$$\begin{cases} 200+x_1=x_2 \\ 200+100=x_1+x_4 \\ x_4+x_6=300+x_3 \\ x_2+x_3=x_5+300 \\ 300+x_5=200+x_6 \end{cases},$$

化简,得

$$\begin{cases} x_1-x_2=-200 \\ x_1+x_4=300 \\ -x_3+x_4+x_6=300. \\ x_2+x_3-x_5=300 \\ -x_5+x_6=100 \end{cases}$$

对增广矩阵施以初等行变换,得

$$\widetilde{A}=\begin{bmatrix} 1 & -1 & 0 & 0 & 0 & 0 & -200 \\ 1 & 0 & 0 & 1 & 0 & 0 & 300 \\ 0 & 0 & -1 & 1 & 0 & 1 & 300 \\ 0 & 1 & 1 & 0 & -1 & 0 & 300 \\ 0 & 0 & 0 & 0 & -1 & 1 & 100 \end{bmatrix}\xrightarrow{r_2-r_1}\begin{bmatrix} 1 & -1 & 0 & 0 & 0 & 0 & -200 \\ 0 & 1 & 0 & 1 & 0 & 0 & 500 \\ 0 & 0 & -1 & 1 & 0 & 1 & 300 \\ 0 & 1 & 1 & 0 & -1 & 0 & 300 \\ 0 & 0 & 0 & 0 & -1 & 1 & 100 \end{bmatrix}$$

$$\xrightarrow[r_1+r_2]{r_4-r_2}\begin{pmatrix}1&0&0&1&0&0&300\\0&1&0&1&0&0&500\\0&0&-1&1&0&1&300\\0&0&1&-1&-1&0&-200\\0&0&0&0&-1&1&100\end{pmatrix}\xrightarrow{r_4+r_3}\begin{pmatrix}1&0&0&1&0&0&300\\0&1&0&1&0&0&500\\0&0&-1&1&0&1&300\\0&0&0&0&-1&1&100\\0&0&0&0&-1&1&100\end{pmatrix}$$

$$\xrightarrow[\substack{(-1)r_3\\(-1)r_4}]{r_5-r_4}\begin{pmatrix}1&0&0&1&0&0&300\\0&1&0&1&0&0&500\\0&0&1&-1&0&-1&-300\\0&0&0&0&1&-1&-100\\0&0&0&0&0&0&0\end{pmatrix},$$

取 x_4,x_6 为自由未知量，令 $x_4=c_1,x_6=c_2$，得方程组的一般解为

$$\begin{cases}x_1=300-c_1\\x_2=500-c_1\\x_3=-300+c_1+c_2\\x_4=c_1\\x_5=-100+c_2\\x_6=c_2\end{cases}.$$

由于出入各交叉点的车辆数必须为正，故必须满足下列条件

$$\begin{cases}c_1+c_2\geqslant 300\\0\leqslant c_1\leqslant 300,\\c_2\geqslant 100\end{cases}$$

才可得到实际问题的解. 如取 $c_1=150,c_2=200$，则可得到实际问题的一组解为

$$x_1=150,x_2=350,x_3=50,x_4=150,x_5=100,x_6=200.$$

从上述讨论可知，若每小时通过 EC 段的车辆少于 100 辆；或每小时通过 BC 及 EC 的车辆总数少于 300 辆，则该地区在一些路段可能会出现塞车现象.

练习与思考 2.5

1. 若非齐次线性方程组的增广矩阵$\widetilde{\boldsymbol{A}}$经初等行变换化为$\widetilde{\boldsymbol{A}}\rightarrow\begin{pmatrix}1&1&2\\0&2&1\\0&0&a-4\end{pmatrix}$，则当常数 $a=$ ________时，此线性方程组有唯一解.

2. 若非齐次线性方程组的增广矩阵$\widetilde{\boldsymbol{A}}$经初等行变换化为$\widetilde{\boldsymbol{A}}\rightarrow\begin{pmatrix}1&1&2&3\\0&0&1&2\\0&0&a&6\end{pmatrix}$，则当常数 $a=$

________时，此线性方程组有无穷多组解.

习题 2.5

1. 单项选择题：

(1) 线性方程组$\begin{cases} x_1+x_2-x_3=2 \\ x_1-x_2+x_3=3 \\ -x_1+x_2-x_3=0 \end{cases}$解的情况是(　　).

A. 有唯一解　　B. 有一个解$(1\quad 1\quad 0)^{T}$

C. 无穷多组解　　D. 无解

(2) n 元齐次线性方程组 $\boldsymbol{AX}=\boldsymbol{O}$ 有非零解的充要条件是(　　).

A. $R(\boldsymbol{A})=n$　　B. $R(\boldsymbol{A})<n$

C. $R(\boldsymbol{A})>n$　　D. $R(\boldsymbol{A})$与 n 无关

2. 判别下列方程组是否有解？若有解，有多少解？

(1) $\begin{cases} x_1-2x_2+3x_3-x_4=2 \\ 3x_1-x_2+5x_3-3x_4=6 \\ 2x_1+x_2+2x_3-2x_4=8 \end{cases}$；　(2) $\begin{cases} 2x_1-x_2+x_3-2x_4=1 \\ -x_1+x_2+2x_3+x_4=2 \\ x_1-x_2-2x_3+2x_4=6 \end{cases}$.

3. 求下列线性方程组的解：

(1) $\begin{cases} x_1+x_3=5 \\ 3x_1+2x_2+7x_3=9 \end{cases}$；　(2) $\begin{cases} 2x_1+x_2+x_3=2 \\ x_1+3x_2+x_3=5 \\ x_1+x_2+5x_3=-7 \\ 2x_1+3x_2-3x_3=14 \end{cases}$；

(3) $\begin{cases} x_1-2x_2+2x_3+5x_4=-3 \\ -x_1+2x_2-x_3-x_4=1 \\ 2x_1-4x_2+2x_3+2x_4=-2 \end{cases}$；　(4) $\begin{cases} x_1+x_2+2x_3+3x_4=1 \\ x_1+2x_2+3x_3-x_4=-4 \\ 3x_1-x_2-x_3-2x_4=-4 \\ 2x_1+3x_2-x_3-x_4=-6 \end{cases}$.

4. 判别下列方程组有无非零解，若有非零解，求出其一般解.

(1) $\begin{cases} x_1+3x_2-2x_3=0 \\ -2x_1-5x_2+x_3=0 \end{cases}$；　(2) $\begin{cases} x_1+x_2+x_3+x_4=0 \\ 3x_1+2x_2+x_3=0 \\ x_2+2x_3+3x_4=0 \\ x_1+2x_2+3x_3+4x_4=0 \end{cases}$.

5. 设线性方程组为$\begin{cases} x_1+x_2+x_3+x_4=1 \\ 3x_1+2x_2+x_3-3x_4=k \\ x_2+2x_3+6x_4=3 \end{cases}$，问 k 取何值时(1) 方程组无解？(2) 有解？并在有解时，求出方程组的一般解.

6. 问 k 取何值时，线性方程组 $\begin{cases} kx_1+x_2+x_3=0 \\ x_1+kx_2+x_3=0 \\ x_1+x_2+x_3=0 \end{cases}$ (1) 只有零解；(2) 有非零解？

7*. 【电路分析】求如图 2-5 所示电路中各支路上的电流强度.

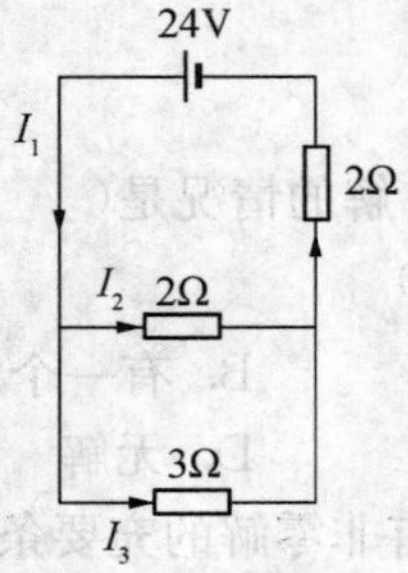

图 2-5

8*. 【房型设计方案】某房产开发商要建一栋公寓，根据现有建筑面积每个楼层可有三种户型的设计方案，见表 2-2 所示. 如果要设计满足一居室 126 套、两居室 96 套、三居室 78 套的公寓，是否可行？设计方案是否唯一？

表 2-2

方案	一居室(套)	两居室(套)	三居室(套)
方案一	3	9	12
方案二	15	9	3
方案三	12	3	6

9*. 图 2-6 给出了某地区单行街道的交通网络流量图，图中箭头标识数为高峰期每小时过车数. 设进出道路的车辆相同，总数各为 800 辆，若进入每个交叉点的车辆数等于离开该点的车辆数，则交通就不出现堵塞. 求各支路交通流量为多少时，该地区交通流量达到平衡.

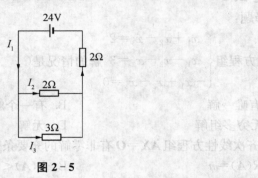

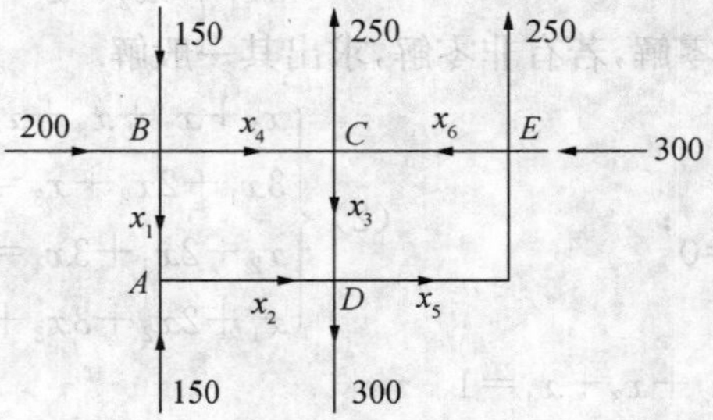

图 2-6

小结与复习

内容提要

1. 矩阵的概念

由 $m\times n$ 个数 $a_{ij}(i=1,2,\cdots,m;j=1,2,\cdots,n)$ 排成的 m 行 n 列的矩形数表

$$\boldsymbol{A}=\begin{pmatrix} a_{11} & a_{12} & \cdots & a_{1n} \\ a_{21} & a_{22} & \cdots & a_{2n} \\ \vdots & \vdots & & \vdots \\ a_{m1} & a_{m2} & \cdots & a_{mn} \end{pmatrix}$$

称为 $m\times n$ 矩阵. 矩阵通常用大写黑体字母表示.

2. 矩阵的基本运算

(1) 矩阵加(减)法

$$(a_{ij})_{m\times n}\pm(b_{ij})_{m\times n}=(a_{ij}\pm b_{ij})_{m\times n}(i=1,2,\cdots,m;j=1,2,\cdots,n).$$

(2) 数乘矩阵

$$\lambda(a_{ij})_{m\times n}=(\lambda a_{ij})_{m\times n}(i=1,2,\cdots,m;j=1,2,\cdots,n).$$

(3) 矩阵乘法　设 $\boldsymbol{A}=(a_{ij})_{m\times s}$, $\boldsymbol{B}=(b_{ij})_{s\times n}$, 则

$$\boldsymbol{C}=\boldsymbol{AB}=(c_{ij})_{m\times n},$$

其中, $c_{ij}=a_{i1}b_{1j}+a_{i2}b_{2j}+\cdots+a_{is}b_{sj}=\sum\limits_{k=1}^{s}a_{ik}b_{kj}(i=1,2,\cdots,m;j=1,2,\cdots,n)$.

(4) 矩阵转置　设 $\boldsymbol{A}=(a_{ij})_{m\times n}$, 则 $\boldsymbol{A}^{\mathrm{T}}=(a_{ji})_{n\times m}(i=1,2,\cdots,m;j=1,2,\cdots,n)$.

(5) 逆矩阵

① 伴随矩阵法　设 n 阶方阵 $\boldsymbol{A}=(a_{ij})$, 则可逆的充要条件是 $|\boldsymbol{A}|\neq 0$, 且

$$\boldsymbol{A}^{-1}=\frac{1}{|\boldsymbol{A}|}\boldsymbol{A}^{*},$$

其中伴随矩阵 $\boldsymbol{A}^{*}=\begin{pmatrix} A_{11} & A_{21} & \cdots & A_{n1} \\ A_{12} & A_{22} & \cdots & A_{n2} \\ \vdots & \vdots & & \vdots \\ A_{1n} & A_{2n} & \cdots & A_{nn} \end{pmatrix}$, 元素 A_{ij} 是方阵 $|\boldsymbol{A}|$ 中元素 a_{ij} 的代数余子式.

② 用初等行变换, 求 $\boldsymbol{A}^{-1}$ 的一般步骤:

(ⅰ) 由 $\boldsymbol{A}$ 作 $n\times 2n$ 矩阵 $(\boldsymbol{A}\,\vdots\,\boldsymbol{E})$;

(ⅱ) 对 $(\boldsymbol{A}\,\vdots\,\boldsymbol{E})$ 施行初等行变换, 当把 $(\boldsymbol{A}\,\vdots\,\boldsymbol{E})$ 中的 $\boldsymbol{A}$ 变为单位矩阵 $\boldsymbol{E}$ 时, 原来的 $\boldsymbol{E}$ 就变为 $\boldsymbol{A}^{-1}$.

3. 行列式的概念

(1) 二阶行列式 $\begin{vmatrix} a_{11} & a_{12} \\ a_{21} & a_{22} \end{vmatrix} = a_{11}a_{22} - a_{21}a_{12}$.

(2) 三阶行列式

$$\begin{vmatrix} a_{11} & a_{12} & a_{13} \\ a_{21} & a_{22} & a_{23} \\ a_{31} & a_{32} & a_{33} \end{vmatrix} = a_{11}a_{22}a_{33} + a_{12}a_{23}a_{31} + a_{13}a_{21}a_{32} - a_{11}a_{23}a_{32} - a_{12}a_{21}a_{33} - a_{13}a_{22}a_{31}.$$

(3) n 阶方阵 $\boldsymbol{A}$ 的行列式

$$|\boldsymbol{A}| = \begin{vmatrix} a_{11} & a_{12} & \cdots & a_{1n} \\ a_{21} & a_{22} & \cdots & a_{2n} \\ \vdots & \vdots & & \vdots \\ a_{n1} & a_{n2} & \cdots & a_{nn} \end{vmatrix} = a_{11}A_{11} + a_{12}A_{12} + \cdots + a_{1n}A_{1n} = \sum_{j=1}^{n} a_{1j}A_{1j},$$

其中，A_{1j} 为元素 $a_{1j}(j=1,2,\cdots,n)$ 的**代数余子式**.

此行列式也可按照任一行(列)展开，即行列式的值等于它的任一行(列)的各元素与其对应的代数余子式乘积之和.

4. 行列式的性质

(1) 行列式 $|\boldsymbol{A}|$ 与它的转置行列式 $|\boldsymbol{A}^{\mathrm{T}}|$ 相等，即 $\boldsymbol{A} = |\boldsymbol{A}^{\mathrm{T}}|$.

(2) 互换行列式的任意两行(列)，行列式的值变号.

(3) 行列式的某一行(列)元素的公因子可提到行列式符号的外面.

(4) 行列式中有两行(列)对应元素相同，则此行列式值为零.

(5) 行列式中某行(列)中所有元素为零，则此行列式值为零.

(6) 行列式中有两行(列)对应元素成比例，则此行列式值为零.

(7) 设有 n 阶方阵 $\boldsymbol{A}$，则 $|\lambda\boldsymbol{A}| = \lambda^n|\boldsymbol{A}|$.

(8) 若行列式的某一行(列)的各元素是两数之和，则该行列式可分解为两个行列式之和.

(9) 把行列式某一行(列)各元素的 k 倍加到另一行(列)对应元素上去，行列式值不变.

(10) 设 $\boldsymbol{A},\boldsymbol{B}$ 是任意两个同阶方阵，则 $|\boldsymbol{AB}| = |\boldsymbol{A}||\boldsymbol{B}|$，$|\boldsymbol{AB}| = |\boldsymbol{BA}|$.

5. 矩阵的行初等变换

(1) 互换矩阵的两行，记作 $r_i \leftrightarrow r_j$；

(2) 用一个非零常数乘以矩阵的某一行的所有元，记作 $r_i \times k$；

(3) 把第 i 行的各元素的 k 倍加到第 j 行的对应元素上去，记作 $r_j + kr_i$.

6. 矩阵的秩

矩阵 $\boldsymbol{A}$ 的行阶梯形矩阵中非零行的行数 r 称为矩阵 $\boldsymbol{A}$ 的**秩**，记作 $R(\boldsymbol{A}) = r$.

另一等价形式是：矩阵 $\boldsymbol{A}$ 中不为零的子式的最高阶数 r 称为矩阵的秩.

用初等行变换求矩阵秩的步骤如下：

(1) 对矩阵 $\boldsymbol{A}$ 施以初等行变换化为行阶梯形矩阵 $\boldsymbol{B}$；

(2) $R(\boldsymbol{A})$ 等于 $\boldsymbol{B}$ 中非零行的行数.

7. 线性方程组解的判定

秩的关系＼方程组	非齐次线性方程组	齐次线性方程组
$R(\boldsymbol{A})=R(\widetilde{\boldsymbol{A}})<n$	有无穷多组解	有非零解
$R(\boldsymbol{A})=R(\widetilde{\boldsymbol{A}})=n$	只有唯一解	只有零解
$R(\boldsymbol{A})\neq R(\widetilde{\boldsymbol{A}})$	无解	

其中 n 为未知量个数.

8. 线性方程组求解的一般方法(Gauss 消元法)

(1) 非齐次线性方程组:

① 先用初等行变换将增广矩阵$\widetilde{\boldsymbol{A}}$化为行阶梯形矩阵,判断方程组解的情况.

② 若有解,用初等行变换将行阶梯形矩阵化为行最简形矩阵,若 $R(\boldsymbol{A})=R(\widetilde{\boldsymbol{A}})=r=n$,与增广矩阵等价的行最简形矩阵的最后一列就是方程组的唯一解;若 $R(\boldsymbol{A})=R(\widetilde{\boldsymbol{A}})=r<n$,把含有自由未知量的项移至方程右端,便可求出一般解(或通解).

(2) 齐次线性方程组:

① 先用初等行变换将系数矩阵 $\boldsymbol{A}$ 化为行阶梯形矩阵,判断方程组解的情况.

② 若有非零解,即 $R(\boldsymbol{A})=r<n$ 时,用初等行变换将行阶梯形矩阵化为行最简形矩阵,并把含有自由未知量的项移至方程右端,便可求出一般解(或通解).

学法指导

1. 矩阵是线性代数的一个基本研究对象,同时也是非常重要的一种工具,对矩阵的概念要有清楚的认识,并熟练掌握矩阵的各种运算.

2. 行列式也是线性代数中的基本工具之一,行列式的计算方法主要有:

(1) 对角线法(适用于二阶和三阶行列式);

(2) 化三角形法,即利用行列式性质将行列式化为三角行列式,并求值;

(3) 降阶算法,即利用行列式展开性质将阶数较高的行列式转化为低阶行列式,再求其值.

计算时先观察分析行列式各行(列)的元素的特点,然后利用行列式性质化简计算.同时要注意尽量避免分数运算,减少运算错误.

3. 求方阵 $\boldsymbol{A}$ 的逆矩阵 $\boldsymbol{A}^{-1}$ 是本章难点之一,用初等行变换求逆矩阵的方法更具一般性.若用伴随矩阵法:$\boldsymbol{A}^{-1}=\dfrac{1}{|\boldsymbol{A}|}\boldsymbol{A}^*$,要注意伴随矩阵 $\boldsymbol{A}^*$ 中各**列**的元素是$|\boldsymbol{A}|$中相应**行**的元素的**代数余子式**.

4. 高斯(Gauss)消元法是求解线性方程组最有效和最基本的方法,利用高斯消元法对其进行同解变形,相当于对其增广矩阵进行初等行变换.可见,矩阵的初等变换在线性方程组的理论中起着至关重要的作用.而克莱姆(Cramer)法则仅适用于方程的个数与未知数个数相等的这类特殊的线性方程组,且当未知数个数 n 较大时,计算行列式也较麻烦.

5. 在学习本章时应注意以下几个问题：

(1) 矩阵与行列式是两个完全不同的概念，两者要加以区别：

① 矩阵只是一个数表，自身不带有任何运算，而行列式包含着一种运算，它对应一个数值或代数式.

② 矩阵与行列式的记法是不同的，行列式用的是两条竖线，而矩阵用的是一对括号.

③ 矩阵的行数和列数可以不等，而行列式的行数和列数相等.

④ 两个矩阵相等，必须是同型矩阵，且对应元素相等，而行列式相等，只要值相等或代数式相同，不同阶的行列式也可能相等.

⑤ 矩阵的加减、数乘、乘法及逆等运算的结果仍是矩阵，且矩阵乘法运算既不满足交换律，又不满足消去律，分配律还要注意左乘还是右乘，即要满足左矩阵的列数等于右矩阵的行数，矩阵相乘才有意义，而行列式由于最终是一个数值，因此，行列式之间的运算满足交换律、结合律、分配律等规律.

⑥ 数乘矩阵与数乘行列式的意义不同. 比如，设有 3 阶方阵 $\mathbf{A}$，则 $|\lambda\mathbf{A}|=\lambda^3|\mathbf{A}|$.

(2) 矩阵中只有方阵 $\mathbf{A}$ 才有对应的行列式 $|\mathbf{A}|$，但方阵 $\mathbf{A}$ 与方阵的行列式 $|\mathbf{A}|$ 两者是不同的.

(3) 矩阵的秩是一个数，它反映了矩阵的一种很重要的内在特征，矩阵的初等变换不会改变矩阵的秩.

(4) 求解线性方程组，首先用初等行变换，将其增广矩阵化为行阶梯形矩阵和行最简形矩阵，在进行初等行变换的过程中，一是要抓住行阶梯形矩阵和行最简形矩阵的特点，二是要尽量避免出现分数运算，确保计算正确.

(5) 当线性方程组有无穷多组解时，自由未知量的选择并不是唯一的，所以通解的表达式也不是唯一的，但自由未知量的个数只能是 $n-r$ 个.

复习题 2

1. 单项选择题：

(1) 下列行列式中不等于零的有(　　).

A. 行列式 D 中有两行对应元素成比例

B. 行列式 D 中有一行的元素全为零

C. 行列式 D 满足 $2D-3D^{\mathrm{T}}=6$

D. 行列式 D 中有两行对应元素之和均为零

(2) 若三阶行列式 $\begin{vmatrix} x_1 & x_2 & x_3 \\ y_1 & y_2 & y_3 \\ z_1 & z_2 & z_3 \end{vmatrix}=1$，则三阶行列式 $\begin{vmatrix} -2x_1 & -2x_2 & -2x_3 \\ -2y_1 & -2y_2 & -2y_3 \\ -2z_1 & -2z_2 & -2z_3 \end{vmatrix}=$(　　).

A. -8　　B. -2　　C. 2　　D. 8

(3) 若三阶行列式 $\begin{vmatrix} a_{11} & a_{12} & a_{13} \\ a_{21} & a_{22} & a_{23} \\ a_{31} & a_{32} & a_{33} \end{vmatrix}=-1$，则三阶行列式 $\begin{vmatrix} 2a_{11} & 4a_{13}+3a_{12} & a_{13} \\ 2a_{21} & 4a_{23}+3a_{22} & a_{23} \\ 2a_{31} & 4a_{33}+3a_{32} & a_{33} \end{vmatrix}=$(　　).

A. -8　　B. -6

C. 24　　D. 8

(4) 已知 $f(x)=\begin{vmatrix} 1 & 1 & 1 & 1 \\ 1 & 1 & -1 & -1 \\ 1 & -1 & 1 & -1 \\ x & -1 & -1 & 1 \end{vmatrix}$，则使 $f(x)=0$ 的根是(　　).

A. 0　　B. -2

C. -1　　D. -3

(5) 设有 3×2 矩阵 $\boldsymbol{A}$，2×3 矩阵 $\boldsymbol{B}$，3×5 矩阵 $\boldsymbol{C}$，下列(　　)运算可行.

A. $\boldsymbol{BC}$　　B. $\boldsymbol{AC}$

C. $\boldsymbol{BAC}$　　D. $\boldsymbol{AB}-\boldsymbol{BC}$

(6) $\boldsymbol{A},\boldsymbol{B},\boldsymbol{C}$ 是 n 阶方阵，且 $\boldsymbol{A}$ 可逆，下列(　　)必成立.

A. 若 $\boldsymbol{AB}=\boldsymbol{CB}$，则 $\boldsymbol{A}=\boldsymbol{C}$　　B. 若 $\boldsymbol{AB}=\boldsymbol{E}$，则 $\boldsymbol{B}=\boldsymbol{E}$

C. 若 $\boldsymbol{AB}=\boldsymbol{AC}$，则 $\boldsymbol{B}=\boldsymbol{C}$　　D. 若 $\boldsymbol{BC}=\boldsymbol{0}$，则 $\boldsymbol{B}=\boldsymbol{0}$

(7) 若 $\boldsymbol{A},\boldsymbol{B}$ 为 n 阶方阵，则必有(　　).

A. $|\boldsymbol{A}+\boldsymbol{B}|=|\boldsymbol{A}|+|\boldsymbol{B}|$　　B. $|\boldsymbol{AB}|=|\boldsymbol{BA}|$

C. $\boldsymbol{AB}=\boldsymbol{BA}$　　D. $(\boldsymbol{A}+\boldsymbol{B})^{-1}=\boldsymbol{A}^{-1}+\boldsymbol{B}^{-1}$

(8) 若 $\boldsymbol{A}$ 为二阶方阵，且 $|\boldsymbol{A}|=-2$，则行列式 $|-2\boldsymbol{A}^{\mathrm{T}}|=$(　　).

A. 8　　B. -4　　C. 4　　D. -8

(9) 设 $\boldsymbol{A},\widetilde{\boldsymbol{A}}$ 分别是线性方程组 $\boldsymbol{AX}=\boldsymbol{B}$ 的系数矩阵和增广矩阵，则 $R(\boldsymbol{A})=R(\widetilde{\boldsymbol{A}})$ 是 $\boldsymbol{AX}=\boldsymbol{B}$ 有唯一解的(　　).

A. 充分条件　　B. 必要条件

C. 充分必要条件　　D. 无关条件

(10) 已知四元齐次线性方程组 $\boldsymbol{AX}=\boldsymbol{0}$，如果 $R(\boldsymbol{A})=1$，则自由未知量的个数是(　　).

A. 4　　B. 1　　C. 2　　D. 3

(11) 若线性方程组 $\boldsymbol{AX}=\boldsymbol{B}$ 的增广矩阵 $\widetilde{\boldsymbol{A}}$ 经初等行变换化为 $\widetilde{\boldsymbol{A}}\to\begin{pmatrix} 1 & 0 & 1 & 3 \\ 0 & \lambda & \lambda & 1 \\ 0 & 0 & 0 & \lambda \end{pmatrix}$，其中 λ 为常数，则此线性方程组(　　).

A. 可能有无穷多组解　　B. 一定有无穷多组解

C. 可能无解　　D. 一定无解

(12) 已知齐次线性方程组 $\begin{cases} x_1+2x_2+3x_3=0 \\ x_2+3x_3=0 \\ 2x_2+7x_3=0 \end{cases}$，则此齐次线性方程组(　　).

A. 仅有零解

B. 有非零解且有 1 个自由未知量

C. 无解

D. 有非零解且有 2 个自由未知量

2. 填空题：

(1) 三阶行列式 $D_1=6$，将 D_1 第 3 行的各元素乘以 2 后加到第 1 行对应元素上去，得新行列式 $D_2=$________.

(2) 四阶行列式第 3 行的元素分别是 $-6,1,3,4$，对应的余子式分别为 $2,-2,8,5$，则行列式 $D=$________.

(3) 三阶行列式 $\begin{vmatrix} 0 & a & 0 \\ b & 0 & c \\ 0 & d & 0 \end{vmatrix}=$________.

(4) 在实数范围内，当元素 $k=$________时，四阶行列式 $D=\begin{vmatrix} k^2 & 2 & 1 & 1 \\ 4 & k & 2 & 3 \\ 0 & 0 & k & 2 \\ 0 & 0 & -2 & k \end{vmatrix}=0$.

(5) 若矩阵 $\boldsymbol{A}=(a_{ij})_{3\times6}$，$\boldsymbol{C}=(c_{ij})_{4\times6}$，且 $\boldsymbol{ABC}$ 有意义，则 $\boldsymbol{B}$ 是________行________列矩阵，$\boldsymbol{ABC}$ 是________行________列矩阵.

(6) 设 $\boldsymbol{A}=5$，则 $\boldsymbol{A}^{-1}=$________.

(7) $\begin{pmatrix} 1 & -1 \\ 2 & 0 \end{pmatrix}\begin{pmatrix} 2 & 1 \\ 0 & 3 \end{pmatrix}-\begin{pmatrix} 2 & 1 \\ 1 & 3 \end{pmatrix}+\begin{pmatrix} 1 & 0 \\ 0 & 1 \end{pmatrix}=$________________.

(8) $\boldsymbol{A}=\begin{pmatrix} 2 & 0 & -1 \\ 1 & 3 & 2 \end{pmatrix}$，$\boldsymbol{B}=\begin{pmatrix} 1 & 7 & -1 \\ 4 & 2 & 3 \\ 2 & 0 & 1 \end{pmatrix}$，则 $(\boldsymbol{AB})^{\mathrm{T}}=$__________.

(9) 设 $\boldsymbol{A}$ 是 4 阶方阵，且 $|\boldsymbol{A}|=k$，则 $|3\boldsymbol{A}|=$________________.

(10) 已知矩阵 $\boldsymbol{A}=\begin{pmatrix} 0 & 0 & 1 & 0 & 1 \\ 1 & 0 & 0 & 0 & 0 \\ 0 & 1 & 0 & 0 & 0 \\ 0 & 0 & 0 & 1 & 0 \end{pmatrix}$，则秩 $R(\boldsymbol{A})=$________.

(11) 已知四元齐次线性方程组 $\boldsymbol{AX}=\boldsymbol{O}$，若它仅有零解，则系数矩阵 $\boldsymbol{A}$ 的秩 $R(\boldsymbol{A})$ $=$________.

(12) 若线性方程组 $\boldsymbol{AX}=\boldsymbol{B}$ 的增广矩阵 $\tilde{\boldsymbol{A}}$ 经初等行变换化为 $\begin{pmatrix} 1 & 3 & 0 \\ 0 & 2 & 1 \\ 0 & 0 & a-2 \end{pmatrix}$，则当 $a=$________时，此线性方程组有唯一解.

3. 设 $\boldsymbol{A},\boldsymbol{B}$ 均为三阶方阵，且 $|\boldsymbol{A}|=3$，$|\boldsymbol{B}|=-2$，求 $|5\boldsymbol{AB}|$，$|(\boldsymbol{AB})^{-1}|$.

4. 用初等行变换化矩阵 $\begin{pmatrix} 1 & -1 & 3 & -4 & 3 \\ 3 & -3 & 5 & -4 & 1 \\ 2 & -2 & 3 & -2 & 0 \\ 3 & -3 & 4 & -2 & -1 \end{pmatrix}$ 为行最简形矩阵.

5. 求下列矩阵的秩：

(1) $\begin{pmatrix}1 & -1 & 0\\ 2 & 2 & 1\\ 3 & 0 & 0\\ 4 & 1 & 2\end{pmatrix}$；　　(2) $\begin{pmatrix}-1 & 2 & 1 & 0\\ 1 & -2 & -1 & 0\\ -1 & 0 & 1 & 1\\ -2 & 0 & 2 & 2\end{pmatrix}$.

6. 判断下列矩阵是否可逆，若可逆，求其逆矩阵：

(1) $\begin{pmatrix}2 & 3\\ 3 & 4\end{pmatrix}$；　　(2) $\begin{pmatrix}3 & 0 & 8\\ 3 & -1 & 6\\ -2 & 0 & -5\end{pmatrix}$；

(3) $\begin{pmatrix}1 & 1 & 1\\ 0 & 2 & 2\\ 0 & 0 & 3\end{pmatrix}$；　　(4) $\begin{pmatrix}1 & 1 & 1 & 1\\ 1 & 1 & -1 & -1\\ 1 & -1 & 1 & -1\\ 1 & -1 & -1 & 1\end{pmatrix}$.

7*. 解矩阵方程：

(1) $\boldsymbol{X}\begin{pmatrix}1 & 1 & -1\\ 2 & 1 & 0\\ 1 & -1 & 1\end{pmatrix}=\begin{pmatrix}1 & 1 & 3\\ 4 & 3 & 2\\ 1 & 2 & 5\end{pmatrix}$；　　(2) $\begin{pmatrix}1 & 0 & 2\\ 0 & 3 & 2\\ 1 & -2 & 0\end{pmatrix}\boldsymbol{X}\begin{pmatrix}1 & 1\\ 3 & 2\end{pmatrix}=\begin{pmatrix}1 & 3\\ 0 & 1\\ 2 & 1\end{pmatrix}$.

8. 设 $\boldsymbol{A}=\begin{pmatrix}1 & 2 & 3 & a & 5\\ 2 & 6 & 7 & 2a & 10-b\\ 0 & -2 & -1 & 2a+b-4 & a+1\\ 1 & 4 & 4 & a & 5-b\end{pmatrix}$，试确定 a,b，使 $R(\boldsymbol{A})=2$.

9. 判别下列方程组是否有解？若有解，有多少解？有无穷多解时，求出其一般解.

(1) $\begin{cases}x_1-2x_2+2x_3-x_4=1\\ 2x_1+x_2-x_3+x_4=2\\ x_1+3x_2-3x_3+2x_4=0\end{cases}$；　　(2) $\begin{cases}x_1+3x_2+x_3=0\\ 3x_1+2x_2+3x_3=-7\\ -x_1+4x_2-x_3=7\end{cases}$；

(3) $\begin{cases}x_1+2x_2+3x_3+x_4=0\\ 2x_1+4x_2-x_4=0\\ -x_1-2x_2+3x_3+2x_4=0\\ x_1+2x_2-9x_3-5x_4=0\end{cases}$；　　(4) $\begin{cases}x_1+x_2+x_3+x_4+x_5=7\\ 3x_1+2x_2+x_3+x_4-3x_5=-2\\ x_2+2x_3+2x_4+6x_5=23\\ 5x_1+4x_2+3x_3+3x_4-x_5=12\end{cases}$；

(5) $\begin{cases}x_1+2x_2+2x_3+x_4=0\\ 2x_1+x_2-2x_3-2x_4=0\\ x_1-x_2-4x_3-3x_4=0\end{cases}$；　　(6) $\begin{cases}x_1-x_2+5x_3-x_4=0\\ x_1+x_2-2x_3+3x_4=0\\ 3x_1-x_2+8x_3+x_4=0\\ x_1+3x_2-9x_3+7x_4=0\end{cases}$.

10. 设线性方程组为 $\begin{cases}kx_1+x_2+x_3=1\\ x_1+kx_2+x_3=1\\ x_1+x_2+kx_3=1\end{cases}$，问 k 取何值时：

(1) 有唯一解？(2) 无解？(3) 有无穷多组解？并在有无穷多组解时，求出一般解.

11.【电器销售】某电器公司销售三种电器，其销售方案是：每种电器 10 台以下不打折，10

台及 10 台以上打 9.5 折，20 台及 20 台以上打 9 折.现有三家单位来采购电器，其数量及总价见表 2-3，问：三种电器原价分别为多少？

表 2-3 （单位：元）

单位＼电器	甲	乙	丙	总价
1	10	20	15	21 350
2	20	10	10	17 650
3	20	30	20	31 500

第 3 章　无穷级数及其应用

级数在电子技术、工程技术等方面有着十分广泛的应用. 本章主要讨论无穷级数的概念和基本性质、数项级数的审敛法,并在此基础上进一步研究两类特殊的函数项级数——幂级数与傅里叶级数.

§3.1　无穷级数的概念与性质

学习目标

1. 会根据级数敛散性的定义、级数的性质和等比级数的敛散性,判定简单数项级数的敛散性.

2. 会利用级数收敛的必要条件,判定数项级数的发散.

引入问题

从图 3-1 可以看出:$\frac{1}{2}+\frac{1}{4}+\frac{1}{8}+\frac{1}{16}+\cdots=1$,说明一个有限的量也可能用无限的形式表示出来.

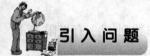

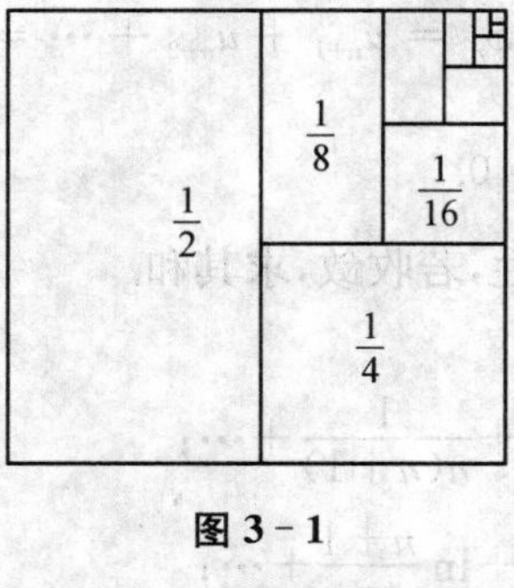

图 3-1

这种无穷多个数依次相加的问题,引出一个新的数学概念——无穷级数.

主要知识

一、级数的基本概念

定义 3-1 设给定数列 $u_1, u_2, \cdots, u_n, \cdots$，称和式 $u_1+u_2+\cdots+u_n+\cdots$ 为**无穷级数**，简称**级数**，记作 $\sum\limits_{n=1}^{\infty} u_n$，即

$$\sum_{n=1}^{\infty} u_n = u_1 + u_2 + \cdots + u_n + \cdots,$$

其中第 n 项 u_n 称为级数的**一般项**或**通项**.

把前 n 项的和 $S_n = u_1 + u_2 + \cdots + u_n$ 称为级数的**部分和**.

当级数的每一项都是一个常数时，称级数 $\sum\limits_{n=1}^{\infty} u_n$ 为**常数项级数**，简称**数项级数**；当级数的每一项 $u_n(x)$ 都是函数时，称级数 $\sum\limits_{n=1}^{\infty} u_n(x)$ 为**函数项级数**. 例如：

(1) $\frac{1}{2}+\frac{1}{3}+\cdots+\frac{1}{n+1}+\cdots$，通项 $u_n=\frac{1}{n+1}$；

(2) $1-x+x^2-x^3+\cdots+(-1)^{n-1}x^{n-1}+\cdots$，通项 $u_n=(-1)^{n-1}x^{n-1}$.

级数(1)是常数项级数，级数(2)是函数项级数. 本节先讨论常数项级数.

无穷级数的定义只是形式上表达了无穷多项的和，应该怎样理解其意义呢？由于任意有限个数的和是可以确定的，因此，我们可以通过考察无穷级数的部分和随着 n 的变化趋势来认识其意义.

定义 3-2 设级数的部分和数列为 $S_1, S_2, \cdots, S_n, \cdots$，若部分和数列 $\{S_n\}$ 有极限 S，即 $\lim\limits_{n\to\infty} S_n = S$，则称级数 $\sum\limits_{n=1}^{\infty} u_n$ **收敛**，并称 S 为该级数的**和**，记作 $S=\sum\limits_{n=1}^{\infty} u_n$. 若部分和数列没有极限，即 $\lim\limits_{n\to\infty} S_n$ 不存在，则称级数 $\sum\limits_{n=1}^{\infty} u_n$ **发散**.

当级数收敛时，称 $R_n = S - S_n = u_{n+1} + u_{n+2} + \cdots = \sum\limits_{i=n+1}^{\infty} u_i$ 为级数的**余项**. 显然级数 $\sum\limits_{n=1}^{\infty} u_n$ 收敛的充要条件是 $\lim\limits_{n\to\infty} R_n = 0$.

例 1 判断下列级数的敛散性，若收敛，求其和.

(1) $1+2+3+\cdots+n+\cdots$；

(2) $\frac{1}{1\times2}+\frac{1}{2\times3}+\frac{1}{3\times4}+\cdots+\frac{1}{n(n+1)}+\cdots$；

(3) $\ln\frac{2}{1}+\ln\frac{3}{2}+\ln\frac{4}{3}+\cdots+\ln\frac{n+1}{n}+\cdots$；

(4) $1-1+1-1+\cdots+(-1)^{n-1}+\cdots$.

解 (1) 因为级数的部分和为

$$S_n = \frac{n(n+1)}{2},$$

显然，$\lim\limits_{n\to\infty} S_n = +\infty$，所以级数发散.

(2) 因为 $u_n = \frac{1}{n(n+1)} = \frac{1}{n} - \frac{1}{n+1}$，得

$$S_n = \left(1-\frac{1}{2}\right) + \left(\frac{1}{2}-\frac{1}{3}\right) + \cdots + \left(\frac{1}{n} - \frac{1}{n+1}\right) = 1 - \frac{1}{n+1},$$

所以
$$\lim_{n\to\infty} S_n = \lim_{n\to\infty}\left(1-\frac{1}{n+1}\right) = 1,$$

即级数 $\sum\limits_{n=1}^{\infty}\frac{1}{n(n+1)} = 1$.

(3) 因为 $u_n = \ln\frac{n+1}{n} = \ln(n+1) - \ln n$，得

$$S_n = (\ln 2 - \ln 1) + (\ln 3 - \ln 2) + \cdots + [\ln(n+1) - \ln n] = \ln(n+1),$$

而
$$\lim_{n\to\infty} S_n = \lim_{n\to\infty}\ln(n+1) = +\infty,$$

所以级数 $\sum\limits_{n=1}^{\infty}\ln\frac{n+1}{n}$ 发散.

(4) 级数的部分和 $S_n = 1-1+1-1+\cdots+(-1)^{n-1} = \begin{cases} 1 & n\text{ 为奇数} \\ 0 & n\text{ 为偶数}\end{cases}$，当 n 趋向于无穷大时，它是摆动的，极限不存在，所以级数是发散的.

例 2　讨论等比级数 $\sum\limits_{n=1}^{\infty} aq^{n-1}\ (a\neq 0)$ 的敛散性（又称**几何级数**）.

解　(1) 如果 $|q|\neq 1$ 时，则该级数的部分和 $S_n = \frac{a(1-q^n)}{1-q}$.

当 $|q|<1$ 时，有 $\lim\limits_{n\to\infty} q^n = 0$，则

$$\lim_{n\to\infty} S_n = \lim_{n\to\infty}\frac{a(1-q^n)}{1-q} = \frac{a}{1-q}.$$

当 $|q|>1$ 时，有 $\lim\limits_{n\to\infty} q^n = \infty$，则

$$\lim_{n\to\infty} S_n = \infty.$$

(2) 如果 $|q|=1$ 时，$q=\pm 1$.

当 $q=1$ 时，
$$\lim_{n\to\infty} S_n = \lim_{n\to\infty} na = \infty.$$

当 $q=-1$ 时，有

$$S_n = a - a + a - a + \cdots + (-1)^{n-1}a = \begin{cases} 0 & n = 2k \\ a & n = 2k-1\end{cases},$$

显然，$\lim\limits_{n\to\infty} S_n$ 不存在.

综上所述,等比级数 $\sum_{n=1}^{\infty} aq^{n-1}$ 当$|q|<1$时收敛,其和 $S=\dfrac{a}{1-q}$;当$|q|\geqslant 1$时发散.

例 3 【弹性小球】一个有弹性的小球从 a 米高下落到地面. 若球每次落下碰到地面再弹起的距离为前一次的 q 倍,其中 q 是小于 1 的正数. 求小球上下的总距离(如图 3-2).

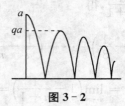

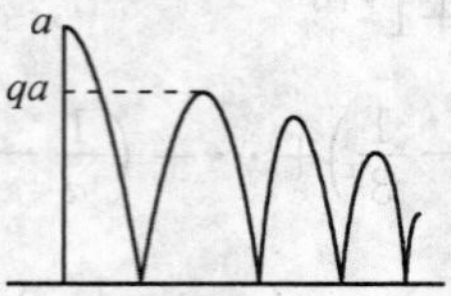

图 3-2

解 这是一个无穷等比数列组成的级数,公比 $q<1$,则总距离为

$$S=a+2aq+2aq^2+2aq^3+\cdots=a+\frac{2aq}{1-q}=\frac{a(1+q)}{1-q}.$$

二、数项级数的基本性质

根据级数收敛性定义和极限运算法则,可得如下性质.

性质 3-1 若级数 $\sum\limits_{n=1}^{\infty} u_n$ 收敛且和为 S,则对任一常数 C,级数 $\sum\limits_{n=1}^{\infty} Cu_n$ 也收敛,且和为 CS.

性质 3-1 表明,级数的每一项乘以同一个常数后,它的敛散性不变.

性质 3-2 若级数 $\sum\limits_{n=1}^{\infty} u_n, \sum\limits_{n=1}^{\infty} v_n$ 都收敛且和分别为 S,W,则级数 $\sum\limits_{n=1}^{\infty}(u_n\pm v_n)$ 也收敛,且和为 $S\pm W$.

例 4 利用性质判别级数 $\sum\limits_{n=1}^{\infty}\dfrac{2+(-1)^{n-1}}{3^n}$ 是否收敛?若收敛,求其和.

解 因为 $\sum\limits_{n=1}^{\infty}\dfrac{1}{3^n}, \sum\limits_{n=1}^{\infty}\dfrac{(-1)^{n-1}}{3^n}$ 都是等比级数,且公比 $|q|=\dfrac{1}{3}<1$,所以它们是收敛的.

由例 2 结论可知,

$$\sum_{n=1}^{\infty}\frac{1}{3^n}=\frac{\frac{1}{3}}{1-\frac{1}{3}}=\frac{1}{2},\quad \sum_{n=1}^{\infty}\frac{(-1)^{n-1}}{3^n}=\frac{\frac{1}{3}}{1-\left(-\frac{1}{3}\right)}=\frac{1}{4}.$$

由性质 3-1 和 3-2,可知

$$\sum_{n=1}^{\infty}\frac{2+(-1)^{n-1}}{3^n}=2\sum_{n=1}^{\infty}\frac{1}{3^n}+\sum_{n=1}^{\infty}\frac{(-1)^{n-1}}{3^n}=2\times\frac{1}{2}+\frac{1}{4}=\frac{5}{4}.$$

性质 3-3 一个级数增加或减少有限项,不改变级数的敛散性,但收敛级数的和会相应改变.

例如，首项 $a=1$，公比 $q=\frac{1}{2}$ 的等比级数 $1+\frac{1}{2}+\frac{1}{4}+\cdots+\frac{1}{2^n}+\cdots$ 收敛，其和为 2；若该级数去掉第一项，改变后级数为 $\frac{1}{2}+\frac{1}{4}+\cdots+\frac{1}{2^n}+\cdots$，它仍收敛，但和 $S=\dfrac{\frac{1}{2}}{1-\frac{1}{2}}=1$.

性质 3-4　收敛级数加括号后所形成的级数仍收敛于原来的和.

> **注意**　如果加括号后所形成的级数收敛，则不能断定原来的级数也收敛.

例如，级数 $\sum\limits_{n=1}^{\infty}(1-1)$ 是收敛的，但去括号后得到的级数 $1-1+1-1+1-1+\cdots$ 发散.

性质 3-5（级数收敛的必要条件）　若级数 $\sum\limits_{n=1}^{\infty}u_n$ 收敛，则 $\lim\limits_{n\to\infty}u_n=0$.

证明　设级数 $\sum\limits_{n=1}^{\infty}u_n$ 收敛于 S，则 $\lim\limits_{n\to\infty}S_n=S$，$\lim\limits_{n\to\infty}S_{n-1}=S$，

所以
$$\lim_{n\to\infty}u_n=\lim_{n\to\infty}(S_n-S_{n-1})=\lim_{n\to\infty}S_n-\lim_{n\to\infty}S_{n-1}=S-S=0.$$

根据这个性质可推得，若 $\lim\limits_{n\to\infty}u_n\neq0$，则级数 $\sum\limits_{n=1}^{\infty}u_n$ 发散. 这是判别级数发散的一个简便方法.

例如，因为 $\lim\limits_{n\to\infty}u_n=\lim\limits_{n\to\infty}\frac{n}{2n+1}=\frac{1}{2}\neq0$，所以级数 $\sum\limits_{n=1}^{\infty}\frac{n}{2n+1}$ 发散.

必须注意的是：级数的一般项趋于零并不是级数收敛的充分条件.

有些级数满足 $\lim\limits_{n\to\infty}u_n=0$，但级数 $\sum\limits_{n=1}^{\infty}u_n$ 仍然是发散的. 例如，例 1(3) 已证明级数 $\sum\limits_{n=1}^{\infty}\ln\frac{n+1}{n}$ 发散，但其一般项 $\lim\limits_{n\to\infty}u_n=\lim\limits_{n\to\infty}\ln\frac{n+1}{n}=\ln1=0$.

练习与思考 3.1

1. 如何判定一个级数是否收敛？试说明首项为 $a_0(a_0\neq0)$，公比为 q 的等比级数何时收敛、何时发散？收敛时级数的和为多少？
2. 若级数的一般项的极限不存在，该级数一定发散吗？若级数的一般项满足 $\lim\limits_{n\to\infty}u_n=0$，该级数 $\sum\limits_{n=1}^{\infty}u_n$ 一定收敛吗？
3. 若级数 $\sum\limits_{n=1}^{\infty}u_n$ 发散，是否必有 $\lim\limits_{n\to\infty}u_n\neq0$.

习题 3.1

1. 写出下列级数的一般项：

(1) $\frac{2}{1}-\frac{3}{2}+\frac{4}{3}-\frac{5}{4}+\frac{6}{5}-\frac{7}{6}+\cdots$；

(2) $-\frac{3}{1}+\frac{4}{4}-\frac{5}{9}+\frac{6}{16}-\frac{7}{25}+\frac{8}{36}-\cdots$；

(3) $\frac{1}{1}+\frac{2!}{2^2}+\frac{3!}{3^3}+\frac{4!}{4^4}+\cdots$.

2. 判别下列级数的敛散性：

(1) $1^2+2^2+3^2+\cdots+n^2+\cdots$；

(2) $1+\frac{1}{3}+\frac{1}{9}+\frac{1}{27}+\cdots+\frac{1}{3^{n-1}}+\cdots$；

(3) $\frac{1}{1\cdot 4}+\frac{1}{4\cdot 7}+\frac{1}{7\cdot 10}+\cdots+\frac{1}{(3n-2)\cdot(3n+1)}+\cdots$；

(4) $\sum\limits_{n=1}^{\infty}(\sqrt{n+1}-\sqrt{n})$.

3. 判别下列级数的敛散性，若级数收敛，求出它的和：

(1) $1-\sin 1+\sin^2 1-\sin^3 1+\cdots+(-1)^{n-1}\sin^{n-1} 1+\cdots$；

(2) $\sum\limits_{n=1}^{\infty}\left(\frac{n}{n+1}\right)^n$；

(3) $\sum\limits_{n=1}^{\infty}\frac{1}{(2n-1)(2n+1)}$；

(4) $\sum\limits_{n=1}^{\infty} n\sin\frac{\pi}{n}\cos\frac{\pi}{n}$；

(5) $\sum\limits_{n=1}^{\infty}\left[\frac{3}{2^n}+(-1)^{n-1}\frac{2^n}{3^n}\right]$.

§3.2 常数项级数的审敛法

学习目标

1. 会用正项级数、交错级数的审敛法判别数项级数的敛散性.
2. 了解任意项级数条件收敛、绝对收敛的概念.

引入问题

判别级数 $\sum\limits_{n=1}^{\infty}\frac{1}{3^n}\sin^2\frac{n\pi}{3}$ 的敛散性. 若用级数收敛的定义和性质来判定级数的敛散性是

有困难的. 为此我们要根据数项级数的特点，进一步探究其敛散性的判别方法.

主要知识

一、正项级数审敛法

若级数 $\sum\limits_{n=1}^{\infty} u_n$ 的每一项都是非负数，即 $u_n \geqslant 0(n=1,2,\cdots)$，称该级数为**正项级数**.

对于正项级数，因为 $u_n \geqslant 0$，所以其部分和数列 $S_1, S_2, \cdots, S_n, \cdots$ 是单调增加的，即 $S_1 \leqslant S_2 \leqslant \cdots \leqslant S_n \leqslant \cdots$，由数列极限的存在准则（即单调有界数列必有极限）可知，只要级数的部分和数列 $\{S_n\}$ 有上界，正项级数必收敛. 由此推得正项级数的审敛法.

1. 比较审敛法

定理 3-1　设两个正项级数 $\sum\limits_{n=1}^{\infty} u_n, \sum\limits_{n=1}^{\infty} v_n$，且满足关系式 $u_n \leqslant v_n (n=1,2,\cdots)$，则

(1) 若级数 $\sum\limits_{n=1}^{\infty} v_n$ 收敛，则级数 $\sum\limits_{n=1}^{\infty} u_n$ 也收敛；

(2) 若级数 $\sum\limits_{n=1}^{\infty} u_n$ 发散，则级数 $\sum\limits_{n=1}^{\infty} v_n$ 也发散.

例 1　判别级数 $\sum\limits_{n=1}^{\infty} \dfrac{1}{(n+1)^2}$ 的敛散性.

解　因为 $\dfrac{1}{(n+1)^2} < \dfrac{1}{n(n+1)}$，而级数 $\sum\limits_{n=1}^{\infty} \dfrac{1}{n(n+1)}$ 收敛（见上节例 1(2)）.

由比较审敛法可知，级数 $\sum\limits_{n=1}^{\infty} \dfrac{1}{(n+1)^2}$ 收敛.

例 2　判别调和级数 $\sum\limits_{n=1}^{\infty} \dfrac{1}{n}$ 的敛散性.

解　因为当 $x>0$ 时，$x>\ln(1+x)$　（利用 $f(x)=x-\ln(1+x), x\in[0,+\infty)$ 的单调性可以证明），所以

$$\frac{1}{n} > \ln\left(1+\frac{1}{n}\right) = \ln\frac{n+1}{n},$$

而级数 $\sum\limits_{n=1}^{\infty} \ln\dfrac{n+1}{n}$ 是发散的（见上节例 1(3)）.

由比较审敛法可得，调和级数 $\sum\limits_{n=1}^{\infty} \dfrac{1}{n}$ 发散.

例 3*　讨论 p-级数 $\sum\limits_{n=1}^{\infty} \dfrac{1}{n^p}$ 的敛散性，其中常数 $p>0$.

解　当 $p \leqslant 1$ 时，$\dfrac{1}{n^p} \geqslant \dfrac{1}{n}$，因为调和级数 $\sum\limits_{n=1}^{\infty} \dfrac{1}{n}$ 发散，所以级数 $\sum\limits_{n=1}^{\infty} \dfrac{1}{n^p}$ 也发散.

当 $p>1$ 时，

$$\sum_{n=1}^{\infty}\frac{1}{n^p}=1+\left(\frac{1}{2^p}+\frac{1}{3^p}\right)+\left(\frac{1}{4^p}+\frac{1}{5^p}+\frac{1}{6^p}+\frac{1}{7^p}\right)+\left(\frac{1}{8^p}+\cdots+\frac{1}{15^p}\right)+\cdots$$

$$\leqslant 1+\left(\frac{1}{2^p}+\frac{1}{2^p}\right)+\left(\frac{1}{4^p}+\frac{1}{4^p}+\frac{1}{4^p}+\frac{1}{4^p}\right)+\left(\frac{1}{8^p}+\cdots+\frac{1}{8^p}\right)+\cdots$$

$$=1+\frac{1}{2^{p-1}}+\frac{1}{2^{2(p-1)}}+\frac{1}{2^{3(p-1)}}+\cdots$$

$$=1+\frac{1}{2^{p-1}}+\left(\frac{1}{2^{p-1}}\right)^2+\left(\frac{1}{2^{p-1}}\right)^3+\cdots=\sum_{n=1}^{\infty}\left(\frac{1}{2^{p-1}}\right)^{n-1},$$

而级数 $\sum\limits_{n=1}^{\infty}\left(\frac{1}{2^{p-1}}\right)^{n-1}$ 是公比 $q=\frac{1}{2^{p-1}}<1$ 的等比级数，它是收敛的，所以级数 $\sum\limits_{n=1}^{\infty}\frac{1}{n^p}$ 收敛.

综上所述，p-级数 $\sum\limits_{n=1}^{\infty}\frac{1}{n^p}$，当 $0<p\leqslant 1$ 时发散，当 $p>1$ 时收敛.

从上述例子可以看出，运用比较审敛法，一般应先对所给的级数做个估测，然后再选择一个敛散性已知的正项级数做比较. 常用来做比较的级数有：等比级数和 p-级数，因此，熟记这些级数的敛散性，有利于该方法的运用.

例 4 判别级数 $\sum\limits_{n=1}^{\infty}\frac{1}{3^n}\sin^2\frac{n\pi}{3}$ 的敛散性.

解 因为 $\left|\sin\frac{n\pi}{3}\right|\leqslant 1$，所以 $\frac{1}{3^n}\sin^2\frac{n\pi}{3}\leqslant\frac{1}{3^n}$.

而级数 $\sum\limits_{n=1}^{\infty}\frac{1}{3^n}$ 是收敛的，所以原级数收敛.

有时为了应用方便，比较审敛法还可采用极限形式.

设两个正项级数 $\sum\limits_{n=1}^{\infty}u_n$ 和 $\sum\limits_{n=1}^{\infty}v_n$，若 $\lim\limits_{n\to\infty}\frac{u_n}{v_n}=L(0<L<\infty)$，则这两个级数敛散性相同.

例 5 判别级数 $\sum\limits_{n=1}^{\infty}2^n\sin\frac{\pi}{3^n}$ 的敛散性.

解 设 $u_n=2^n\sin\frac{\pi}{3^n}$，$v_n=\left(\frac{2}{3}\right)^n$，因为

$$\lim_{n\to\infty}\frac{u_n}{v_n}=\lim_{n\to\infty}\frac{2^n\sin\frac{\pi}{3^n}}{\left(\frac{2}{3}\right)^n}=\lim_{n\to\infty}\frac{\sin\frac{\pi}{3^n}}{\frac{\pi}{3^n}}\times\pi=\pi,$$

而级数 $\sum\limits_{n\to\infty}\left(\frac{2}{3}\right)^n$ 收敛（它是公比小于 1 的等比级数），所以级数 $\sum\limits_{n=1}^{\infty}2^n\sin\frac{\pi}{3^n}$ 收敛.

2. 比值审敛法（达朗贝尔比值法）

定理 3-2 设正项级数 $\sum\limits_{n=1}^{\infty}u_n$，且满足 $\lim\limits_{n\to\infty}\frac{u_{n+1}}{u_n}=\rho$（$\rho$ 为常数），则

(1) 当 $\rho<1$ 时，级数 $\sum\limits_{n=1}^{\infty}u_n$ 收敛；

(2) 当 $\rho>1$(或 $\rho=+\infty$)时，级数 $\sum\limits_{n=1}^{\infty}u_n$ 发散.

必须注意的是：当 $\rho=1$ 时，比值审敛法无效，级数 $\sum\limits_{n=1}^{\infty}u_n$ 的敛散性无法判别.

例 6　判别下列级数的敛散性：

(1) $\sum\limits_{n=1}^{\infty}\dfrac{n}{2^n}$；　　　(2) $\sum\limits_{n=1}^{\infty}\dfrac{n!}{10^n}$.

解　(1) 因为 $\lim\limits_{n\to\infty}\dfrac{u_{n+1}}{u_n}=\lim\limits_{n\to\infty}\dfrac{n+1}{2^{n+1}}\times\dfrac{2^n}{n}=\lim\limits_{n\to\infty}\dfrac{n+1}{2n}=\dfrac{1}{2}<1$，

由比值审敛法可知，该级数收敛.

(2) 因为 $\lim\limits_{n\to\infty}\dfrac{u_{n+1}}{u_n}=\lim\limits_{n\to\infty}\dfrac{(n+1)!}{10^{n+1}}\times\dfrac{10^n}{n!}=\lim\limits_{n\to\infty}\dfrac{n+1}{10}=+\infty$，所以该级数发散.

需要说明的是，比值审敛法一般适合于级数通项中含乘方、阶乘的情形.

二、交错级数的审敛法

当 $u_n>0$ 时，级数 $\sum\limits_{n=1}^{\infty}(-1)^{n-1}u_n$ 或 $\sum\limits_{n=1}^{\infty}(-1)^n u_n$　$(n=1,2,\cdots)$ 称为**交错级数**.

对于交错级数，有如下审敛法.

定理 3-3(莱布尼兹审敛法)　设交错级数满足如下条件：

(1) $u_n\geqslant u_{n+1}(n=1,2,\cdots)$；

(2) $\lim\limits_{n\to\infty}u_n=0$.

则交错级数收敛.

例 7　判别级数 $\sum\limits_{n=1}^{\infty}(-1)^{n-1}\dfrac{1}{n}$ 的敛散性.

解　因为 $u_n=\dfrac{1}{n}>0$，显然 $\dfrac{1}{n}>\dfrac{1}{n+1}$ $(n=1,2,\cdots)$，且 $\lim\limits_{n\to\infty}u_n=\lim\limits_{n\to\infty}\dfrac{1}{n}=0$，

由交错级数的审敛法可知该级数收敛.

三、绝对收敛与条件收敛

若级数 $\sum\limits_{n=1}^{\infty}u_n$ 的通项 u_n 可正、可负及为零，这样的级数称为**任意项级数**.

对于任意项级数 $\sum\limits_{n=1}^{\infty}u_n$，若各项取绝对值后的级数 $\sum\limits_{n=1}^{\infty}|u_n|$ 收敛，称级数 $\sum\limits_{n=1}^{\infty}u_n$ **绝对收敛**. 若各项取绝对值后的级数 $\sum\limits_{n=1}^{\infty}|u_n|$ 发散，而 $\sum\limits_{n=1}^{\infty}u_n$ 收敛，称 $\sum\limits_{n=1}^{\infty}u_n$ **条件收敛**.

例 8　判别下列级数的敛散性，如果收敛，指出是绝对收敛还是条件收敛.

(1) $\sum\limits_{n=1}^{\infty}\dfrac{\sin n\alpha}{n\sqrt{n}}$；　　　(2) $\sum\limits_{n=1}^{\infty}\dfrac{(-1)^n}{\sqrt{n}}$.

解 (1) 因为 $\left|\dfrac{\sin n\alpha}{n\sqrt{n}}\right| \leqslant \dfrac{1}{n^{\frac{3}{2}}}$，而 $\sum\limits_{n=1}^{\infty}\dfrac{1}{n^{\frac{3}{2}}}$ 是 $p=\dfrac{3}{2}>1$ 的 p-级数，它是收敛的，所以级数 $\sum\limits_{n=1}^{\infty}\left|\dfrac{\sin n\alpha}{n\sqrt{n}}\right|$ 收敛，因此，原级数是绝对收敛.

(2) 因为 $\sum\limits_{n=1}^{\infty}\left|\dfrac{(-1)^n}{\sqrt{n}}\right| = \sum\limits_{n=1}^{\infty}\dfrac{1}{\sqrt{n}}$，而 $\sum\limits_{n=1}^{\infty}\dfrac{1}{\sqrt{n}}$ 是 $p=\dfrac{1}{2}<1$ 的 p-级数，它是发散的. 又因为 $\sum\limits_{n=1}^{\infty}\dfrac{(-1)^n}{\sqrt{n}}$ 是交错级数，且

$$u_n=\frac{1}{\sqrt{n}}>u_{n+1}=\frac{1}{\sqrt{n+1}},\ \lim_{n\to\infty}u_n=\lim_{n\to\infty}\frac{1}{\sqrt{n}}=0,$$

满足莱布尼兹条件，可知 $\sum\limits_{n=1}^{\infty}\dfrac{(-1)^n}{\sqrt{n}}$ 收敛，因此，$\sum\limits_{n=1}^{\infty}\dfrac{(-1)^n}{\sqrt{n}}$ 为条件收敛，而不是绝对收敛.

级数绝对收敛与级数收敛有以下重要关系：

定理 3-4 如果级数 $\sum\limits_{n=1}^{\infty}u_n$ 绝对收敛，则级数 $\sum\limits_{n=1}^{\infty}u_n$ 必定收敛.

例如，例 8(1)中 $\sum\limits_{n=1}^{\infty}\left|\dfrac{\sin n\alpha}{n\sqrt{n}}\right|$ 收敛，因而 $\sum\limits_{n=1}^{\infty}\dfrac{\sin n\alpha}{n\sqrt{n}}$ 收敛.

注意

若级数 $\sum\limits_{n=1}^{\infty}u_n$ 收敛，但 $\sum\limits_{n=1}^{\infty}|u_n|$ 不一定收敛. 例如，例 7 中 $\sum\limits_{n=1}^{\infty}(-1)^{n-1}\dfrac{1}{n}$ 收敛，而 $\sum\limits_{n=1}^{\infty}\left|(-1)^{n-1}\dfrac{1}{n}\right| = \sum\limits_{n=1}^{\infty}\dfrac{1}{n}$ 发散.

对于一个任意项级数 $\sum\limits_{n=1}^{\infty}u_n$，如果用正项级数的审敛法判定 $\sum\limits_{n=1}^{\infty}|u_n|$ 收敛，则 $\sum\limits_{n=1}^{\infty}u_n$ 收敛，这就使得一大类任意项级数的收敛判别问题，转化为正项级数的收敛判别问题. 但是，当 $\sum\limits_{n=1}^{\infty}|u_n|$ 发散时，则不能断定 $\sum\limits_{n=1}^{\infty}u_n$ 发散.

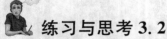

练习与思考 3.2

1. 使用比较审敛法，常用作比较标准的级数有哪些？
2. 在用比值审敛法时若出现 $\lim\limits_{n\to\infty}\dfrac{u_{n+1}}{u_n}=1$ 的情况，怎样判断正项级数 $\sum\limits_{n=1}^{\infty}u_n$ 的敛散性？
3. 莱布尼兹审敛法能用来判别交错级数发散吗？如何判别交错级数 $\sum\limits_{n=1}^{\infty}(-1)^{n-1}n$ 发散？

习题 3.2

1. 用比较审敛法判别下列级数的敛散性：

(1) $\sum_{n=1}^{\infty}\frac{1}{\sqrt{n(n+1)}}$；　　(2) $\sum_{n=1}^{\infty}\frac{1}{(n+1)(n+4)}$；

(3) $\sum_{n=1}^{\infty}\frac{1}{\sqrt{n}+2^n}$；　　(4) $\sum_{n=1}^{\infty}\frac{n-1}{n^2(n+1)}$.

2. 用比值审敛法判别下列级数的敛散性：

(1) $\sum_{n=1}^{\infty}\frac{n!}{3^n}$；　　(2) $\sum_{n=1}^{\infty}\frac{3^n n!}{n^n}$；

(3) $\sum_{n=1}^{\infty}\frac{5^n}{n!}$；　　(4) $\sum_{n=1}^{\infty}\frac{n!}{n^n}$.

3. 判别下列级数的敛散性，若收敛指出是绝对收敛还是条件收敛：

(1) $\sum_{n=1}^{\infty}(-1)^n\frac{1}{n}$；　　(2) $\sum_{n=1}^{\infty}(-1)^{n-1}\frac{1}{n^2}$.

(3) $\sum_{n=1}^{\infty}\frac{(-1)^n}{n(n+1)}$；　　(4) $\sum_{n=1}^{\infty}\frac{(-1)^n}{n^2}\cos n\alpha$.

§3.3　幂级数

学习目标

1. 会求幂级数的收敛半径、收敛域.
2. 了解幂级数在其收敛域内的加法、减法、逐项求导与逐项积分等运算.
3. 会求较简单的幂级数和函数.
4. 会用间接法将一些简单的函数展开成幂级数.
5. 了解幂级数在近似计算中的应用.

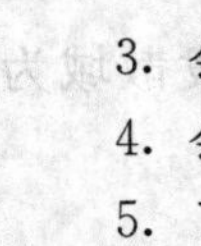

引入问题

【近似计算】在检验产品质量时经常遇到计算定积分 $\int_0^1 e^{-x^2}\,dx$ 的近似值，这个积分看似简单，但是用以前学过的积分方法是积不出来的. 如何求这类积分的近似值，学完本节之后，问题就能解决.

主要知识

一、幂级数及其收敛性

形如

$$\sum_{n=0}^{\infty} a_n(x-x_0)^n = a_0 + a_1(x-x_0) + a_2(x-x_0)^2 + \cdots + a_n(x-x_0)^n + \cdots \qquad (3-1)$$

的函数项级数称为 $x-x_0$ 的**幂级数**，其中常数 $a_0, a_1, a_2, \cdots, a_n, \cdots$称为幂级数的**系数**.

当 $x_0=0$ 时，幂级数(3－1)变为

$$\sum_{n=0}^{\infty} a_n x^n = a_0 + a_1 x + a_2 x^2 + \cdots + a_n x^n + \cdots, \qquad (3-2)$$

式(3－2)称为 x 的**幂级数**. 由于 $x-x_0$ 的幂级数总可通过变量代换 $t=x-x_0$，转化为式(3－2)的形式，因此，下面主要讨论形如式(3－2)的幂级数.

当 x 取定值 x_0 时，幂级数 $\sum\limits_{n=0}^{\infty} a_n x^n$ 就成为常数项级数 $\sum\limits_{n=0}^{\infty} a_n x_0^n$，如果 $\sum\limits_{n=0}^{\infty} a_n x_0^n$ 收敛，则称 x_0 为该幂级数的**收敛点**，一个幂级数的收敛点的全体称为该幂级数的**收敛域**；如果 $\sum\limits_{n=0}^{\infty} a_n x_0^n$ 发散，则称 x_0 为该幂级数的**发散点**，一个幂级数的发散点的全体称为该幂级数的**发散域**. 幂级数对于它的收敛域内每一点 x 值，都有一个确定的和数与它对应，即在收敛域内幂级数的和是 x 的函数，记为 $S(x)$，并称它为幂级数的**和函数**.

例如，幂级数($a=1, q=x$ 的等比级数)

$$\sum_{n=1}^{\infty} x^{n-1} = 1 + x + x^2 + \cdots + x^n + \cdots,$$

当 $|x|<1$ 时，它收敛于和 $\dfrac{1}{1-x}$；当 $|x|\geqslant 1$ 时，它发散. 因此，收敛域为 $(-1,1)$，发散域为 $(-\infty,-1]\cup[1,+\infty)$，和函数为 $S(x)=\dfrac{1}{1-x}$.

对一般的幂级数 $\sum\limits_{n=0}^{\infty} a_n x^n$，点 $x=0$ 显然是收敛点. 当 $x\neq 0$ 时，幂级数可能收敛，也可能发散. 若幂级数不是仅在 $x=0$ 或在整个实数范围内收敛，则总存在一个正实数 R，使幂级数 $\sum\limits_{n=0}^{\infty} a_n x^n$

(1) 当 $|x|<R$，即 $x\in(-R,R)$ 时收敛；

(2) 当 $|x|>R$，即 $x\in(-\infty,-R)\cup(R,+\infty)$ 时发散；

(3) 当 $|x|=R$，即 $x=\pm R$ 时可能收敛，也可能发散.

则这个正实数 R 称为幂级数的**收敛半径**.

利用比值审敛法，可得下述定理.

定理 3-5　设有幂级数 $\sum\limits_{n=0}^{\infty}a_nx^n$，若 $\lim\limits_{n\to\infty}\left|\dfrac{a_n}{a_{n+1}}\right|$ 存在(或为无穷大)，则幂级数的收敛半径 $R=\lim\limits_{n\to\infty}\left|\dfrac{a_n}{a_{n+1}}\right|$，且

(1) 如果 $R=0$ 时，那么幂级数仅在 $x=0$ 处收敛；

(2) 如果 $R=+\infty$ 时，那么幂级数在 $(-\infty,+\infty)$ 上处处收敛；

(3) 如果 $0<R<+\infty$ 时，那么当 $|x|<R$ 时幂级数收敛，当 $|x|>R$ 时幂级数发散.

定理 3-5 表明，当 $R\neq 0$ 时，幂级数在区间 $(-R,R)$ 内收敛，区间 $(-R,R)$ 称为幂级数的**收敛区间**. 对于收敛区间 $(-R,R)$ 的端点 $x=\pm R$，定理 3-5 没有给出是收敛还是发散的结论，这时可将 $x=R$ 和 $x=-R$ 代入幂级数，然后按数项级数的审敛法来判定其敛散性，从而决定它的收敛域.

例 1　求幂级数 $\sum\limits_{n=1}^{\infty}\dfrac{(-1)^{n-1}}{n}x^n$ 的收敛域.

解　$R=\lim\limits_{n\to\infty}\left|\dfrac{a_n}{a_{n+1}}\right|=\lim\limits_{n\to\infty}\dfrac{1}{n}\times\dfrac{n+1}{1}=1.$

当 $x=-1$ 时，幂级数为 $\sum\limits_{n=1}^{\infty}\dfrac{(-1)^{n-1}}{n}(-1)^n=\sum\limits_{n=1}^{\infty}\dfrac{-1}{n}=-\sum\limits_{n=1}^{\infty}\dfrac{1}{n}$，发散；当 $x=1$ 时，幂级数为 $\sum\limits_{n=1}^{\infty}\dfrac{(-1)^{n-1}}{n}$，收敛，所以原级数的收敛域为 $(-1,1]$.

例 2　求幂级数 $\sum\limits_{n=1}^{\infty}n!x^n$ 的收敛域.

解　$R=\lim\limits_{n\to\infty}\left|\dfrac{a_n}{a_{n+1}}\right|=\lim\limits_{n\to\infty}\dfrac{n!}{(n+1)!}=\lim\limits_{n\to\infty}\dfrac{1}{n+1}=0.$

幂级数仅在 $x=0$ 点收敛，它的收敛域为 $\{0\}$.

例 3　求幂级数 $\sum\limits_{n=1}^{\infty}\dfrac{x^n}{n!}$ 的收敛域.

解　因为 $R=\lim\limits_{n\to\infty}\left|\dfrac{a_n}{a_{n+1}}\right|=\lim\limits_{n\to\infty}\dfrac{1}{n!}\times\dfrac{(n+1)!}{1}=\lim\limits_{n\to\infty}(n+1)=+\infty$，

所以收敛域为 $(-\infty,+\infty)$.

例 4*　求幂级数 $\sum\limits_{n=1}^{\infty}\dfrac{(x-1)^n}{n3^n}$ 的收敛域.

解　令 $t=x-1$，原级数可化为 $\sum\limits_{n=1}^{\infty}\dfrac{t^n}{n3^n}$，此级数的收敛半径为

$$R=\lim_{n\to\infty}\left|\frac{a_n}{a_{n+1}}\right|=\lim_{n\to\infty}\frac{(n+1)\,3^{n+1}}{n3^n}=\lim_{n\to\infty}\frac{3(n+1)}{n}=3,$$

即当 $|t|<3$ 时，级数收敛，而 $t=x-1$，所以原级数当 $|x-1|<3$，即 $-2<x<4$ 时收敛.

又当 $x=-2$ 时，原级数为 $\sum\limits_{n=1}^{\infty}\dfrac{(-1)^n}{n}$，收敛；当 $x=4$ 时，原级数为 $\sum\limits_{n=1}^{\infty}\dfrac{1}{n}$，发散，所以原级数的收敛域为 $[-2,4)$.

二、幂级数的运算性质

性质 3-6 设幂级数 $\sum_{n=0}^{\infty} a_n x^n$ 和 $\sum_{n=0}^{\infty} b_n x^n$ 的收敛半径分别为 R_1, R_2，和函数分别为 $S_1(x), S_2(x)$，令 $R=\min(R_1, R_2)$，则幂级数 $\sum_{n=0}^{\infty}(a_n \pm b_n)x^n$ 在 $(-R, R)$ 上收敛，且

$$\sum_{n=0}^{\infty} a_n x^n \pm \sum_{n=0}^{\infty} b_n x^n = \sum_{n=0}^{\infty}(a_n \pm b_n)x^n = S_1(x) \pm S_2(x).$$

性质 3-7 设幂级数 $\sum_{n=0}^{\infty} a_n x^n$ 的收敛半径为 R，则幂级数的和函数 $S(x)$ 在收敛区间 $(-R, R)$ 内可逐项求导，即

$$S'(x) = \left(\sum_{n=0}^{\infty} a_n x^n\right)' = \sum_{n=0}^{\infty}(a_n x^n)' = \sum_{n=1}^{\infty} n a_n x^{n-1}.$$

性质 3-8 设幂级数 $\sum_{n=0}^{\infty} a_n x^n$ 的收敛半径为 R，则幂级数的和函数 $S(x)$ 在收敛区间 $(-R, R)$ 内可逐项积分，即

$$\int_0^x S(x)\mathrm{d}x = \int_0^x \left(\sum_{n=0}^{\infty} a_n x^n\right)\mathrm{d}x = \sum_{n=0}^{\infty}\int_0^x (a_n x^n)\mathrm{d}x = \sum_{n=0}^{\infty}\frac{a_n}{n+1}x^{n+1}.$$

需要说明的是，幂级数逐项求导或逐项积分后得到的幂级数的收敛半径不变，但在收敛区间的端点处，级数的收敛性可能发生变化.

例 5 利用逐项求导、逐项积分的方法求下列幂级数的和函数：

(1) $\sum_{n=0}^{\infty}(-1)^n(n+1)x^n, x \in (-1,1)$；　　(2) $\sum_{n=1}^{\infty}(-1)^{n-1}\frac{x^n}{n}, x \in (-1,1)$.

解 (1) 设和函数为 $S(x)$，则

$$S(x) = \sum_{n=0}^{\infty}(-1)^n(n+1)x^n = 1 - 2x + 3x^2 - 4x^3 + \cdots + (-1)^n(n+1)x^n + \cdots,$$

由幂级数的逐项可积性，得

$$\begin{aligned}\int_0^x S(x)\mathrm{d}x &= \sum_{n=0}^{\infty}\int_0^x (-1)^n(n+1)x^n\mathrm{d}x = \sum_{n=0}^{\infty}(-1)^n x^{n+1} \\ &= x - x^2 + x^3 - x^4 + \cdots + (-1)^n x^{n+1} + \cdots \\ &= \frac{x}{1+x}, x \in (-1,1).\end{aligned}$$

上式两边关于 x 求导，即得所求和函数

$$S(x) = \left(\frac{x}{1+x}\right)' = \frac{1}{(1+x)^2}, x \in (-1,1).$$

(2) 设和函数为 $S(x)$，则

$$S(x) = \sum_{n=1}^{\infty}(-1)^{n-1}\frac{x^n}{n} = x - \frac{x^2}{2} + \frac{x^3}{3} - \frac{x^4}{4} + \cdots + (-1)^{n-1}\frac{x^n}{n} + \cdots,$$

显然 $S(0)=0$. 由幂级数的逐项可导性，得

$$S'(x)=1-x+x^2-x^3+\cdots+(-1)^{n-1}x^{n-1}+\cdots=\frac{1}{1+x},x\in(-1,1).$$

由积分公式 $\int_0^x S'(x)\mathrm{d}x=S(x)-S(0)$，得和函数

$$S(x)=S(0)+\int_0^x S'(x)\mathrm{d}x=\int_0^x \frac{1}{1+x}\mathrm{d}x=\ln(1+x),x\in(-1,1).$$

三、函数展开成幂级数

上面已经知道，幂级数在收敛区间内可以表示为一个和函数. 为便于计算，人们希望能用 x 的幂级数(多项式)来近似逼近表达式比较复杂的函数 $f(x)$.

设函数 $f(x)$ 在某区域内能表示成幂级数 $\sum\limits_{n=0}^{\infty}a_nx^n$，即

$$f(x)=\sum_{n=0}^{\infty}a_nx^n=a_0+a_1x+a_2x^2+a_3x^3+\cdots+a_nx^n+\cdots,x\in(-R,R).$$

我们需要考虑两个问题：

(1) $f(x)$ 在什么条件下可以展开成幂级数，其系数 $a_0,a_1,a_2,\cdots,a_n,\cdots$ 如何求？

(2) $f(x)$ 在什么条件下才能够使上述幂级数收敛且收敛于函数 $f(x)$？

先考虑第一个问题.

由幂级数的逐项可导性，可推得：

$$a_n=\left(\frac{f^{(n)}(0)}{n!}\right)\quad(n=0,1,2,\cdots).$$

故有

$$f(x)=f(0)+\frac{f'(0)}{1!}x+\frac{f''(0)}{2!}x^2+\cdots+\frac{f^{(n)}(0)}{n!}x^n+\cdots. \tag{3-3}$$

可见，若函数 $f(x)$ 能表示成 x 的幂级数，则它在此区域内必存在任意阶导数，其系数由 $f(x)$ 在 $x=0$ 处的函数值和各阶导数值所确定. 式(3-3)的右端称为 $f(x)$ 的**麦克劳林级数**.

类似地，若函数 $f(x)$ 在某区域内能表示成幂级数 $\sum\limits_{n=0}^{\infty}a_n(x-x_0)^n$，则

$$f(x)=f(x_0)+\frac{f'(x_0)}{1!}(x-x_0)+\frac{f''(x_0)}{2!}(x-x_0)^2+\cdots+\frac{f^{(n)}(x_0)}{n!}(x-x_0)^n+\cdots, \tag{3-4}$$

$x\in(x_0-R,x_0+R)$. 式(3-4)的右端称为 $f(x)$ 的**泰勒级数**.

下面主要讨论 $f(x)$ 的麦克劳林展开式，即泰勒级数的特殊情形($x_0=0$).

为回答第二个问题，幂级数 $\sum\limits_{n=0}^{\infty}\frac{f^{(n)}(0)}{n!}x^n$ 是否收敛于 $f(x)$？我们给出以下定理.

定理 3-6　函数 $f(x)$ 在区域 $(-R,R)$ 内展开成 x 的幂级数(即麦克劳林级数)的充要条件是 $f(x)$ 在此区域内有任意阶导数，且 $\lim\limits_{n\to\infty}R_n(x)=0$. 其中

$$R_n(x)=f(x)-\sum_{i=0}^{n}\frac{f^{(i)}(0)}{i!}x^i=\frac{f^{(n+1)}(\xi)}{(n+1)!}x^{n+1},$$

称$\frac{f^{(n+1)}(\xi)}{(n+1)!}x^{n+1}$为余项$R_n(x)$的拉格朗日形式，$\xi\in(0,x)$.

将具有任意阶导数的函数展开成x的幂级数(即麦克劳林级数)，较常用的有以下两种方法.

1. 直接展开法

步骤：(1) 求$f(x)$的各阶导数及$f^{(n)}(0)(n=1,2,\cdots)$；

(2) 写出对应的幂级数$\sum\limits_{n=0}^{\infty}\frac{f^{(n)}(0)}{n!}x^n$，并求出其收敛半径$R$；

(3) 考察$\lim\limits_{n\to\infty}R_n(x)$是否为零. 如果为零，则$f(x)$在$(-R,R)$内的幂级数展开式为

$$f(x)=f(0)+\frac{f'(0)}{1!}x+\frac{f''(0)}{2!}x^2+\cdots+\frac{f^{(n)}(0)}{n!}x^n+\cdots.$$

例 6* 将函数$f(x)=e^x$展开成x的幂级数.

解 $f(x)=f'(x)=f''(x)=\cdots=f^{(n)}(x)=\cdots=e^x$，有

$$f(0)=f'(0)=f''(0)=\cdots=f^{(n)}(0)=\cdots=1,$$

于是得到e^x的麦克劳林级数

$$1+x+\frac{x^2}{2!}+\frac{x^3}{3!}+\cdots+\frac{x^n}{n!}+\cdots,$$

其收敛半径为$R=+\infty$.

又因为

$$|R_n(x)|=\left|\frac{f^{(n+1)}(\xi)}{(n+1)!}x^{n+1}\right|$$

$$=\left|\frac{e^{\xi}}{(n+1)!}x^{n+1}\right|<e^{|x|}\cdot\frac{|x|^{n+1}}{(n+1)!},\xi\in(0,x),$$

由于$e^{|x|}$有界，而$\frac{|x|^{n+1}}{(n+1)!}$为收敛级数$\sum\limits_{n=1}^{\infty}\frac{|x|^{n+1}}{(n+1)!}$的一般项，所以有

$$\lim_{n\to\infty}\frac{|x|^{n+1}}{(n+1)!}=0.$$

因而$\lim\limits_{n\to\infty}|R_n(x)|=0$，于是麦克劳林级数收敛于$e^x$，即

$$e^x=1+x+\frac{x^2}{2!}+\frac{x^3}{3!}+\cdots+\frac{x^n}{n!}+\cdots,\quad x\in(-\infty,\infty).$$

同理，可以求得

$$\sin x=x-\frac{x^3}{3!}+\frac{x^5}{5!}-\cdots+(-1)^{n-1}\frac{x^{2n-1}}{(2n-1)!}+\cdots,x\in(-\infty,\infty);$$

$$\cos x=1-\frac{x^2}{2!}+\frac{x^4}{4!}-\cdots+(-1)^n\frac{x^{2n}}{(2n)!}+\cdots,x\in(-\infty,\infty);$$

$$(1+x)^\alpha=1+\alpha x+\frac{\alpha(\alpha-1)}{2!}x^2+\cdots+\frac{\alpha(\alpha-1)\cdots(\alpha-n+1)}{n!}x^n+\cdots,x\in(-1,1).$$

需要说明的是，只有少数简单的函数其幂级数展开式能利用直接法得到. 应用直接展开法有两个麻烦：一是求 $f(x)$的任意阶导数；二是求出余项，并计算$\lim\limits_{n\to\infty}R_n(x)$.

2. 间接展开法

间接展开法是利用一些已知函数的展开式及幂级数的运算法则、变量代换等方法，将所给函数展开成幂级数.

例 7　将下列函数展开成 x 的幂级数：

(1) $\dfrac{1}{2-x}$；　　(2) $\dfrac{1}{1+2x}$.

解　$\dfrac{1}{1-x}=1+x+x^2+x^3+\cdots+x^{n-1}+\cdots=\sum\limits_{n=0}^{\infty}x^n,x\in(-1,1)$.

(1) 因为$\dfrac{1}{2-x}=\dfrac{1}{2}\times\dfrac{1}{1-\frac{x}{2}}$，所以用$\dfrac{x}{2}$代替 x，得

$$\frac{1}{2-x}=\frac{1}{2}\sum_{n=0}^{\infty}\left(\frac{x}{2}\right)^n=\sum_{n=0}^{\infty}\frac{x^n}{2^{n+1}},\frac{x}{2}\in(-1,1),$$

即
$$\frac{1}{2-x}=\sum_{n=0}^{\infty}\frac{1}{2^{n+1}}x^n,x\in(-2,2).$$

(2) 因为$\dfrac{1}{1+2x}=\dfrac{1}{1-(-2x)}$，所以用$-2x$ 代替 x，得

$$\frac{1}{1+2x}=\sum_{n=0}^{\infty}(-2x)^n,2x\in(-1,1),$$

即
$$\frac{1}{1+2x}=\sum_{n=0}^{\infty}(-2)^n x^n,x\in\left(-\frac{1}{2},\frac{1}{2}\right).$$

例 8　将 $y=\ln(1-x)$展开成 x 的幂级数.

解　因为
$$\frac{1}{1-x}=1+x+x^2+\cdots,x\in(-1,1),$$

对上式两边积分，得

$$\begin{aligned}-\ln(1-x)&=\int\frac{1}{1-x}\mathrm{d}x=\int(1+x+x^2+\cdots)\mathrm{d}x\\&=x+\frac{x^2}{2}+\frac{x^3}{3}+\cdots+C=\sum_{n=1}^{\infty}\frac{x^n}{n}+C,\end{aligned}$$

为确定 C 的值，在上式中令 $x=0$，得 $C=0$. 于是

$$\ln(1-x)=-x-\frac{x^2}{2}-\frac{x^3}{3}-\cdots=-\sum_{n=1}^{\infty}\frac{x^n}{n}.$$

当 $x=-1$ 时，级数 $\sum\limits_{n=1}^{\infty}\dfrac{(-1)^{n+1}}{n}$ 收敛；当 $x=1$ 时，级数 $-\sum\limits_{n=1}^{\infty}\dfrac{1}{n}$ 发散，所以收敛域为 $x\in[-1,1)$.

例 9* 求解本节引入问题中提出的问题：计算 $\int_0^1 \mathrm{e}^{-x^2}\mathrm{d}x$ 的值，并要求误差小于 0.001.

解 因为 $\mathrm{e}^x = 1 + x + \frac{x^2}{2!} + \frac{x^3}{3!} + \cdots + \frac{x^n}{n!} + \cdots = \sum_{n=0}^{\infty} \frac{1}{n!}x^n$.

在上式中用 $-x^2$ 代替 x，得

$$\mathrm{e}^{-x^2} = \sum_{n=0}^{\infty} \frac{(-x^2)^n}{n!} = \sum_{n=0}^{\infty} (-1)^n \frac{x^{2n}}{n!} = 1 - \frac{x^2}{1!} + \frac{x^4}{2!} - \frac{x^6}{3!} + \cdots.$$

由幂级数的逐项可积性，得

$$\begin{aligned}\int_0^1 \mathrm{e}^{-x^2}\mathrm{d}x &= \int_0^1 \left(1 - \frac{x^2}{1!} + \frac{x^4}{2!} - \frac{x^6}{3!} + \cdots\right)\mathrm{d}x \\ &= \left[x - \frac{x^3}{3 \cdot 1!} + \frac{x^5}{5 \cdot 2!} - \frac{x^7}{7 \cdot 3!} + \frac{x^9}{9 \cdot 4!} - \cdots\right]_0^1 \\ &= 1 - \frac{1}{3} + \frac{1}{10} - \frac{1}{42} + \frac{1}{216} - \cdots \\ &\approx 1 - \frac{1}{3} + \frac{1}{10} - \frac{1}{42} + \frac{1}{216} \approx 0.747\,5,\end{aligned}$$

由此产生的误差为 $|R_n| \leqslant \frac{1}{11 \cdot 5!} = \frac{1}{1\,320} < 0.001$.

练习与思考 3.3

1. 函数展开成幂级数是否唯一？
2. 幂级数的收敛区间就是其收敛域吗？怎样求幂级数的收敛域？
3. 麦克劳林级数和泰勒级数有什么区别？

习题 3.3

1. 求下列幂级数的收敛域：

(1) $\sum_{n=1}^{\infty} \frac{(-1)^{n-1}}{4^n}x^n$； (2) $\sum_{n=0}^{\infty} \frac{x^n}{2n+1}$； (3) $\sum_{n=1}^{\infty} \frac{x^n}{n! \cdot 2^n}$； (4) $\sum_{n=1}^{\infty} \frac{n}{3^n}x^n$.

2. 利用逐项求导、逐项积分的方法求下列幂级数的和函数：

(1) $\sum_{n=1}^{\infty} \frac{1}{n}x^n, x \in (-1,1)$； (2) $\sum_{n=0}^{\infty} (n+1)x^n, x \in (-1,1)$.

3. 利用间接展开法将下列函数展开成 x 的幂级数，并写出它们的收敛域：

(1) $y = \frac{1}{4-x}$； (2) $y = \ln(1+x)$； (3) $y = \sin\frac{x}{2}$； (4) $y = \mathrm{e}^{-2x}$.

§3.4　傅里叶级数

学习目标

1. 掌握周期函数的傅里叶级数的系数计算公式和收敛定理.
2. 会将以 2π 为周期的函数展开为傅里叶级数.

引入问题

【矩形波叠加】电子技术中常用的周期为 T 的矩形波可看成若干个正弦波叠加而成，如图 3－3 所示的四个图，分别是取三角函数组成的无限和式

$$\sin x+\frac{1}{2}\sin 2x+\frac{1}{3}\sin 3x+\cdots+\frac{1}{n}\sin nx+\cdots$$

的前 1,2,3,6 项的和所得到的曲线与矩形波的拟合图.

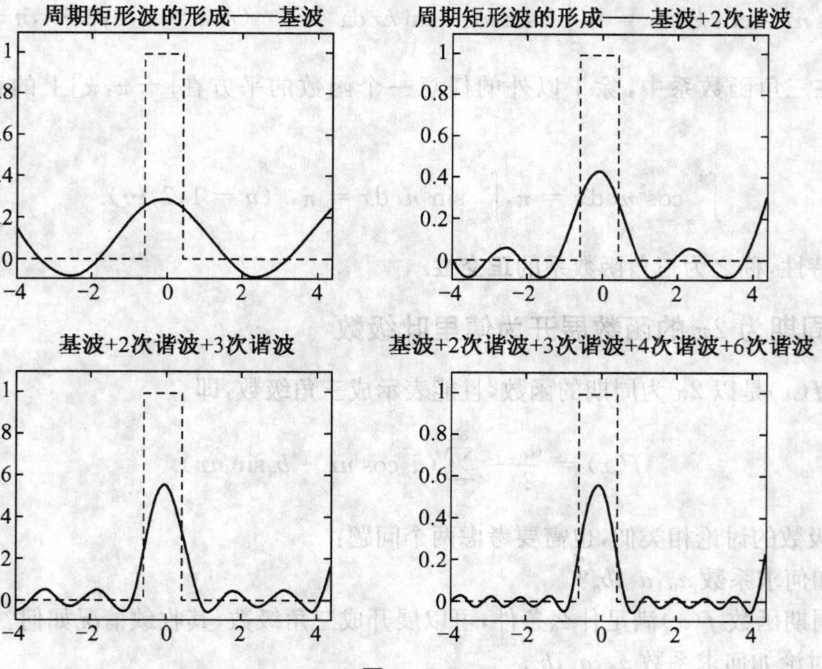

图 3－3

可以看出，取得的项数越多，叠加后与周期为 T 的矩形波拟合得就越好. 像这种利用简单的正弦波叠加来分析各种非正弦的周期现象（谐波分析方法），是由法国数学家傅里叶在 1807 年率先提出的. 这种三角函数组成的级数在电路分析与设计、电子信号处理中应用非常广泛.

主要知识

一、三角函数系的正交性

一般地,形如

$$\frac{a_0}{2}+\sum_{n=1}^{\infty}(a_n\cos nx+b_n\sin nx)$$

的级数称为**三角级数**,其中 $a_0,a_n,b_n(n=1,2,\cdots)$都是常数.

三角级数中出现的函数:$1,\cos x,\sin x,\cos 2x,\sin 2x,\cos 3x,\sin 3x,\cdots,\cos nx,\sin nx,\cdots$构成了一个**三角函数系**. 容易看出三角函数系具有共同的周期 2π 且具有如下特性:

(1) 在三角函数系中,任意两个不同的函数的乘积在$[-\pi,\pi]$上的积分都等于零,即

$$\int_{-\pi}^{\pi}1\cdot\cos nx\,\mathrm{d}x=0,\int_{-\pi}^{\pi}1\cdot\sin nx\,\mathrm{d}x=0\quad(n=1,2,\cdots);$$

$$\int_{-\pi}^{\pi}\sin nx\cdot\cos kx\,\mathrm{d}x=0\quad(n,k=1,2,3,\cdots);$$

$$\int_{-\pi}^{\pi}\cos nx\cdot\cos kx\,\mathrm{d}x=0,\int_{-\pi}^{\pi}\sin nx\cdot\sin kx\,\mathrm{d}x=0\quad(n,k=1,2,3,\cdots,n\neq k).$$

(2) 在三角函数系中,除 1 以外的任意一个函数的平方在$[-\pi,\pi]$上的积分都等于π,即

$$\int_{-\pi}^{\pi}\cos^2 nx\,\mathrm{d}x=\pi,\int_{-\pi}^{\pi}\sin^2 nx\,\mathrm{d}x=\pi\quad(n=1,2,\cdots).$$

以上特性,称之为三角函数系的**正交性**.

二、周期为 2π 的函数展开为傅里叶级数

假定 $f(x)$是以 2π 为周期的函数,且能表示成三角级数,即

$$f(x)=\frac{a_0}{2}+\sum_{n=1}^{\infty}(a_n\cos nx+b_n\sin nx).\tag{3-5}$$

与幂级数的讨论相类似,也需要考虑两个问题:

(1) 如何求系数 a_0,a_n,b_n?

(2) 周期函数 $f(x)$满足什么条件,可以展开成三角级数,其收敛情况如何?

首先讨论如何求系数 a_0,a_n,b_n.

设 $f(x)$在$[-\pi,\pi]$上可积,三角级数可逐项积分,则(3-5)式两端在$[-\pi,\pi]$上的积分为

$$\int_{-\pi}^{\pi}f(x)\,\mathrm{d}x=\int_{-\pi}^{\pi}\frac{a_0}{2}\mathrm{d}x+\sum_{n=1}^{\infty}\int_{-\pi}^{\pi}(a_n\cos nx+b_n\sin nx)\,\mathrm{d}x.$$

由三角函数系的正交性，求得

$$\int_{-\pi}^{\pi} f(x)\mathrm{d}x = a_0\pi,$$

即

$$a_0 = \frac{1}{\pi}\int_{-\pi}^{\pi} f(x)\mathrm{d}x.$$

再分别以 $\cos nx$，$\sin nx$，乘以(3-5)式两端，然后在$[-\pi,\pi]$上积分，再由三角函数系的正交性，求得

$$\int_{-\pi}^{\pi} f(x)\cos nx\mathrm{d}x = \int_{-\pi}^{\pi} a_n\cos^2 nx\mathrm{d}x = a_n\pi,$$

$$\int_{-\pi}^{\pi} f(x)\sin nx\mathrm{d}x = \int_{-\pi}^{\pi} b_n\sin^2 nx\mathrm{d}x = b_n\pi,$$

即

$$a_n = \frac{1}{\pi}\int_{-\pi}^{\pi} f(x)\cos nx\mathrm{d}x \quad (n = 1,2,\cdots),$$

$$b_n = \frac{1}{\pi}\int_{-\pi}^{\pi} f(x)\sin nx\mathrm{d}x \quad (n = 1,2,\cdots).$$

从 a_0，a_n 的表达式看，a_n 包含了 a_0 的情形，因此，三角级数的系数 a_0，a_n，b_n 可以用下面的公式来计算：

$$\begin{cases} a_n = \dfrac{1}{\pi}\displaystyle\int_{-\pi}^{\pi} f(x)\cos nx\mathrm{d}x & (n = 0,1,2,3,\cdots) \\ b_n = \dfrac{1}{\pi}\displaystyle\int_{-\pi}^{\pi} f(x)\sin nx\mathrm{d}x & (n = 1,2,3,\cdots) \end{cases}. \tag{3-6}$$

式(3-6)所确定的系数 a_0，a_n，b_n 称为函数 $f(x)$的**傅里叶系数**，以这些系数构成的三角级数

$$\frac{a_0}{2} + \sum_{n=1}^{\infty}(a_n\cos nx + b_n\sin nx)$$

称为函数 $f(x)$的**傅里叶级数**.

下面的定理回答了第(2)个问题.

定理 3-7(收敛定理)　设 $f(x)$是以 2π 为周期的函数，若它在一个周期内满足：

(1) $f(x)$连续或只有有限个第一类间断点(间断点处的左、右极限都存在)；

(2) $f(x)$只有有限个极值点.

则函数 $f(x)$的傅里叶级数收敛，且

(1) 在 $f(x)$的连续点，级数收敛于 $f(x)$；

(2) 在 $f(x)$的间断点 x_0 处，级数收敛于$\dfrac{f(x_0-0)+f(x_0+0)}{2}$.

事实上，实际应用中所遇到的周期函数，一般都能满足收敛定理的条件.

例 1　【矩形脉冲信号】矩形脉冲信号函数 $u(t)$以 2π 为周期(如图 3-4)，其表达式为

$$u(t) = \begin{cases} -1 & -\pi \leqslant t < 0 \\ 1 & 0 \leqslant t < \pi \end{cases},$$

求此函数的傅里叶级数展开式.

解 (1) 由公式(3-6)计算傅里叶系数.

因为 $u(t)$ 是奇函数,所以 $u(t)\cos nt$ 是奇函数,$u(t)\sin nt$ 是偶函数,则有

$$a_n=\frac{1}{\pi}\int_{-\pi}^{\pi}u(t)\cos nt\,\mathrm{d}t=0\quad(n=0,1,2,\cdots).$$

$$b_n=\frac{2}{\pi}\int_{0}^{\pi}u(t)\sin nt\,\mathrm{d}t=\frac{2}{\pi}\int_{0}^{\pi}\sin nt\,\mathrm{d}t=\frac{2}{n\pi}(1-\cos n\pi)=\frac{2}{n\pi}[1-(-1)^n]$$

$$=\begin{cases}0 & n=2k\\ \dfrac{4}{\pi}\cdot\dfrac{1}{2k-1} & n=2k-1\end{cases}\quad(k=1,2,3,\cdots).$$

(2) 函数 $u(t)$ 的傅里叶级数为

$$u(t)=\frac{4}{\pi}\left[\sin t+\frac{1}{3}\sin 3t+\frac{1}{5}\sin 5t+\cdots+\frac{1}{2k-1}\sin(2k-1)t+\cdots\right].$$

(3) 确定收敛区域.

矩形脉冲函数 $u(t)$ 满足收敛定理的条件,仅在 $t=k\pi(k\in\mathbf{Z})$ 处间断,则在间断点 $t=k\pi$ $(n\in\mathbf{Z})$ 处傅里叶级数收敛于

$$\frac{u(k\pi-0)+u(k\pi+0)}{2}=\frac{u(\pi-0)+u(\pi+0)}{2}=\frac{1-1}{2}=0.$$

在连续点 $t\neq k\pi$ 处收敛于 $u(t)$,因此

$$u(t)=\frac{4}{\pi}\left[\sin t+\frac{1}{3}\sin 3t+\frac{1}{5}\sin 5t+\cdots+\frac{1}{2k-1}\sin(2k-1)t+\cdots\right]$$

$$(-\infty<t<\infty,t\neq k\pi,k\in\mathbf{Z}).$$

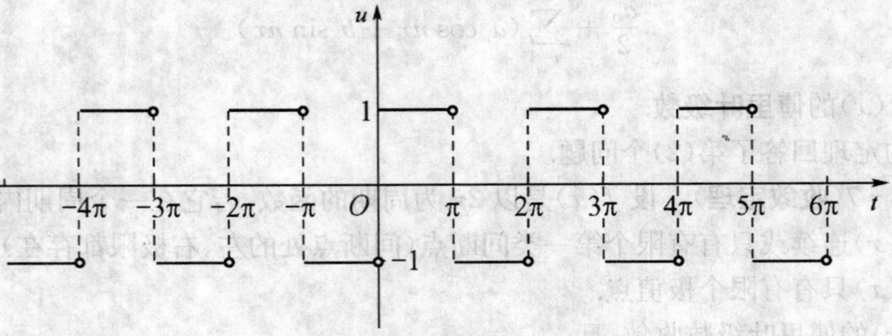

图 3-4

例 2 【三角脉冲信号】三角脉冲信号函数 $f(x)$ 以 2π 为周期(如图 3-5),其表达式为

$$f(x)=\begin{cases}-x & -\pi\leqslant x<0\\ x & 0\leqslant x\leqslant\pi\end{cases},$$

将函数 $f(x)$ 展开成傅里叶级数.

解 (1) 由公式(3-6)计算傅里叶系数.

因为 $f(x)$ 是偶函数，所以 $f(x)\cos nx$ 是偶函数，$f(x)\sin nx$ 是奇函数，则有：

$$a_0=\frac{2}{\pi}\int_0^{\pi}f(x)\,\mathrm{d}x=\frac{2}{\pi}\int_0^{\pi}x\,\mathrm{d}x=\pi.$$

$$a_n=\frac{2}{\pi}\int_0^{\pi}f(x)\cos nx\,\mathrm{d}x=\frac{2}{\pi}\int_0^{\pi}x\cos nx\,\mathrm{d}x=\frac{2}{\pi}\left[\frac{x}{n}\sin nx+\frac{1}{n^2}\cos nx\right]_0^{\pi}$$

$$=\frac{2}{n^2\pi}(\cos n\pi-1)=\frac{2}{n^2\pi}[(-1)^n-1]\quad(n=1,2,\cdots).$$

$$b_n=\frac{1}{\pi}\int_{-\pi}^{\pi}f(x)\sin nx\,\mathrm{d}x=0.$$

(2) 函数 $f(x)$ 的傅里叶级数为

$$\frac{\pi}{2}-\frac{4}{\pi}\left[\cos x+\frac{1}{3^2}\cos 3x+\cdots+\frac{1}{(2n-1)^2}\cos(2n-1)x+\cdots\right].$$

(3) 确定收敛区域.

由于函数 $f(x)$ 在定义域内处处连续，所以该傅里叶级数收敛于 $f(x)$，即

$$f(x)=\frac{\pi}{2}-\frac{4}{\pi}\left[\cos x+\frac{1}{3^2}\cos 3x+\cdots+\frac{1}{(2n-1)^2}\cos(2n-1)x+\cdots\right]\quad(-\infty<x<+\infty).$$

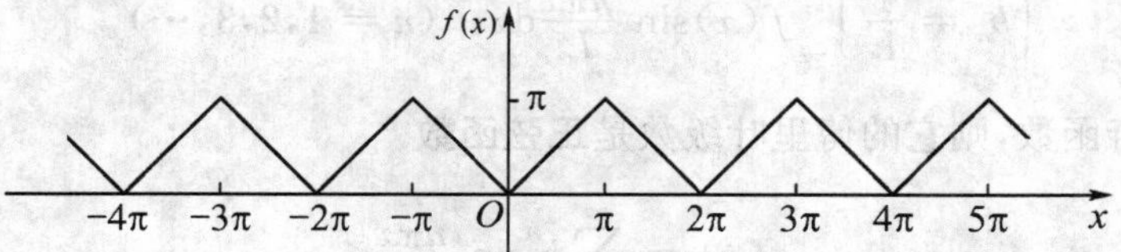

图 3-5

从上述两例可看出，有的函数展开成傅里叶级数以后，只含正弦项或余弦项，我们把只含正弦项的傅里叶级数称为**正弦级数**，只含余弦项的傅里叶级数称为**余弦级数**. 这种结果的产生是由函数的奇偶性所致.

由上述例题可以看出，将周期为 2π 的函数展开成傅里叶级数的一般步骤归纳如下：

(1) 求傅里叶系数 a_0,a_n,b_n；

(2) 写出傅里叶级数；

(3) 根据收敛定理确定傅里叶级数的收敛域.

三*、周期为 $2L$ 的函数展开为傅里叶级数

上面我们讨论了以 2π 为周期的周期函数的傅里叶级数. 但在实际问题中，所遇到的周期函数的周期不一定是 2π. 下面我们讨论周期为 $2L$ 的函数的傅里叶级数.

设以 $2L$ 为周期的函数 $f(x)$ 满足收敛定理的条件，做变量代换

$$x=\frac{L}{\pi}t,\text{即}\quad t=\frac{\pi}{L}x.$$

显然，当 x 属于$[-L,L]$时，t 属于$[-\pi,\pi]$. 将 $x=\frac{L}{\pi}t$ 带入函数 $f(x)$中，得

$$f(x)=f\left(\frac{L}{\pi}t\right).$$

上式右边是变量 t 的函数，记作 $\varphi(t)$，即

$$\varphi(t)=f\left(\frac{L}{\pi}t\right)=f(x),$$

则 $\varphi(t)$是以 2π 为周期的周期函数，并也满足收敛定理的条件. 将 $\varphi(t)$展开为傅里叶级数

$$\frac{a_0}{2}+\sum_{n=1}^{\infty}(a_n\cos nt+b_n\sin nt),$$

再将变量 t 换回 x，于是就得到周期为 $2L$ 的函数 $f(x)$的傅里叶级数展开式

$$\frac{a_0}{2}+\sum_{n=1}^{\infty}\left(a_n\cos\frac{n\pi x}{L}+b_n\sin\frac{n\pi x}{L}\right),$$

其中

$$\begin{cases}a_n=\dfrac{1}{L}\displaystyle\int_{-L}^{L}f(x)\cos\frac{n\pi x}{L}\mathrm{d}x \quad (n=0,1,2,\cdots)\\ b_n=\dfrac{1}{L}\displaystyle\int_{-L}^{L}f(x)\sin\frac{n\pi x}{L}\mathrm{d}x \quad (n=1,2,3,\cdots)\end{cases}. \tag{3-7}$$

若 $f(x)$是奇函数，则它的傅里叶级数是**正弦函数**

$$f(x)=\sum_{n=1}^{\infty}b_n\sin\frac{n\pi x}{L},$$

其中

$$b_n=\frac{2}{L}\int_0^L f(x)\sin\frac{n\pi x}{L}\mathrm{d}x \quad (n=1,2,3,\cdots).$$

若 $f(x)$是偶函数，则它的傅里叶级数是**余弦函数**

$$f(x)=\frac{a_0}{2}+\sum_{n=1}^{\infty}a_n\cos\frac{n\pi x}{L},$$

其中

$$a_n=\frac{2}{L}\int_0^L f(x)\cos\frac{n\pi x}{L}\mathrm{d}x \quad (n=0,1,2,3,\cdots).$$

注意 若 x 是函数 $f(x)$的间断点，根据收敛定理，应计算平均值：

$$\frac{1}{2}[f(x+0)+f(x-0)].$$

例 3 设 $f(x)$是周期为 4 的周期函数，它在$[-2,2)$上的表达式为

$$f(x)=\begin{cases}0 & -2\leqslant x<0\\ A & 0\leqslant x<2\end{cases}\quad (A\text{ 为不等 }0\text{ 的常数}),$$

将 $f(x)$展开为傅里叶级数.

解　因为 $2L=4$,所以 $L=2$,$f(x)$的傅里叶系数

$$a_0=\frac{1}{2}\int_{-2}^{2}f(x)\mathrm{d}x=\frac{1}{2}\int_{0}^{2}A\mathrm{d}x=A,$$

$$a_n=\frac{1}{2}\int_{-2}^{2}f(x)\cos\frac{n\pi x}{2}\mathrm{d}x=\frac{1}{2}\int_{0}^{2}A\cos\frac{n\pi x}{2}\mathrm{d}x=0\quad (n=1,2,\cdots),$$

$$b_n=\frac{1}{2}\int_{-2}^{2}f(x)\sin\frac{n\pi x}{2}\mathrm{d}x=\frac{1}{2}\int_{0}^{2}A\sin\frac{n\pi x}{2}\mathrm{d}x=\frac{A}{n\pi}(1-\cos n\pi)$$

$$=\begin{cases}\dfrac{2A}{n\pi} & n\text{ 为奇数}\\ 0 & n\text{ 为偶数}\end{cases}.$$

于是,得到 $f(x)$的傅里叶级数为

$$f(x)=\frac{A}{2}+\frac{2A}{\pi}\left(\sin\frac{\pi x}{2}+\frac{1}{3}\sin\frac{3\pi x}{2}+\frac{1}{5}\sin\frac{5\pi x}{2}+\cdots\right)$$

$$(-\infty<x<+\infty,\text{但 } x\neq 2k,k\in\mathbf{Z}).$$

由例 4 可以看出,计算过程和周期为 2π 的周期函数展开成傅里叶级数的方法类似.

练习与思考 3.4

1. 三角函数系是由哪些函数构成的?它有些什么性质?
2. 以 2π 为周期的函数 $f(x)$的傅里叶系数如何计算?若 $f(x)$是奇函数时,它的傅里叶系数有什么特点?它的傅里叶级数又称什么级数?若 $f(x)$是偶函数呢?

习题 3.4

1. 将下列周期为 2π 的信号函数 $f(x)$展开成傅里叶级数:

 (1) $f(x)=x^2\quad x\in[-\pi,\pi]$;

 (2) $f(t)=-2t\quad t\in[-\pi,\pi]$;

 (3) $f(x)=\begin{cases}-\dfrac{\pi}{4} & -\pi\leqslant x<0\\ \dfrac{\pi}{4} & 0\leqslant x<\pi\end{cases}$.

2. 【矩形脉冲信号】将周期矩形脉冲信号函数 $f(x)=\begin{cases}0 & -\pi<x<0\\ 1 & 0\leqslant x\leqslant\pi\end{cases}$展开成傅里叶级数.

3*. 【锯齿脉冲信号】将周期锯齿脉冲信号函数 $f(x)=\begin{cases}0 & -\pi\leqslant x<0\\ x & 0\leqslant x<\pi\end{cases}$展开成傅里叶级数.

4*. 将周期函数 $f(x)$ 展开成傅里叶级数，$f(x)$ 在一个周期内的表达式为

$$f(x)=\begin{cases}2x+1 & -3\leqslant x<0\\ 1 & 0\leqslant x<3\end{cases}.$$

小结与复习

内容提要

1. 数项级数

(1) 级数收敛与发散

级数的前 n 项和称为级数的部分和，记作 S_n，即 $S_n=u_1+u_2+\cdots+u_n$.

若 $\lim\limits_{n\to\infty}S_n=S$，则称级数收敛于 S，记作 $\sum\limits_{n=1}^{\infty}u_n=S$；若 $\lim\limits_{n\to\infty}S_n$ 不存在，则称级数发散.

(2) 级数的基本性质

(3) 级数收敛的必要条件：若级数 $\sum\limits_{n=1}^{\infty}u_n$ 收敛，则 $\lim\limits_{n\to\infty}u_n=0$.

(4) 常数项级数的敛散性：

① 正项级数的敛散性——比较审敛法和比值审敛法（注意：当 $\rho=1$ 时，比值审敛法失效）.

② 交错项级数的敛散性——莱布尼兹审敛法.

③ 任意项级数的敛散性——绝对收敛与条件收敛的概念，绝对收敛与收敛的关系.

2. 幂级数

(1) 幂级数的收敛半径和收敛域：

① 对于幂级数 $\sum\limits_{n=0}^{\infty}a_nx^n$，若 $\lim\limits_{n\to\infty}\left|\dfrac{a_n}{a_{n+1}}\right|$ 存在（或为无穷大），则其收敛半径为 $R=\lim\limits_{n\to\infty}\left|\dfrac{a_n}{a_{n+1}}\right|$.

② 一般是先计算收敛半径，再求幂级数的收敛域. 幂级数的收敛域是下列四种情形之一：$(-R,R)$，$[-R,R]$，$(-R,R]$，$[-R,R)$.

(2) 幂级数的运算性质：

设 $\sum\limits_{n=0}^{\infty}a_nx^n$ 和 $\sum\limits_{n=0}^{\infty}b_nx^n$ 的收敛半径与和函数分别为 R_1,R_2 和 $S_1(x),S_2(x)$，记 $R=\min(R_1,R_2)$，则

① （可加性） $\sum\limits_{n=0}^{\infty}a_nx^n\pm\sum\limits_{n=0}^{\infty}b_nx^n=\sum\limits_{n=0}^{\infty}(a_n\pm b_n)x^n=S_1(x)\pm S_2(x)$，$x\in(-R,R)$；

② （逐项求导性） $S_1'(x)=\left(\sum\limits_{n=0}^{\infty}a_nx^n\right)'=\sum\limits_{n=0}^{\infty}(a_nx^n)'=\sum\limits_{n=1}^{\infty}na_nx^{n-1}$，$x\in(-R_1,R_1)$；

③（逐项可积性）

$$\int_0^x S_1(x)\mathrm{d}x=\int_0^x\left(\sum_{n=0}^{\infty}a_nx^n\right)\mathrm{d}x=\sum_{n=0}^{\infty}\int_0^x(a_nx^n)\mathrm{d}x=\sum_{n=0}^{\infty}\frac{a_n}{n+1}x^{n+1},x\in(-R_1,R_1).$$

(3) 函数展开成幂级数：

函数展开成幂级数的方法：① 直接展开法；② 间接展开法.

运用间接法的关键：① 熟记常用函数的幂级数展开式；② 会正确运用幂级数的运算性质.

3. 傅里叶级数

设 $f(x)$是以 2π 为周期的函数，则 $f(x)$的傅里叶系数为

$$\begin{cases}a_n=\dfrac{1}{\pi}\displaystyle\int_{-\pi}^{\pi}f(x)\cos nx\,\mathrm{d}x & (n=0,1,2,3,\cdots)\\ b_n=\dfrac{1}{\pi}\displaystyle\int_{-\pi}^{\pi}f(x)\sin nx\,\mathrm{d}x & (n=1,2,3,\cdots)\end{cases}.$$

由 $f(x)$的傅里叶系数所确定的三角函数

$$\frac{a_0}{2}+\sum_{n=1}^{\infty}(a_n\cos nx+b_n\sin nx)$$

称为 $f(x)$的傅里叶级数，记为

$$f(x)=\frac{a_0}{2}+\sum_{n=1}^{\infty}(a_n\cos nx+b_n\sin nx).$$

周期为 2π 的函数展开为傅里叶级数的一般步骤：

① 求傅里叶系数 a_0,a_n,b_n；

② 写出傅里叶级数　$\dfrac{a_0}{2}+\displaystyle\sum_{n=1}^{\infty}(a_n\cos nx+b_n\sin nx)$；

③ 根据收敛定理确定傅里叶级数的收敛域.

对于$[-L,L]$上的傅里叶级数，此时 $f(x)$是以 $2L$ 为周期的函数，只需做变量代换 $x=\dfrac{L}{\pi}t$，就可以将 $f(x)$化为以 2π 为周期的函数.

学法指导

1. 数项级数敛散性的判断，是个难点. 由于方法多样，使用灵活，所以初学者总感到比较棘手. 一般可按以下步骤进行思考：

(1) 检验一般项是否满足$\lim\limits_{n\to\infty}u_n=0$，若不满足（即$\lim\limits_{n\to\infty}u_n\neq0$），则级数发散；若满足，则需进一步判断，进行第(2)步.

(2) 若是正项级数，用比值审敛法判定. 若$\lim\limits_{n\to\infty}\dfrac{u_{n+1}}{u_n}=1$ 或极限不存在，则进行第(3)步.

(3) 用比较审敛法（或极限形式的比较审敛法），找到适当的比较级数（如等比级数或 p-级数）. 此外，利用级数的敛散性定义和性质也不失为一种好的判别法.

(4) 若为任意项级数 $\sum\limits_{n=1}^{\infty}u_n$,则先研究 $\sum\limits_{n=1}^{\infty}|u_n|$ 是否收敛(其判别法与正项级数相同). 若收敛,则级数 $\sum\limits_{n=1}^{\infty}u_n$ 绝对收敛;若不收敛,再进一步考察是否为交错级数. 若是交错级数,用莱布尼兹判别法,从而确定原级数是否条件收敛.

2. 将函数展开成幂级数,通常用间接展开法,即通过适当的变换把问题化归为诸如 $\frac{1}{1-x}, e^x, \sin x, \cos x, (1+x)^\alpha$ 等初等函数的幂级数展开式的运算. 求出给定函数的幂级数展开式后,还要指出相应的收敛域,表明展开式成立的范围.

3. 在学习幂级数时应注意:幂级数及其逐项求导与逐项积分后级数具有相同的收敛半径,但未必有相同的收敛域. 一般有如下关系:逐项积分后级数的收敛域不会缩小,逐项求导后级数的收敛域不会扩大.

复习题 3

1. 单项选择题:

(1) 级数收敛的充要条件是(　　)(S_n 是级数的部分和).

A. $\lim\limits_{n\to\infty}S_n=0$　　B. $\lim\limits_{n\to\infty}u_n=0$

C. $\lim\limits_{n\to\infty}u_n$ 存在但不为零　　D. $\lim\limits_{n\to\infty}S_n$ 存在

(2) 下列级数中收敛的是(　　).

A. $\sum\limits_{n=1}^{\infty}\frac{n}{n+1}$　　B. $\sum\limits_{n=1}^{\infty}(-1)^{n-1}$

C. $\sum\limits_{n=1}^{\infty}\left(1+\frac{1}{n}\right)^n$　　D. $\sum\limits_{n=1}^{\infty}\left(-\frac{2}{9}\right)^n$

(3) 若级数 $\sum\limits_{n=1}^{\infty}a_n$, $\sum\limits_{n=1}^{\infty}b_n$ 都收敛,它们的和分别为 a, b,则级数 $\sum\limits_{n=1}^{\infty}(a_n+b_n)$(　　).

A. 必收敛,和为 $a+b$　　B. 可能收敛,可能发散

C. 必发散　　D. 以上答案都不是

(4) 级数 $\sum\limits_{n=0}^{\infty}\left(\frac{4}{7}\right)^n$ 的和 S 为(　　).

A. $\frac{3}{7}$　　B. $\frac{7}{3}$　　C. $\frac{4}{7}$　　D. $\frac{7}{4}$

(5) 若幂级数 $\sum\limits_{n=1}^{\infty}a_nx^n$ 的收敛半径为 R,则幂级数 $\sum\limits_{n=1}^{\infty}a_nx^{2n}$ 的收敛半径为(　　).

A. R　　B. R^2　　C. $\sqrt{R}$　　D. 都不是

(6) 幂级数 $\sum\limits_{n=0}^{\infty}\frac{1}{3^n}x^n$ 在 $|x|<3$ 内收敛,则它的和函数为(　　).

A. $\frac{1}{1+3x}$　　B. $\frac{1}{1-3x}$　　C. $\frac{3}{3+x}$　　D. $\frac{3}{3-x}$

(7) 周期为 2π 的函数 $f(x)$，在一个周期 $[-\pi,\pi)$ 上的表达式为 $f(x)=\dfrac{e^x-e^{-x}}{2}$，则它的傅里叶级数(　　).

A. 不含正弦项　　　　　　　　B. 不含余弦项

C. 既有余弦项，又有正弦项　　　D. 不存在

2. 填空题：

(1) 已知级数 $\sum\limits_{n=1}^{\infty}u_n$ 的部分和 $S_n=\dfrac{2n}{n+1}$，则级数 $\sum\limits_{n=1}^{\infty}u_n=$ ________，通项 $u_n=$ ________.

(2) 已知级数为 $\sqrt{2}-\sqrt{1}+\sqrt{3}-\sqrt{2}+\sqrt{4}-\sqrt{3}+\cdots$，则它的一般项 $u_n=$ ________，部分和 $S_n=$ ________.

(3) 数项级数 $\sum\limits_{n=1}^{\infty}u_n=10$，则 $\lim\limits_{n\to\infty}u_n=$ ________，$\lim\limits_{n\to\infty}S_n=$ ________.

(4) 已知级数 $\sum\limits_{n=1}^{\infty}\left(\dfrac{7}{8}\right)^{n-1}$，其和为 ________.

(5) 幂级数 $\sum\limits_{n=1}^{\infty}\dfrac{x^n}{n2^n}$ 的收敛半径为 ________，收敛域为 ________.

(6) 函数 $f(x)=\dfrac{1}{3+x}$ 的幂级数展开式为 ________.

3. 判别下列级数的敛散性：

(1) $\sum\limits_{n=1}^{\infty}\dfrac{1}{(2n+1)(n+3)}$；　　(2) $\sum\limits_{n=1}^{\infty}\left(\dfrac{5}{4}\right)^n$；

(3) $\sum\limits_{n=1}^{\infty}\dfrac{n}{2^{n-1}}$；　　(4) $\sum\limits_{n=1}^{\infty}\dfrac{n-1}{n(n^2+2)}$；

(5) $\sum\limits_{n=1}^{\infty}\dfrac{2^n\cdot n!}{n^n}$；　　(6) $\sum\limits_{n=1}^{\infty}(-1)^{n-1}\dfrac{1}{n}$.

4. 求下列幂级数的收敛域：

(1) $\sum\limits_{n=1}^{\infty}\dfrac{n}{3^n}x^n$；　　(2) $\sum\limits_{n=1}^{\infty}\dfrac{2^n}{n^2+1}x^n$.

5. 将下列函数展开成幂级数：

(1) $y=e^{2x}$；　　(2) $y=\dfrac{1}{(x-1)(x+3)}$.

6*. 设 $f(x)$ 是周期为 2π 的函数，在 $[-\pi,\pi)$ 上的表达式为 $f(x)=|x|$，将 $f(x)$ 展开为傅里叶级数.

7*. 设 $f(x)$ 是周期为 2 的函数，在 $[-1,1)$ 上的表达式为 $f(x)=x$，将 $f(x)$ 展开为傅里叶级数.

第 4 章　拉普拉斯变换及其应用

拉普拉斯(Laplace)变换在电学、力学、控制论等工程技术与科学领域中有着广泛的应用.本章主要介绍拉普拉斯变换及其逆变换,并应用拉普拉斯变换求解常系数线性微分方程等.

§4.1　拉普拉斯变换的概念及其性质

学习目标

1. 会利用拉普拉斯变换的概念、主要性质及常用拉氏变换表,求一些常用函数的拉氏变换.

2. 初步识别单位阶跃函数 $u(t)$ 和单位脉冲函数 $\delta(t)$.

引入问题

线性微分方程是控制系统数学模型中最基本的形式,而用前面学过的方法求解微分方程一般比较麻烦.在数学中,为了把复杂的运算转化为较简单的运算,常采用变换的手段,由此想到,能否找到一种变换,能将复杂的微积分运算转化为代数运算呢?这就是我们下面要介绍的拉普拉斯(Laplace)变换,简称拉氏变换.

主要知识

一、拉氏变换的基本概念

定义 4-1　设函数 $f(t)$ 是定义在 $[0,+\infty)$ 上的实值函数,如果反常积分

$$\int_0^{+\infty} f(t)\mathrm{e}^{-st}\,\mathrm{d}t,$$

在 s 的某一区域内收敛,则由此积分所确定的 s 的函数,记为 $F(s)$,即

$$F(s)=\int_0^{+\infty} f(t)e^{-st}dt, \tag{4-1}$$

函数 $F(s)$ 称为 $f(t)$ 的**拉普拉斯变换**，简称**拉氏变换**（或称为 $f(t)$ 的**像函数**），记作 $F(s)=\mathscr{L}[f(t)]$.

关于拉氏变换的三点说明：

(1) 在定义中，要求在 $t\geqslant 0$ 的任一有限区间上 $f(t)$ 分段连续；为方便起见，当 $t<0$ 时，则假定 $f(t)\equiv 0$. 这一假定符合工程技术实际问题的要求，$t=0$ 常称为初始时刻.

(2) s 可以在复数范围内取值，但本章只把 s 作为实数来讨论.

(3) 拉氏变换是将给定的函数 $f(t)$ 通过反常积分转换成一个新的函数 $F(s)$，是一种积分变换.

例 1　求 $f(t)=1$ 的拉氏变换.

解　$\mathscr{L}[1]=\int_0^{+\infty} e^{-st}dt=-\frac{1}{s}e^{-st}\Big|_0^{+\infty}=\frac{1}{s}(s>0)$.

例 2　求指数函数 $f(t)=e^{at}$（$t\geqslant 0$，a 为常数）的拉氏变换.

解

$$\mathscr{L}[e^{at}]=\int_0^{+\infty} e^{at}\cdot e^{-st}dt=\int_0^{+\infty} e^{-(s-a)t}dt$$

$$=-\frac{1}{s-a}e^{-(s-a)t}\Big|_0^{+\infty}=\frac{1}{s-a}\ (s>a).$$

例 3　求分段函数 $f(t)=\begin{cases}1 & a\leqslant t<b\\ 0 & t<a \text{ 或 } t\geqslant b\end{cases}$ $(a\geqslant 0)$ 的拉氏变换.

解

$$\mathscr{L}[f(t)]=\int_0^{+\infty} f(t)\cdot e^{-st}dt=\int_a^b e^{-st}dt=-\frac{1}{s}e^{-st}\Big|_a^b$$

$$=-\frac{1}{s}(e^{-bs}-e^{-as})=(e^{-as}-e^{-bs})\frac{1}{s}.$$

例 4　求正弦函数 $f(t)=\sin\omega t\ (t\geqslant 0)$ 的拉氏变换.

解

$$\mathscr{L}[\sin\omega t]=\int_0^{+\infty}\sin\omega t\cdot e^{-st}dt$$

$$=\left[-\frac{1}{s^2+\omega^2}e^{-st}(s\sin\omega t+\omega\cos\omega t)\right]_0^{+\infty}=\frac{\omega}{s^2+\omega^2}(s>0).$$

类似地，可得余弦函数

$$\mathscr{L}[\cos\omega t]=\frac{s}{s^2+\omega^2}(s>0).$$

二、两种典型函数的拉氏变换

1. 单位阶跃函数 $u(t)$

单位阶跃函数（如图 4－1）是控制理论中最常用的典型输入信号之一，常以它作为评价系统性能的标准输入，其数学表达式为

$$u(t)=\begin{cases}0 & t<0\\ 1 & t\geqslant 0\end{cases}.$$

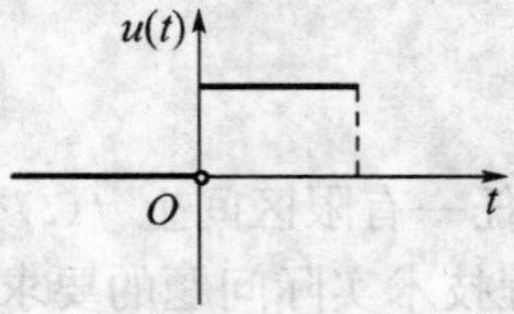

图 4-1

$$F(s)=\mathscr{L}[u(t)]=\int_0^{+\infty}u(t)\mathrm{e}^{-st}\mathrm{d}t=\int_0^{+\infty}\mathrm{e}^{-st}\mathrm{d}t=\frac{1}{s}(s>0).$$

单位阶跃函数常会用到下列性质：

$$u(at-b)=u\left(t-\frac{b}{a}\right)(a>0).$$

2. 单位脉冲函数 $\delta(t)$

在自动控制系统中，常常会遇到具有脉冲性质的物理量，如瞬间作用的冲击力、电脉冲和超高压等，这些物理量都不能用通常意义下的函数来表达，为此必须引进一个新的函数，设

$$\delta_\tau(t)=\begin{cases}\dfrac{1}{\tau} & 0\leqslant t\leqslant\tau\\ 0 & \text{其他}\end{cases},$$

其中 τ 是一个很小的正数，当 $\tau\to 0$ 时，$\delta(t)=\lim\limits_{\tau\to 0}\delta_\tau(t)$ 称为**狄拉克函数**（简称 δ **函数**），工程技术中又称 δ 函数为**单位脉冲函数**.

$$\mathscr{L}[\delta_\tau(t)]=\int_0^{+\infty}\delta_\tau(t)\mathrm{e}^{-st}\mathrm{d}t=\int_0^{\tau}\frac{1}{\tau}\mathrm{e}^{-st}\mathrm{d}t=-\frac{1}{\tau s}\mathrm{e}^{-st}\Big|_0^{\tau}=\frac{1}{\tau s}(1-\mathrm{e}^{-\tau s}).$$

$$\mathscr{L}[\delta(t)]=\lim_{\tau\to 0}\mathscr{L}[\delta_\tau(t)]=\lim_{\tau\to 0}\frac{1-\mathrm{e}^{-\tau s}}{\tau s}=\lim_{\tau\to 0}\frac{s\mathrm{e}^{-\tau s}}{s}=1(\text{洛必达法则}).$$

三、拉氏变换的主要性质

利用拉氏变换定义求复杂函数的拉氏变换是有一定难度的，而利用拉氏变换的性质可以将复杂函数进行化简，从而求出其拉氏变换. 为了叙述方便，在下面的性质中，假定函数的拉氏变换都存在，且满足所需条件.

1. 线性性质

若 a,b 为常数，并设

$$\mathscr{L}[f(t)]=F(s),\mathscr{L}[g(t)]=G(s),$$

则 $$\mathscr{L}[af(t)+bg(t)]=a\mathscr{L}[f(t)]+b\mathscr{L}[g(t)]=aF(s)+bG(s). \tag{4-2}$$

例 5 求函数 $f(t)=\frac{1}{a}(1-\mathrm{e}^{-at})$ 的拉氏变换.

解　$\mathscr{L}\left[\frac{1}{a}(1-e^{-at})\right]=\frac{1}{a}\mathscr{L}(1-e^{-at})=\frac{1}{a}[\mathscr{L}(1)-\mathscr{L}(e^{-at})]$

$$=\frac{1}{a}\left(\frac{1}{s}-\frac{1}{s+a}\right)=\frac{1}{s(s+a)}.$$

2. 位移性质

设 $\mathscr{L}[f(t)]=F(s)$，则

$$\mathscr{L}[e^{at}f(t)]=F(s-a).\qquad(4-3)$$

说明

$f(t)$乘以 e^{at}，等于其像函数 $F(s)$作位移 a，故称位移性质.

例 6　求 $\mathscr{L}[e^{-at}\sin\omega t]$.

解　因为 $\mathscr{L}[\sin\omega t]=F(s)=\frac{w}{s^2+\omega^2}(s>0)$，由位移性质，得

$$\mathscr{L}[e^{-at}\sin\omega t]=F(s+a)=\frac{\omega}{(s+a)^2+\omega^2}.$$

3. 延滞性质

设 $\mathscr{L}[f(t)]=F(s)$，则

$$\mathscr{L}[f(t-a)u(t-a)]=e^{-as}F(s)(a>0).\qquad(4-4)$$

该性质在工程技术中也称为延迟性，它表示时间函数 $f(t-a)$是从 $t=a$ 开始才为非零数值，即在时间上延迟了 a 个单位. 从而表明，时间函数延滞 a 的拉氏变换等于它的像函数乘以指数因子 e^{-as}.

例 7　设 $f(t)=\sin t$，求 $\mathscr{L}\left[f\left(t-\frac{\pi}{6}\right)u\left(t-\frac{\pi}{6}\right)\right]$.

解　因为 $\mathscr{L}[\sin t]=\frac{1}{s^2+1}$，由延滞性质，得

$$\mathscr{L}\left[f\left(t-\frac{\pi}{6}\right)u\left(t-\frac{\pi}{6}\right)\right]=\mathscr{L}\left[\sin\left(t-\frac{\pi}{6}\right)u\left(t-\frac{\pi}{6}\right)\right]=e^{-\frac{\pi}{6}s}\mathscr{L}[\sin t]=\frac{1}{s^2+1}e^{-\frac{\pi}{6}s}.$$

4. 微分性质

设 $\mathscr{L}[f(t)]=F(s)$，且 $f(t)$在$[0,+\infty)$上连续，$f'(t)$分段连续，则

$$\mathscr{L}[f'(t)]=sF(s)-f(0).\qquad(4-5)$$

若 $f(t)$的各阶导数连续，则 $f(t)$的各阶导数的拉氏变换为

$$\begin{cases}\mathscr{L}[f''(t)]=s^2F(s)-sf(0)-f'(0)\\ \mathscr{L}[f'''(t)]=s^3F(s)-s^2f(0)-sf'(0)-f''(0)\\ \cdots\cdots\\ \mathscr{L}[f^{(n)}(t)]=s^nF(s)-s^{n-1}f(0)-s^{n-2}f'(0)-\cdots-f^{(n-1)}(0)\end{cases}.\qquad(4-6)$$

特别地，当 $f(0)=f'(0)=\cdots=f^{(n-1)}(0)=0$ 时，则 $f(t)$ 各阶导数的拉氏变换为

$$\begin{cases}\mathscr{L}[f'(t)]=sF(s)\\ \mathscr{L}[f''(t)]=s^2F(s)\\ \cdots\cdots\\ \mathscr{L}[f^{(n)}(t)]=s^nF(s)\end{cases}. \tag{4-7}$$

这是一条重要性质，利用它可以将关于 $y=f(x)$ 的常微分方程转化为 $F(s)$ 的代数方程. 当然它只适用于初值问题.

例 8 利用微分性质求 $f(t)=t^n$ 的拉氏变换.

解 因为 $f(0)=f'(0)=\cdots=f^{(n-1)}(0)=0, f^{(n)}(t)=n!$,

所以
$$\mathscr{L}[f^{(n)}(t)]=\mathscr{L}[n!]=n!\mathscr{L}[1]=\frac{n!}{s}.$$

由公式(4-7)，得

$$F(s)=\mathscr{L}[f(t)]=\frac{1}{s^n}\mathscr{L}[f^{(n)}(t)]=\frac{n!}{s^{n+1}},$$

即
$$\mathscr{L}[t^n]=\frac{n!}{s^{n+1}}.$$

5. 积分性质

设 $\mathscr{L}[f(t)]=F(s)$，且 $f(t)$ 连续，则

$$\mathscr{L}\left[\int_0^t f(x)\mathrm{d}x\right]=\frac{1}{s}F(s). \tag{4-8}$$

例 9 利用积分性质求 $f(t)=\sin 2t$ 的拉氏变换.

解 因为 $\mathscr{L}[\cos 2t]=\dfrac{s}{s^2+4}$,

所以 $\mathscr{L}[\sin 2t]=\mathscr{L}\left[2\int_0^t \cos 2x\mathrm{d}x\right]=2\mathscr{L}\left[\int_0^t \cos 2x\mathrm{d}x\right]=2\cdot\dfrac{1}{s}\cdot\dfrac{s}{s^2+4}=\dfrac{2}{s^2+4}.$

现将实际计算中，常用函数的拉氏变换列表如下(见表 4-1).

表 4-1 常用函数拉氏变换

序号	像原函数 $f(t)$	像函数 $F(s)$
1	$\delta(t)$	1
2	$u(t)$	$\frac{1}{s}$
3	t	$\frac{1}{s^2}$
4	$t^n(n=1,2,3,\cdots)$	$\frac{n!}{s^{n+1}}$

（续表）

序号	像原函数 $f(t)$	像函数 $F(s)$
5	e^{at}	$\frac{1}{s-a}$
6	te^{at}	$\frac{1}{(s-a)^2}$
7	$1-e^{-at}$	$\frac{a}{s(s+a)}$
8	$t^n e^{-at}(n=1,2,3,\cdots)$	$\frac{n!}{(s+a)^{n+1}}$
9	$\sin\omega t$	$\frac{\omega}{s^2+\omega^2}$
10	$\cos\omega t$	$\frac{s}{s^2+\omega^2}$
11	$t\sin\omega t$	$\frac{2\omega s}{(s^2+\omega^2)^2}$
12	$t\cos\omega t$	$\frac{s^2-\omega^2}{(s^2+\omega^2)^2}$
13	$\sin\omega t-\omega t\cos\omega t$	$\frac{2\omega^3}{(s^2+\omega^2)^2}$
14	$e^{at}-e^{bt}$	$\frac{a-b}{(s-a)(s-b)}$
15	$e^{-at}\sin\omega t$	$\frac{\omega}{(s+a)^2+\omega^2}$
16	$e^{-at}\cos\omega t$	$\frac{s+a}{(s+a)^2+\omega^2}$
17	$(1-at)e^{-at}$	$\frac{s}{(s+a)^2}$
18	$\frac{1}{a^2}(1-\cos at)$	$\frac{1}{s(s^2+a^2)}$

例 10　求 $\mathscr{L}[t\sin 5t]$.

解　由表 4 - 1 中公式 11，得

$$\mathscr{L}[t\sin 5t]=\frac{10s}{(s^2+25)^2}.$$

练习与思考 4.1

求下列函数的拉氏变换：

(1) $2t$；　　(2) e^{3t}.

习题 4.1

求下列函数的拉氏变换：

(1) t^2-3t+2；　　(2) $2e^{-t}+3\cos 2t$；

(3) $e^{2t}\cos 3t$；　　(4) $\sin(t-2)u(t-2)$；

(5) $u(2t-1)$；　　(6) $f(t)=\begin{cases}0 & t<0\\ 2t & t\geqslant 0\end{cases}$；

(7) $f(t)=\begin{cases}0 & t<0\\ -3t^2 & t\geqslant 0\end{cases}$；　　(8) $f(t)=\begin{cases}8 & 0\leqslant t<2\\ 0 & t\geqslant 2\end{cases}$.

§4.2　拉氏变换的逆变换

学习目标

会用查表法和部分分式法求常见函数的拉氏逆变换.

引入问题

利用拉氏变换求解常微分方程，不仅要会求函数的拉氏变换，即求像函数，还要会求像函数的像原函数，这就是下面要学习的拉氏逆变换.

主要知识

一、拉氏逆变换的概念

若 $F(s)=\mathscr{L}[f(t)]$，则称 $f(t)$ 为 $F(s)$ 的**拉氏逆变换**（或称**像原函数**），记作 $\mathscr{L}^{-1}[F(s)]$，即

$$f(t)=\mathscr{L}^{-1}[F(s)].$$

例如，$F(s)=\mathscr{L}[e^{at}]=\dfrac{1}{s-a}$，其拉氏逆变换为

$$f(t)=\mathscr{L}^{-1}[F(s)]=\mathscr{L}^{-1}\left[\frac{1}{s-a}\right]=e^{at}\quad(t\geqslant 0).$$

再如，$F(s)=\mathscr{L}[\sin\omega t]=\dfrac{\omega}{s^2+\omega^2}$，其拉氏逆变换为

$$f(t)=\mathscr{L}^{-1}\left[\frac{\omega}{s^2+\omega^2}\right]=\sin\omega t\quad(t\geqslant 0).$$

二、拉氏逆变换的主要性质

1. 线性性质

若 a,b 为常数，并设 $\mathscr{L}^{-1}[F(s)]=f(t)$，$\mathscr{L}^{-1}[G(s)]=g(t)$，则

$$\mathscr{L}^{-1}[aF(s)+bG(s)]=a\mathscr{L}^{-1}[F(s)]+b\mathscr{L}^{-1}[G(s)]=af(t)+bg(t).\qquad(4-9)$$

2. 位移性质

设 $\mathscr{L}[f(t)]=F(s)$，则

$$\mathscr{L}^{-1}[F(s-a)]=\mathrm{e}^{at}\mathscr{L}^{-1}[F(s)]=\mathrm{e}^{at}f(t).\qquad(4-10)$$

3. 延滞性质

设 $\mathscr{L}[f(t)]=F(s)$，则

$$\mathscr{L}^{-1}[\mathrm{e}^{-as}F(s)]=f(t-a)u(t-a).\qquad(4-11)$$

三、求拉氏逆变换的主要方法

1. 查表法

对于一些较简单的拉氏变换，我们可以通过查拉氏变换表来直接求出它的逆变换.

例 1　求下列函数的拉氏逆变换：

(1) $F(s)=\dfrac{1}{s+6}$；　(2) $F(s)=\dfrac{s^2-s+1}{s^3}$；

(3) $F(s)=\dfrac{1}{(s+2)^2}$；　(4) $F(s)=\dfrac{s+3}{s^2+9}$.

解　(1) 因为 $\mathscr{L}^{-1}\left[\dfrac{1}{s-a}\right]=\mathrm{e}^{at}$，所以

$$f(t)=\mathscr{L}^{-1}\left[\frac{1}{s+6}\right]=\mathrm{e}^{-6t}.$$

(2) $F(s)=\dfrac{s^2-s+1}{s^3}=\dfrac{1}{s}-\dfrac{1}{s^2}+\dfrac{1}{s^3}$，

$$f(t)=\mathscr{L}^{-1}[F(s)]=\mathscr{L}^{-1}\left[\frac{1}{s}-\frac{1}{s^2}+\frac{1}{s^3}\right]$$

$$=\mathscr{L}^{-1}\left[\frac{1}{s}\right]-\mathscr{L}^{-1}\left[\frac{1}{s^2}\right]+\frac{1}{2}\mathscr{L}^{-1}\left[\frac{2!}{s^3}\right]=1-t+\frac{1}{2}t^2.$$

(3) 因为 $\mathscr{L}^{-1}\left[\dfrac{1}{s^2}\right]=t$，所以 $f(t)=\mathscr{L}^{-1}\left[\dfrac{1}{(s+2)^2}\right]=\mathrm{e}^{-2t}\mathscr{L}^{-1}\left[\dfrac{1}{s^2}\right]=t\mathrm{e}^{-2t}$.

(4) 因为 $\mathscr{L}^{-1}\left[\dfrac{s}{s^2+9}\right]=\cos 3t$，$\mathscr{L}^{-1}\left[\dfrac{3}{s^2+9}\right]=\sin 3t$，

所以 $f(t)=\mathscr{L}^{-1}\left[\dfrac{s+3}{s^2+9}\right]=\mathscr{L}^{-1}\left[\dfrac{s}{s^2+9}\right]+\mathscr{L}^{-1}\left[\dfrac{3}{s^2+9}\right]=\cos 3t+\sin 3t$.

2. 部分分式法

将真分式有理函数 $F(s)$ 分解成几个较简单的分式之和，针对每个部分分式，再分别求出其逆变换.

例 2 求函数 $F(s)=\dfrac{1}{(s-3)(s+2)}$ 的拉氏逆变换.

解 将 $F(s)$ 分解为部分分式之和，即

$$F(s)=\frac{1}{(s-3)(s+2)}=\frac{A}{s-3}+\frac{B}{s+2},$$

从而有 $A(s+2)+B(s-3)=1$，求得 $A=\dfrac{1}{5}$，$B=-\dfrac{1}{5}$，所以

$$\mathscr{L}^{-1}[F(s)]=\frac{1}{5}\mathscr{L}^{-1}\left[\frac{1}{s-3}\right]-\frac{1}{5}\mathscr{L}^{-1}\left[\frac{1}{s+2}\right]=\frac{1}{5}e^{3t}-\frac{1}{5}e^{-2t}.$$

例 3 求函数 $F(s)=\dfrac{s+2}{s^2(s+1)}$ 的拉氏逆变换.

解 将 $F(s)$ 分解为部分分式之和，即

$$F(s)=\frac{s+2}{s^2(s+1)}=\frac{A}{s}+\frac{B}{s^2}+\frac{C}{s+1},$$

从而有 $s+2=As(s+1)+B(s+1)+Cs^2$，求得 $A=-1$，$B=2$，$C=1$，即

$$F(s)=\frac{s+2}{s^2(s+1)}=-\frac{1}{s}+\frac{2}{s^2}+\frac{1}{s+1}.$$

于是

$$\begin{aligned}\mathscr{L}^{-1}[F(s)]&=-\mathscr{L}^{-1}\left[\frac{1}{s}\right]+2\mathscr{L}^{-1}\left[\frac{1}{s^2}\right]+\mathscr{L}^{-1}\left[\frac{1}{s+1}\right]\\&=-1+2t+e^{-t}.\end{aligned}$$

练习与思考 4.2

求下列各函数的拉氏逆变换：

(1) $F(s)=\dfrac{3}{s-2}$； (2) $F(s)=\dfrac{1}{2s+1}$；

(3) $F(s)=\dfrac{6s}{s^2+9}$； (4) $F(s)=\dfrac{1}{s(s+2)}$.

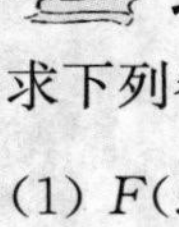

习题 4.2

求下列各函数的拉氏逆变换：

(1) $F(s)=\dfrac{1}{s^2+1}+1$； (2) $F(s)=\dfrac{1}{(s+2)^4}$；

(3) $F(s)=\frac{2s+15}{s^2+9}$；　　(4) $F(s)=\frac{1}{2s^2+8}$；

(5) $F(s)=\frac{2s-6}{s^2+4}$；　　(6) $F(s)=\frac{s}{s^2+8s+15}$；

(7) $F(s)=\frac{2}{s^2-2s-3}$；　　(8) $F(s)=\frac{1}{s^2(s+1)}$；

(9) $F(s)=\frac{s+3}{s^2(s+2)}$；　　(10) $F(s)=\frac{5s+3}{(s+1)(s+2)(s+3)}$.

§4.3　拉氏变换的应用举例

学习目标

能应用拉氏变换求解常系数线性微分方程的初值问题.

引入问题

【弹簧振动】一静止的弹簧在 $t=0$ 时的瞬间受到一个垂直方向的力的冲击而振动，振动所满足的方程为 $y''+2y'+2y=\delta(t)$，$y(0)=0$，$y'(0)=0$，试求其振动规律.

此问题用经典解法（高等数学中常微分方程的解法）求解是有难度的，这是因为方程中非齐次项（输入函数）是单位脉冲函数（不可微），如何利用拉氏变换求出其解呢？

主要知识

应用拉氏变换求解线性微分方程的一般步骤：

(1) 通过对未知函数 $y(t)$ 的线性微分方程（连带初始条件）进行拉氏变换，得到一个关于像函数 $Y(s)$ 的代数方程，常称为像方程；

(2) 解此像方程，得像函数 $Y(s)$；

(3) 对 $Y(s)$ 作拉氏逆变换，得到原微分方程的解 $y(t)$.

例 1　求微分方程 $y''+4y=0$ 满足初始条件 $y(0)=-2$，$y'(0)=4$ 的解.

解　设 $\mathscr{L}[y]=Y(s)$，对方程两边取拉氏变换，得

$$\mathscr{L}[y'']+4\mathscr{L}[y]=0.$$

由式(4-6)，得

$$s^2Y(s)+2s-4+4Y(s)=0,$$

$$Y(s)=\frac{4-2s}{s^2+4},$$

即 $$Y(s)=\frac{4}{s^2+4}-\frac{2s}{s^2+4}.$$

又因为 $$\mathscr{L}^{-1}\left[\frac{2}{s^2+4}\right]=\sin 2t,\mathscr{L}^{-1}\left[\frac{s}{s^2+4}\right]=\cos 2t,$$

所以 $$\begin{aligned}y(t)&=\mathscr{L}^{-1}[Y(s)]=2\mathscr{L}^{-1}\left[\frac{2}{s^2+4}\right]-2\mathscr{L}^{-1}\left[\frac{s}{s^2+4}\right]\\&=2\sin 2t-2\cos 2t.\end{aligned}$$

例 2 求微分方程 $y''+2y'-3y=e^{-t}$，满足初始条件 $y(0)=y'(0)=0$ 的解.

解 设 $\mathscr{L}[y]=Y(s)$，对方程两边取拉氏变换，由式(4-7)，得

$$s^2Y(s)+2sY(s)-3Y(s)=\mathscr{L}[e^{-t}]=\frac{1}{s+1},$$

$$(s^2+2s-3)Y(s)=\frac{1}{s+1},$$

$$Y(s)=\frac{1}{(s+1)(s-1)(s+3)}.$$

将 $Y(s)$ 分解为部分分式之和，即

$$Y(s)=\frac{1}{(s-1)(s+1)(s+3)}=\frac{-\frac{1}{4}}{s+1}+\frac{\frac{1}{8}}{s-1}+\frac{\frac{1}{8}}{s+3}.$$

对 $Y(s)$ 取拉氏逆变换，查表得

$$\mathscr{L}^{-1}[Y(s)]=\mathscr{L}^{-1}\left[\frac{-\frac{1}{4}}{s+1}+\frac{\frac{1}{8}}{s-1}+\frac{\frac{1}{8}}{s+3}\right],$$

所以 $$y(t)=\frac{1}{8}(e^t-2e^{-t}+e^{-3t}).$$

例 3 求微分方程 $y'''+3y''+3y'+y=6e^{-t}$，满足初始条件 $y(0)=y'(0)=y''(0)=0$ 的解.

解 设 $\mathscr{L}[y]=Y(s)$，对方程两边取拉氏变换，由式(4-7)，得

$$s^3Y(s)+3s^2Y(s)+3sY(s)+Y(s)=\mathscr{L}[6e^{-t}]=6\,\frac{1}{s+1},$$

$$(s^3+3s^2+3s+1)Y(s)=\frac{6}{s+1},$$

$$Y(s)=\frac{6}{(s+1)\,(s+1)^3}=\frac{6}{(s+1)^4}.$$

对 $Y(s)$ 取拉氏逆变换，查表得

$$\mathscr{L}^{-1}\left[\frac{6}{(s+1)^4}\right]=\mathscr{L}^{-1}\left[\frac{3!}{(s+1)^{3+1}}\right]=t^3e^{-t},$$

所以
$$y(t)=\mathscr{L}^{-1}\left[\frac{6}{(s+1)^4}\right]=t^3\mathrm{e}^{-t}.$$

例 4 【弹簧振动】求本节引入问题中的弹簧振动规律，即求满足
$$y''+2y'+2y=\delta(t),y(0)=0,y'(0)=0$$
的初值问题的解.

解　方程取拉氏变换，并设 $\mathscr{L}[y]=Y(s)$，得
$$\mathscr{L}[y''+2y'+2y]=\mathscr{L}[\delta(t)],$$
$$s^2Y(s)-sy(0)-y'(0)+2[sY(s)-y(0)]+2Y(s)=1.$$
将初始条件代入，得
$$(s^2+2s+2)Y(s)=1,$$
$$Y(s)=\frac{1}{s^2+2s+2}=\frac{1}{(s+1)^2+1},$$
$$y(t)=\mathscr{L}^{-1}[Y(s)]=\mathscr{L}^{-1}\left[\frac{1}{(s+1)^2+1}\right]=\mathrm{e}^{-t}\sin t.$$

例 5 【RC 电路】设 RC 电路如图 4－2 所示，在 $t=0$ 时接通电路，求输出电压 $u_c(t)$.

解　由电学知识知，$u_R(t)=Ri=RC\frac{\mathrm{d}u_c}{\mathrm{d}t}$. 根据回路电压定律，可列出方程
$$RC\frac{\mathrm{d}u_c(t)}{\mathrm{d}t}+u_c(t)=E,$$
初始条件为 $u_c(0)=0$.

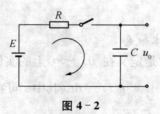

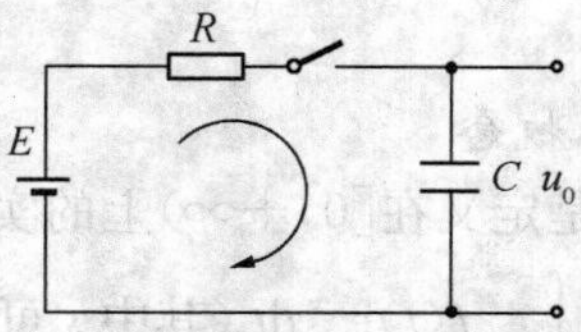

图 4－2

设 $\mathscr{L}[u_c(t)]=U_c(s)$，对方程两边取拉氏变换，得
$$RC[sU_c(s)-u_c(0)]+U_c(s)=\frac{E}{s},$$
将初始条件代入，得
$$RCsU_c(s)+U_c(s)=\frac{E}{s},$$
解出输出量的拉氏变换表达式
$$U_c(s)=\frac{E}{s(RCs+1)}=E\left(\frac{1}{s}-\frac{1}{s+\frac{1}{RC}}\right).$$

求拉氏逆变换，得

$$u_c(t)=\mathscr{L}^{-1}[U_c(s)]=E(1-\mathrm{e}^{-\frac{t}{RC}}).$$

练习与思考 4.3

用拉氏变换解下列方程：

(1) $y'-y=0,y(0)=0$；　　(2) $y''-4y=0,y(0)=0,y'(0)=2$.

习题 4.3

1. 用拉氏变换解下列方程：

   (1) $y'+2y=5\mathrm{e}^{-2t},y(0)=0$；

   (2) $y''+2y'+5y=0,y(0)=1,y'(0)=5$；

   (3) $y''-y=0,y(0)=0,y'(0)=2$；

   (4) $y''+4y=\cos 2t,y(0)=1,y'(0)=0$.

2. 【串联电路】设有一个由电阻 R、电感 L 串联组成的电路，在 $t=0$ 时，接入直流电源 E. 求电流 i 与时间 t 的函数关系.

小结与复习

内容提要

1. 拉氏(Laplace)变换的基本概念

拉氏变换所考虑的对象通常是定义在 $[0,+\infty)$ 上的实值函数 $f(t)$.

拉氏变换：$F(s)=\mathscr{L}[f(t)]=\int_0^{+\infty}f(t)\mathrm{e}^{-st}\mathrm{d}t$（其中 s 可在复数范围内取值）；

拉氏逆变换：$f(t)=\mathscr{L}^{-1}[F(s)]$，

其中，$F(s)$ 称为函数 $f(t)$ 的**像函数**，$f(t)$ 称为 $F(s)$ 的**像原函数**.

2. 拉氏(Laplace)变换的性质

设 $\mathscr{L}[f(t)]=F(s)$，$\mathscr{L}[g(t)]=G(s)$.

(1) 线性性质

$$\mathscr{L}[af(t)+bg(t)]=aF(s)+bG(s),$$
$$\mathscr{L}^{-1}[aF(s)+bG(s)]=af(t)+bg(t).$$

(2) 位移性质

$$\mathscr{L}[\mathrm{e}^{at}f(t)]=F(s-a),$$
$$\mathscr{L}^{-1}[F(s-a)]=\mathrm{e}^{at}f(t).$$

(3) 延滞性质

$$\mathscr{L}[f(t-a)u(t-a)] = \mathrm{e}^{-as}F(s)(a>0),$$
$$\mathscr{L}^{-1}[\mathrm{e}^{-as}F(s)] = f(t-a)u(t-a).$$

(4) 微分性质

$$\mathscr{L}[f'(t)] = sF(s) - f(0),$$

一般地，有　$\mathscr{L}[f^{(n)}(t)] = s^nF(s) - s^{n-1}f(0) - s^{n-2}f'(0) - \cdots - f^{(n-1)}(0).$

(5) 积分性质

$$\mathscr{L}\left[\int_0^t f(x)\mathrm{d}x\right] = \frac{1}{s}F(s).$$

3. 常用函数的拉氏变换和拉氏逆变换

$\mathscr{L}[\delta(t)]=1$，　　$\mathscr{L}^{-1}[1]=\delta(t)$；

$\mathscr{L}[1]=\dfrac{1}{s}$，　　$\mathscr{L}^{-1}\left[\dfrac{1}{s}\right]=1$；

$\mathscr{L}[\mathrm{e}^{at}]=\dfrac{1}{s-a}$；　　$\mathscr{L}^{-1}\left[\dfrac{1}{s-a}\right]=\mathrm{e}^{at}$；

$\mathscr{L}[t^n]=\dfrac{n!}{s^{n+1}}$，　　$\mathscr{L}^{-1}\left[\dfrac{n!}{s^{n+1}}\right]=t^n$；

$\mathscr{L}[\sin\omega t]=\dfrac{\omega}{s^2+\omega^2}$，　　$\mathscr{L}^{-1}\left[\dfrac{\omega}{s^2+\omega^2}\right]=\sin\omega t$；

$\mathscr{L}[\cos\omega t]=\dfrac{s}{s^2+\omega^2}$，　　$\mathscr{L}^{-1}\left[\dfrac{s}{s^2+\omega^2}\right]=\cos\omega t.$

4. 求拉氏逆变换的两种常用方法

(1) 查表法；

(2) 部分分式法.

5. 拉氏变换解线性微分方程的步骤

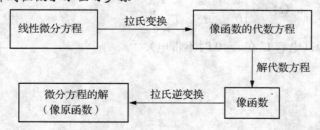

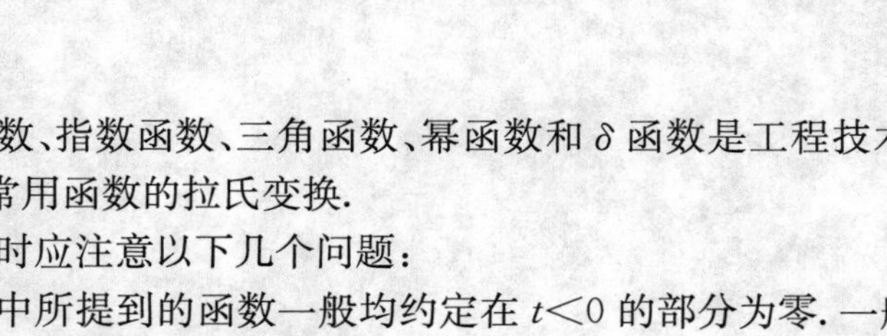

学法指导

1. 单位阶跃函数、指数函数、三角函数、幂函数和 δ 函数是工程技术中常见的函数，希望读者能记住这些常用函数的拉氏变换.

2. 在学习本章时应注意以下几个问题：

① 在拉氏变换中所提到的函数一般均约定在 $t<0$ 的部分为零. 一般说来，工程技术中遇到的函数，其拉氏变换总是存在的.

② 在进行拉氏变换时，常常略去存在域. 在较为深入的讨论中，拉氏变换中的参变量 s 是在复数范围内取值的. 为方便和问题的简化，本章把 s 的取值范围限制在实数范围内，这并不影响对拉氏变换的应用.

③ 为简单实用，拉氏逆变换的概念并没有给出具体公式(反演积分公式)，而采用了反推的办法.

④ 由于拉氏变换能将微分变成乘法，将微分方程变为代数方程，而且初始条件包含在变换式中，因而能有效、简便地求解满足初始条件的微分方程.

复习题 4

1. 求下列函数的拉氏变换：

(1) $f(t)=2t^3$；　　(2) $f(t)=3t-2e^{-t}$；

(3) $f(t)=\frac{1}{e^t}-e^t$；　　(4) $f(t)=e^{-2t}\sin t$.

2. 求下列像函数的拉氏逆变换：

(1) $F(s)=\frac{4}{(s-1)(s-3)}$；(2) $F(s)=\frac{1}{s^2+6s+9}$；

(3) $F(s)=\frac{s^2}{(s-2)^3}$；　　(4) $F(s)=\frac{2s+4}{s^2+16}$.

3. 用拉氏变换解下列微分方程：

(1) $y''+2y'+2y=e^{-t}, y(0)=y'(0)=0$；

(2) $y''+2y'=3e^{-2t}, y(0)=y'(0)=0$；

(3) $y''+4y'+y=4\cos t, y(0)=0, y'(0)=1$；

(4) $y'''+8y=8t^3+6, y(0)=y'(0)=y''(0)=0$.

4.【输出电压】在图 4-3 所示的电路中，设输入电压为

$$u_0(t)=\begin{cases}1 & 0\leqslant t<T\\ 0 & t\geqslant T\end{cases},$$

求输出电压 $u_R(t)$(电容 C 在 $t=0$ 时不带电).

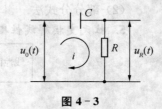

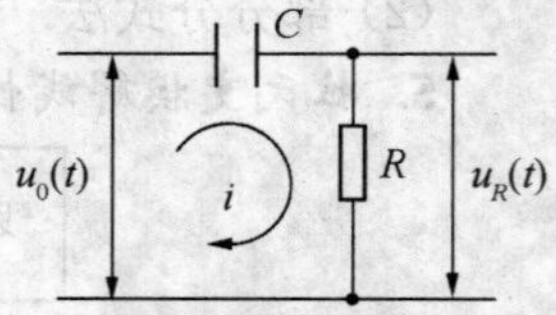

图 4-3

第 5 章　概率统计及其应用

概率是寻求现实世界中的一类不确定现象的规律并量化的科学，它广泛应用于自然科学和社会科学的各个领域，能很好地指导人们规避风险，提高效率. 统计则是以概率为基础，根据具体试验所得到的数据，对研究对象的内在规律做出合理的推断并进行科学的检验.

本章主要介绍概率和统计的基本概念、基本方法和基本理论，着重探讨它们在专业课程中的应用，以此提高应用概率统计方法分析和解决实际问题的能力.

§5.1　随机事件

学习目标

1. 了解随机现象和随机试验的概念.
2. 了解随机事件和样本空间的概念.
3. 掌握随机事件间的关系和基本运算.

引入问题

【彩票或投资】购买体育彩票，可能中奖，也可能不中奖；投资某一股票，可能赚钱，可能保本，也可能亏本. 生活中这类具有不确定性的事件就是本节介绍的随机事件.

主要知识

一、随机事件

1. 随机现象

自然界和社会生活中存在两类现象：一类是确定性现象，一类是随机现象. 所谓**确定性现象**是指在一定条件下可以预言结果的，即结果是确定的. 例如，上抛的硬币必然下落；同性电荷相斥. 而**随机现象**是无法预言结果的，即结果是不确定的. 例如，抛掷一枚均匀硬币，可能出现正面，也可能出现反面；从一盒彩色粉笔中随机抽一支，可能是红色，也可能是绿色或黄色.

我们所说的随机现象的不确定性，是针对一次观察或试验而言的. 若在相同条件下，对随机现象进行大量观察或试验时，就会发现其中含有某种规律性. 例如，在相同条件下多次抛掷一枚均匀硬币，发现正、反面出现的次数分别约占一半. 这种在大量重复观察中所呈现的规律就是随机现象的**统计规律性**. 随机现象是概率统计研究的主要对象.

2. 随机试验

要确定随机现象的统计规律，需要对随机现象进行大量重复观察，我们把对随机现象的观察称为**试验**，当此试验具备以下三个特征时称为**随机试验**.

(1) 试验可以在相同的条件下重复进行；

(2) 每次试验的可能结果不止一个，并且事先可以预知所有可能出现的结果；

(3) 每次试验之前不能确定将会出现哪一个结果.

通常用字母 E 表示随机试验. 下面列举几个随机试验的例子：

E_1：记录 114 服务台一天接到的咨询电话次数.

E_2：抛一枚硬币，观察出现正、反面的情况.

E_3：在数轴区间[1,2]上任取一点，记录坐标.

E_4：观察某台电脑连续正常使用的时间.

3. 样本空间

对于随机试验，虽然每次试验之前不能预知结果，但试验的所有结果却是已知的. 我们将随机试验所有可能的结果组成的集合称为该随机试验的**样本空间**，样本空间中的每一个元素，即随机试验的每一个结果称为**样本点**，一般用 ω 表示. 对于上述的几个随机试验可分别写出样本空间为：

E_1：$\Omega_1=\{0,1,2,3,4,5,6,\cdots\}$.

E_2：$\Omega_2=\{$正,反$\}$.

E_3：$\Omega_3=\{x\mid 1\leqslant x\leqslant 2\}$.

E_4：$\Omega_4=\{x\mid x\geqslant 0\}$.

4. 随机事件

在随机试验中，我们可能会特别关心某些结果是否会发生. 例如，抛掷骰子是否会出现偶数点；产品检验是否合格，等等. 我们把样本空间中满足某些条件的样本点构成的集合称为**随机事件**，简称**事件**. 随机事件通常用字母 $A,B,C,\cdots$ 表示.

显然，随机事件 A 是样本空间的子集，即 $A\subset\Omega$. 若试验后的结果 $\omega\in A$，则称事件 A 发生，否则称 A 不发生. 只含有一个样本点的事件称为**基本事件**，含有两个或两个以上样本点的事件称为**复合事件**. 显然，复合事件可分解，而基本事件不可再分解.

样本空间 Ω 包含所有的样本点，它是其自身的子集，在每次试验中它必然会发生，称为**必然事件**. 空集 $\varnothing$ 也是样本空间 Ω 的子集，由于它不包含任何样本点，无论试验结果如何，它都不会发生，称为**不可能事件**.

例如，掷一枚骰子，设 $A=\{$出现的点数不大于 6$\}$，$B=\{$出现点数不大于 0$\}$，则 $A=\Omega$，是必然事件，$B=\varnothing$，是不可能事件.

必然事件与不可能事件都是确定性事件，为了讨论方便，把它们看作一类特殊的随机事件.

二、事件的关系及运算

随机事件是样本空间的一个子集，因此，随机事件之间的关系与运算自然可以按照集合之间的关系与运算来处理. 下面给出事件间几种主要关系及运算，以及它们在概率论中的含义.

1. 事件的包含和相等

(1) **包含**　若事件 A 发生必然导致事件 B 发生，则称事件 A **包含于**事件 B，或称事件 B **包含**事件 A. 记作 $A \subset B$ 或 $B \supset A$.

例如，抛骰子，事件 $A=\{$点数为 1$\}$，事件 $B=\{$点数为奇数$\}$，则 $A \subset B$.

显然，对于任一事件 A，有 $\varnothing \subset A \subset \Omega$.

(2) **相等**　若 $A \subset B$ 且 $B \subset A$，则称事件 A 与事件 B **相等**，记作 $A=B$.

例如，抛骰子，事件 $A=\{$点数为 2 或 4 或 6$\}$，事件 $B=\{$点数为偶数$\}$，则 $A=B$.

2. 和事件(并)

若两事件 A,B 中至少有一个发生，称此事件为 A 与 B 的**和事件**，记作 $A \cup B$.

例如，甲乙两人射击同一目标，事件 $A=\{$甲命中目标$\}$，事件 $B=\{$乙命中目标$\}$，事件 $C=\{$目标被击中$\}$，则 $C=A \cup B$.

3. 积事件(交)

若两事件 A,B 同时发生，称此事件为 A 与 B 的**积事件**，记作 $A \cap B$，简记为 AB.

例如，上述射击练习中，若事件 $A=\{$甲未命中目标$\}$，事件 $B=\{$乙未命中目标$\}$，事件 $C=\{$目标未被击中$\}$，显然 $C=AB$.

4. 互不相容事件(互斥事件)

若事件 A 与 B 不能同时发生，即 $AB=\varnothing$，则称事件 A 与 B **互不相容(或互斥)**.

例如，抛掷一枚骰子，事件 $A=\{$点数为 2$\}$，事件 $B=\{$点数为 3$\}$，显然 $AB=\varnothing$，即 A 与 B 互不相容.

5. 对立事件(逆事件)

若事件 A 与事件 B 中至少有一个发生，且互不相容，即 $A \cup B=\Omega$，$AB=\varnothing$，则称事件 A 与事件 B 互为**对立事件(或逆事件)**，记作 $B=\overline{A}$，同时 $A=\overline{B}$.

例如，抛骰子，事件 $A=\{$点数为偶数$\}$，事件 $B=\{$点数为奇数$\}$，此时，事件 A 与事件 B 互为对立事件.

对于任一事件 A，显然有 $A \cup \overline{A} = \Omega$，$A \cap \overline{A} = \varnothing$，$\overline{\overline{A}} = A$.

> **注意**　对立事件一定是互不相容；反之，互不相容事件不一定是对立事件. 互不相容概念适用于多个事件，对立概念只适用于两个事件.

6. 差事件

若事件 A 发生而事件 B 不发生，称为事件 A 与事件 B 的**差事件**，记作 $A-B$.

显然有　$A-B=A\overline{B}$.

例如，抛掷一枚骰子，事件 $A=\{$点数为 2$\}$，事件 $B=\{$点数为偶数$\}$，事件 $C=\{$点数为 4 或 6$\}$，显然 $C=B-A=B\overline{A}$.

为直观起见，通常借用图形来表示事件间的关系与运算，如图 5-1 所示(矩形区域表示

样本空间 Ω)：

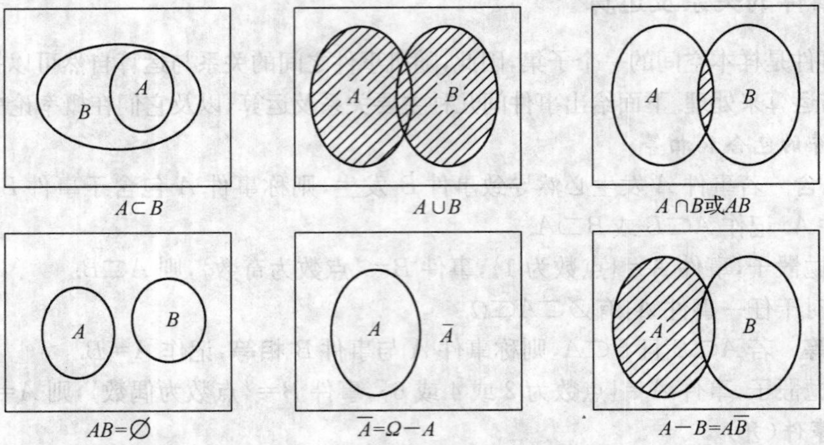

图 5-1

事件的运算和集合的运算一样，满足下列运算规律：

(1) 交换律　$A\cup B=B\cup A$；$AB=BA$.

(2) 结合律　$A\cup(B\cup C)=(A\cup B)\cup C$；$A(BC)=(AB)C$.

(3) 分配律　$A\cup(BC)=(A\cup B)(A\cup C)$；$A(B\cup C)=(AB)\cup(AC)$.

(4) 对偶律　$\overline{A\cup B}=\overline{A}\,\overline{B}$；$\overline{AB}=\overline{A}\cup\overline{B}$.

例 1　**【射击练习】**甲、乙、丙三人进行射击训练，A,B,C 分别表示“甲命中目标”、“乙命中目标”和“丙命中目标”，试用 A,B,C 表示下列事件：

(1) 甲、乙、丙至少有一人命中目标；

(2) 三人都命中目标；

(3) 甲、乙命中而丙未命中；

(4) 甲、丙至少有一人命中而乙未命中；

(5) 三人都没有命中目标；

(6) 三人没有都命中目标.

解　(1) 甲、乙、丙至少有一人命中目标表示为　$A\cup B\cup C$；

(2) 三人都命中目标表示为 ABC；

(3) 甲、乙命中而丙未命中表示为 $AB\overline{C}$；

(4) 甲、丙至少有一人命中而乙未命中表示为$(A\cup C)\overline{B}$；

(5) 三人都没有命中目标表示为$\overline{A}\,\overline{B}\,\overline{C}$；

(6) 三人没有都命中目标$\overline{ABC}$.

练习与思考 5.1

1. 写出下列试验的样本空间：

(1) 同时抛两枚硬币，观察出现的各种结果；

(2) 运动员练习投篮，直到投中才停止的投篮次数；

(3) 检查 10 件产品，记录次品的件数；

(4) 测试一台电脑连续正常工作的时间.

2. 指出下列事件哪些是随机事件、必然事件、不可能事件？

(1) 明天最高气温 37℃；

(2) 抽检一件产品，刚好合格；

(3) 盒中有 3 红 2 黑共 5 个球，随机同时取出 3 个球，至少有 1 个红球；

(4) 盒中有 5 个黑球，从中任取一个，刚好是白球.

习题 5.1

1.【技能竞赛】甲、乙、丙三人参加职业技能竞赛，设 A,B,C 分别表示事件“甲获奖”、“乙获奖”、“丙获奖”，试用 A,B,C 表示下列各事件：

(1) 三人都获奖；

(2) 三人都没有获奖；

(3) 有人获奖；

(4) 甲乙都获奖而丙没有获奖；

(5) 三人中只有一人获奖；

(6) 三人中至少有一人没有获奖；

(7) 三人中最多有一人获奖；

(8) 三人中至少有两人获奖.

2. 设 Ω 为随机试验的样本空间，A,B,C 为随机事件，且 $\Omega=\{1,2,3,\cdots,8\}$，$A=\{2,4,6,8\}$，$B=\{1,2,3,4\}$，$C=\{4,5,6,7,8\}$，求 AB，$A\cup B$，ABC，$\overline{A}B$，$C-A$.

3. 设 Ω 为随机试验的样本空间，A,B 为随机事件，且 $\Omega=\{x|0\leqslant x\leqslant 4\}$，$A=\{x|0\leqslant x\leqslant 2\}$，$B=\{x|1\leqslant x\leqslant 3\}$，求 AB，$A\cup B$，$\overline{A}B$.

§5.2　随机事件的概率

学习目标

1. 了解频率与概率，理解概率的统计定义.

2. 掌握概率的性质，会利用定义、性质计算概率.

3. 了解古典概型的定义，会计算简单的古典概型问题.

引入问题

【打赌】从 52 张扑克牌中抽中自己想要的牌；抛硬币，连续出现六次正面；四位数字的彩票中数字、位置全中,哪种情况胜算更大些?

主要知识

一、概率的统计定义

对于随机事件,人们最关心的是事件发生的可能性的大小. 我们希望通过定量的方式,找到一个数量化指标,来刻画事件发生的可能性大小,将此数量指标称为事件发生的概率.

定义 5-1 在相同的条件下,进行 n 次试验. 若事件 A 发生了 k 次,则 k 称为事件 A 发生的**频数**,比值 $\frac{k}{n}$ 称为事件 A 发生的频率.

由于事件 A 发生的频率是发生的次数与试验次数的比值,其大小表示 A 发生的频繁程度. 频率大,事件 A 就频繁发生,意味着事件 A 在一次试验中发生的可能性就大. 反之亦然. 那是否可以用频率来表示事件 A 在一次试验中发生的可能性的大小呢?

历史上曾有不少著名的科学家做过同一个试验:抛掷硬币并记录其正面朝上的次数. 表 5-1 是他们所做实验结果的部分记录.

表 5-1

实验者	抛掷次数	正面朝上的次数	正面朝上的频率
德·摩根	2 048	1061	0.518 1
蒲丰	4 040	2 048	0.506 9
费勒	10 000	4 970	0.497
皮尔逊	24 000	12 012	0.500 6

数据表明,"正面朝上"这一事件的频率是一个在 0.5 附近徘徊的不确定的数字,但随着试验次数的增加,频率越来越稳定地接近于 0.5. 这种频率的稳定性就是通常所说的统计规律性. 由此给出概率的统计定义.

定义 5-2 在大量的重复试验下,事件 A 发生的频率会稳定于某个常数 $p(0\leqslant p\leqslant 1)$ 的附近,称 p 为事件 A 的**概率**,记作 $P(A)=p$.

这正是在许多实际问题中,为了获得所需要的随机事件的概率,常常采用对随机事件进行大量观察的方法,用频率估计概率的基本原理. 例如,某种新药的临床有效率,某一时段的交通事故率,新生儿出生的性别比率,等等.

二、概率的古典定义

概率的古典定义起源于 17 世纪欧洲盛行的抛硬币、掷骰子、摸球等赌博游戏,该定义只有在一类特定的随机试验中使用. 这类随机试验的特点是:

(1) **有限性** 样本空间的所有基本事件(样本点)总数有限;

(2) **等可能性** 每个基本事件(样本点)发生的可能性相等.

满足上述特点的试验模型称为**古典概型**. 下面给出概率的古典定义.

定义 5-3　在古典概型中，若其样本空间 Ω 中基本事件总数为 n，事件 A 包含的基本事件个数为 m，则事件 A 的概率为

$$P(A)=\frac{m}{n}.$$

利用古典定义计算事件概率的关键是计算 n 与 m，就是把求古典概率的问题转化为对基本事件的计数问题，列举法和排列、组合是常用的方法.

例 1　【抛掷骰子】掷一颗质地均匀的骰子，求出现偶数点的概率.

解　样本空间 $\Omega=\{1,2,3,4,5,6\}$，基本事件总数 $n=6$. $A=\{$出现偶数点$\}=\{2,4,6\}$，$m=3$，故所求概率为

$$P(A)=\frac{m}{n}=\frac{3}{6}=\frac{1}{2}.$$

例 2　【抛掷硬币】同时抛掷三枚硬币，求至少有一枚是正面的概率.

解　样本空间

$$\Omega=\{\text{正正正},\text{正正反},\text{正反正},\text{正反反},\text{反正正},\text{反正反},\text{反反正},\text{反反反}\},$$

基本事件总数 $n=8$，$A=\{$至少有一枚正面$\}$所含基本事件个数 $m=7$，故所求概率为

$$P(A)=\frac{m}{n}=\frac{7}{8}.$$

例 3　【袋中摸球】一袋中装有 4 只红球，2 只黄球，现从袋中取两只球，求：

(1) 取到两只红球的概率；(2) 取到两球不同色的概率.

解　样本空间中基本事件总数 $n=C_6^2=15$. 设 $A=\{$取到两只红球$\}$，$B=\{$取到两球不同色$\}$，则

(1) 事件 A 所包含基本事件个数 $m_A=C_4^2=6$，所以 $P(A)=\frac{m_A}{n}=\frac{6}{15}=\frac{2}{5}$；

(2) 事件 B 所包含基本事件个数 $m_B=C_4^1C_2^1=8$，所以 $P(B)=\frac{m_B}{n}=\frac{8}{15}$.

例 4　【排队拍照】五个同学排成一排拍照，求(1) 甲乙必须相邻的概率；(2) 丙站在正中间的概率.

解　样本空间中基本事件总数 $n=A_5^5=120$. 设 $A=\{$甲乙相邻$\}$，$B=\{$丙站在正中间$\}$，则

(1) 事件 A 所包含基本事件个数 $m_A=A_4^4\cdot A_2^2=48$，所以 $P(A)=\frac{m_A}{n}=\frac{48}{120}=\frac{2}{5}$；

(2) 事件 B 所包含基本事件个数 $m_B=A_4^4=24$，所以 $P(B)=\frac{m_B}{n}=\frac{24}{120}=\frac{1}{5}$.

在引入问题中，从 52 张扑克牌中抽中自己想要的牌的概率是 $\frac{1}{52}$.

抛硬币，连续出现六次正面的概率是 $\frac{1}{2^6}=\frac{1}{64}$.

四位数字彩票中数字、位置全中的概率是$\frac{1}{10^4}=\frac{1}{10\ 000}$.

由计算结果，哪种胜算更大一目了然.

三、概率的性质

性质 5-1 对任一事件 A，有 $0\leqslant P(A)\leqslant 1$，显然 $P(\Omega)=1, P(\varnothing)=0$.

性质 5-2 对任意两个事件 A,B，有

$$P(A\cup B)=P(A)+P(B)-P(AB).$$

特别地，当 A,B 互不相容时，有

$$P(A\cup B)=P(A)+P(B).$$

性质 5-2 可推广到三个及以上事件. 例如，对于任意三个事件 A,B,C，有

$$P(A\cup B\cup C)=P(A)+P(B)+P(C)-P(AB)-P(AC)-P(BC)+P(ABC).$$

因为是关于和事件的概率，上述公式也称为**概率的加法公式**.

性质 5-3 $P(\overline{A})=1-P(A)$.

性质 5-4 对任意事件 A,B，有 $P(B-A)=P(B\overline{A})=P(B)-P(AB)$.

特别地，当 $A\subset B$ 时，$P(B-A)=P(B)-P(A)$.

例 5 【理化竞赛】某地区高二年级进行物理和化学竞赛，物理优秀的占 30%，化学优秀的占 40%，两科都优秀的占 10%. 求下列事件的概率：

(1) 只有物理优秀；(2) 至少有一科优秀；(3) 两科都不优秀.

解 设 A 表示“物理优秀”，B 表示“化学优秀”，由题意有

$$P(A)=0.3, P(B)=0.4, P(AB)=0.1.$$

(1) $P(A\overline{B})=P(A)-P(AB)=0.3-0.1=0.2$；

(2) $P(A\cup B)=P(A)+P(B)-P(AB)=0.3+0.4-0.1=0.6$；

(3) $P(\overline{A}\,\overline{B})=P(\overline{A\cup B})=1-P(A\cup B)=1-0.6=0.4$.

例 6 设 A,B 为两个事件，且 $P(A)=0.6, P(B)=0.5, P(A\cup B)=0.8$，求 $P(AB)$，$P(A\overline{B})$，$P(\overline{AB})$.

解 $P(AB)=P(A)+P(B)-P(A\cup B)=0.6+0.5-0.8=0.3$；

$P(A\overline{B})=P(A)-P(AB)=0.6-0.3=0.3$；

$P(\overline{AB})=1-P(AB)=1-0.3=0.7$.

练习与思考 5.2

1. 设 A,B 是两个互斥的随机事件，则必有(　　).

A. $P(A\cup B)=P(A)+P(B)$　　B. $P(A-B)=P(A)-P(B)$

C. $P(AB)=P(A)P(B)$　　D. $P(A)=1-P(B)$

2. 从一副 52 张的扑克牌(不含大小王)中任取 2 张,都是黑桃的概率为(　　).

A. $\frac{C_{13}^{2}}{C_{52}^{2}}$　　B. $\frac{13}{52}$　　C. $\frac{13^{2}}{52^{2}}$　　D. $\frac{C_{13}^{2}}{52}$

3. 若 $P(A)=0.5$,$P(B)=0.4$,$P(A-B)=0.3$,求 $P(A\cup B)$.

4. 袋中有 5 红 3 白共 8 个球,从袋中依次不放回取两次球,每次取一个.求:

(1) 两球同色的概率;

(2) 第一次取到白球,第二次取到红球的概率;

(3) 两球不同色的概率.

习题 5.2

1. 单项选择题:

(1) 袋中有 4 个白球 2 个黑球,今从中任取 3 个球,则至少有一个黑球的概率为(　　).

A. $\frac{4}{5}$　　B. 1　　C. $\frac{1}{5}$　　D. $\frac{1}{3}$

(2) 4 本不同的中文书和 3 本不同的英文书任意地摆放在书架上,则 4 本中文书放在一起的概率为(　　).

A. $\frac{3!\times 4!}{7!}$　　B. $\frac{4!\times 4!}{7!}$　　C. $\frac{3!\times 5!}{7!}$　　D. $\frac{3}{7}$

(3) 设事件 A,B 互不相容,且 $P(A)=0.3$,$P(B)=0.4$,$P(\overline{A}\overline{B})=$(　　).

A. 0.12　　B. 0.42　　C. 0.3　　D. 0.88

2. 从 0,1,2,3,4 这五个数字中任取 3 个不同的数组成三位数,求:

(1) 能被 2 整除的概率;

(2) 能被 3 整除的概率;

(3) 能被 5 整除的概率.

3. 某小区居民订阅 A 报刊的占 40%,订阅 B 报刊的占 50%,两种报刊都订阅的占 10%.求:

(1) 只订阅 A 报刊的概率;

(2) 至少订阅一种报刊的概率;

(3) 没有订阅报刊的概率.

4. 设 $A\subset B$,且 $P(A)=0.4$,$P(B)=0.5$,求:

(1) $P(\overline{A})$,$P(\overline{B})$;(2) $P(AB)$,$P(A\cup B)$;(3) $P(A\overline{B})$,$P(B-A)$.

§5.3　条件概率与乘法公式

学习目标

1. 了解条件概率的概念,会计算简单的条件概率.

2. 会用乘法公式计算概率.

3. 理解事件的独立性,会用二项概率公式计算概率.

引入问题

【产品抽检】一盒子装有 4 只产品,其中 3 只一等品,1 只二等品. 从中取产品两次,每次任取一只,两种抽取方式:(1) 有放回抽样;(2) 无放回抽样. 设 A 表示"第一次抽到一等品",B 表示"第二次抽到一等品".

如果按照(1)有放回抽样,则 $P(A)=P(B)=\frac{3}{4}$,因为每次抽样时产品总量和组成是一样的. 但是,如果按照(2)无放回抽样法,则其结果是不一样的. 显然 $P(A)=\frac{3}{4}$ 依然成立,但是 $P(B)$ 就不确定了. 因为第二次抽样时盒中 4 个产品中一等品是 3 个还是 2 个,依赖于第一次抽到的是否是一等品,即需要讨论事件 A 有没有发生. 这类问题涉及条件概率以及事件的独立性.

主要知识

一、条件概率

在现实生活中,许多事件都是相互联系,相互影响的. 在概率论中,除了要考虑随机事件 A 发生的概率 $P(A)$,有时还需要考虑在事件 B 发生的条件下事件 A 发生的概率. 通常情况下,这两个概率是不相等的. 在上述引入问题中,无放回抽样就属于这种情况.

如果事件 A 发生了,那么在第二次抽样时,样本空间中有 3 个样本点,其中一等品 2 个,此时 $P(B)=\frac{2}{3}$. 如果事件 A 没有发生,那么在第二次抽样时,样本空间中有 3 个样本点,其中一等品依然是 3 个,于是 $P(B)=\frac{3}{3}=1$. 由此引入条件概率的定义.

定义 5-4 设 A,B 是两个事件,且 $P(B)>0$,则称

$$P(A\mid B)=\frac{P(AB)}{P(B)}$$

为已知事件 B 发生的条件下,事件 A 发生的**条件概率**.

类似地,当 $P(A)>0$,有

$$P(B\mid A)=\frac{P(AB)}{P(A)}.$$

计算条件概率有两个基本方法:其一,用定义计算;其二,利用缩减样本空间直接进行计算.

例 1　【产品检验】一批产品废品率为 4%，一等品率为 72%. 现从中任取一件为合格品，求它是一等品的概率.

解　设 A=｛任取一件为合格品｝，B=｛任取一件为一等品｝，$P(A)=0.96$，$P(B)=0.72$. 显然，$B\subset A$，所以 $AB=B$，从而有

$$P(B\mid A)=\frac{P(AB)}{P(A)}=\frac{0.72}{0.96}=0.75.$$

例 2　【无放回抽样】盒中有 4 个黑球 2 个白球，连续不放回地从中取两次球，每次取一个. 若已知第一次取出的是白球，求第二次取出的是黑球的概率.

解　设 A=｛第一次取出白球｝，B=｛第二次取出黑球｝，由于第一次取出的是白球，所以第二次取球时盒中有 4 个黑球 1 个白球，由古典概型的计算方法，有

$$P(B\mid A)=\frac{4}{5}.$$

二、乘法公式

由条件概率公式可推出概率的**乘法公式**为

$$P(AB)=P(A)P(B\mid A),$$

或

$$P(AB)=P(B)P(A\mid B).$$

乘法公式也可推广到有限个事件的情形. 例如，三个事件 A,B,C 的乘法公式为

$$P(ABC)=P(A)P(B\mid A)P(C\mid AB).$$

例 3　已知 $P(A)=0.2$，$P(B|A)=0.3$，$P(A|B)=0.4$，求 $P(A\cup B)$.

解

$$P(AB)=P(A)P(B\mid A)=0.2\times 0.3=0.06;$$

$$P(B)=\frac{P(AB)}{P(A\mid B)}=\frac{0.06}{0.4}=0.15;$$

$$P(A\cup B)=P(A)+P(B)-P(AB)=0.2+0.15-0.06=0.29.$$

例 4　【彩票抽奖】10 张彩票中有 1 张是奖票，3 人依次随机抽取 1 张，求每人抽到奖票的概率.

解　设 A_i=｛第 i 人抽到奖票｝$(i=1,2,3)$，则

$$P(A_1)=\frac{1}{10};$$

$$P(A_2)=P(\overline{A_1}A_2)=P(\overline{A_1})P(A_2\mid \overline{A_1})=\frac{9}{10}\cdot\frac{1}{9}=\frac{1}{10};$$

$$P(A_3)=P(\overline{A_1}\,\overline{A_2}A_3)=P(\overline{A_1})P(\overline{A_2}\mid \overline{A_1})P(A_3\mid \overline{A_1}\,\overline{A_2})=\frac{9}{10}\cdot\frac{8}{9}\cdot\frac{1}{8}=\frac{1}{10}.$$

此题结果表明，抽到奖票的概率与抽取的先后顺序无关.

三、事件的独立性

条件概率反映了事件 B 的发生会对事件 A 的发生产生影响，即 $P(A)$ 与 $P(A|B)$ 是不同的，但在某些特殊情况下，事件 B 的发生对事件 A 不产生影响，也就是说，事件 A 与事件 B 之间存在着某种“独立性”.

定义 5-5 如果两个事件 A,B 中任一事件的发生对另一事件是否发生不产生影响，即

$$P(A \mid B) = P(A) \quad 或 \quad P(B \mid A) = P(B),$$

则称事件 A 与 B **相互独立**，简称 A,B 独立.

当事件 A 与 B 相互独立时，由乘法公式可得

$$P(AB) = P(A)P(B).$$

显然，若事件 A 与 B 相互独立，则事件 $\overline{A}$ 与 B，事件 A 与 $\overline{B}$，事件 $\overline{A}$ 与 $\overline{B}$ 也相互独立，即可推出以下各式成立：

$$P(\overline{A}B) = P(\overline{A})P(B) = [1-P(A)]P(B);$$
$$P(A\overline{B}) = P(A)P(\overline{B}) = P(A)[1-P(B)];$$
$$P(\overline{A}\overline{B}) = P(\overline{A})P(\overline{B}) = [1-P(A)][1-P(B)].$$

需要说明的是，实际应用中，事件的独立性往往不是根据定义来判定，而是根据实际意义来判定的，只要一个事件的发生不影响另一个事件的发生，就可以认为这两个事件相互独立. 例如，甲、乙两运动员练习投篮，则“甲投中”与“乙投中”是相互独立的.

例 5 【投篮练习】有甲、乙两运动员练习投篮，命中率分别为 0.9，0.8，两人各投篮一次. 求：(1) 两人都投中的概率；(2) 至少有一人投中的概率.

解 设 A={甲投篮命中}，B={乙投篮命中}. 由题意有 $P(A)=0.9$，$P(B)=0.8$.

由实际意义可以认为 A,B 相互独立，则

(1) $P(AB)=P(A)P(B)=0.9\times0.8=0.72$；

(2) $P(A\cup B)=P(A)+P(B)-P(AB)$

$=0.9+0.8-0.72=0.98$，

或者

$$P(A\cup B) = 1-P(\overline{A\cup B}) = 1-P(\overline{A}\overline{B}) = 1-P(\overline{A})P(\overline{B}) = 1-0.1\times0.2 = 0.98.$$

例 6 【有放回抽样】盒中有 4 个黑球、2 个白球，有放回地从中取两次球，每次取一个，求两次取出的都是黑球的概率.

解 设 A={第一次取出黑球}，B={第二次取出黑球}，由于是有放回抽取，所以 A,B 相互独立，有

$$P(AB) = P(A)P(B) = \frac{4}{6}\times\frac{4}{6} = \frac{4}{9}.$$

在实际问题中还会出现多个事件间的相互独立. 例如，对三个事件的独立性有如下定义：

定义5-6　设A,B,C是三个事件，如果满足等式

$$\begin{cases}P(AB)=P(A)P(B)\\P(AC)=P(A)P(C)\\P(BC)=P(B)P(C)\\P(ABC)=P(A)P(B)P(C)\end{cases},$$

则称A,B,C为相互独立的事件.

由此可见，若事件A,B,C相互独立，则一定是两两独立的. 反之，事件A,B,C两两独立并不能保证它们相互独立.

例7　【*破译密码*】三人独立地破译一个密码，他们能单独译出的概率分别为0.2,0.3,0.4,求此密码被译出的概率.

解　设A,B,C分别表示三人能单独译出密码，显然A,B,C相互独立，且$P(A)=0.2$，$P(B)=0.3$，$P(C)=0.4$，则

$$\begin{aligned}P(A\cup B\cup C)&=1-P(\overline{A\cup B\cup C})=1-P(\overline{A}\,\overline{B}\,\overline{C})\\&=1-P(\overline{A})P(\overline{B})P(\overline{C})\\&=1-0.8\times0.7\times0.6=0.664.\end{aligned}$$

或者

$$\begin{aligned}P(A\cup B\cup C)&=P(A)+P(B)+P(C)-P(AB)-P(AC)-P(BC)+P(ABC)\\&=P(A)+P(B)+P(C)-P(A)P(B)-P(A)P(C)-P(B)P(C)+\\&\quad P(A)P(B)P(C)\\&=0.664.\end{aligned}$$

下面我们用独立性来研究一类使用非常广泛的试验类型.

四、n重独立重复试验

对于随机试验，我们通常只关注某事件是否发生. 例如，抛掷硬币关注正面是否朝上，产品抽检时关注抽出的产品是否合格，射手射击时关注是否击中，等等. 这类试验有其共同的特点：试验只有两个可能的结果A与$\overline{A}$，将此试验独立重复进行n次，称为**n重独立重复试验**，也称**n重贝努里试验**.

在n重独立重复试验中，若每次试验事件A发生的概率为$p(0<p<1)$，则在n次试验中，事件A恰好发生k次的概率为

$$P_n(k)=C_n^k p^k(1-p)^{n-k}(k=0,1,2,\cdots,n).$$

由于上式右端正好是二项式$(p+q)^n$展开式的第$k+1$项，故称上式为**二项概率公式**.

例8　【*抛掷硬币*】抛掷一枚不均匀硬币8次，出现正面的概率为0.6，求：(1) 正好出现3次正面的概率；(2) 至多出现2次正面的概率.

解　设$A=\{$硬币出现正面$\}$，则$P(A)=0.6$.

(1) $P_8(3)=C_8^3(0.6)^3(0.4)^5=0.123\,9$；

(2) $P_8(0)+P_8(1)+P_8(2)$

$=C_8^0(0.4)^8+C_8^1(0.6)(0.4)^7+C_8^2(0.6)^2(0.4)^6$

$=0.0498.$

练习与思考 5.3

1. 设随机事件 A,B 互不相容，且 $P(A)=0.4,P(B)=0.2$，则 $P(A|B)=($　　$)$.

A. 0　　B. 0.2　　C. 0.4　　D. 0.6

2. 某人练习投篮，每次投篮命中率为 0.4，他连续投篮直到投中为止，则投篮次数为 3 的概率为（　）.

A. $(0.4)^3$　　B. $(0.4)^2\times0.6$　　C. $C_3^2(0.6)^2\times0.4$　　D. $(0.6)^2\times0.4$

3. 抛一枚不均匀硬币，正面朝上的概率为$\frac{2}{3}$，连续抛硬币 4 次，恰好 3 次正面朝上的概率为（　　）.

A. $\frac{8}{81}$　　B. $\frac{8}{27}$　　C. $\frac{32}{81}$　　D. $\frac{3}{4}$

习题 5.3

1. 已知 $P(A)=0.3,P(B)=0.7$，在下列条件下求 $P(A\cup B)$.

(1) A,B 互不相容；(2) A,B 相互独立；(3) $A\subset B$.

2. 【产品检验】已知某产品合格率为 95%，其中 20%为特等品. 现任取一件，求该产品为特等品的概率.

3. 【抛掷骰子】抛掷一枚均匀骰子 5 次，求：

(1) 出现 2 次 1 点的概率；

(2) 最多出现 1 次 1 点的概率；

(3) 1 点 1 次都没出现的概率.

4. 三个元件串联的电路中，每个元件发生断电的概率依次为 0.1，0.2 和 0.1，求电路断电的概率. 若三个元件并联呢？

5. 【射击练习】甲、乙、丙三人练习射击，命中率分别为 0.6，0.5 和 0.4，三人各射击一次，求：

(1) 三人都击中的概率；

(2) 至少有一人击中的概率；

(3) 三人都没有击中的概率.

6. 一批产品中有 20%的一等品，从中任意抽取 5 件，求：

(1) 恰有两件一等品的概率；

(2) 至少有两件一等品的概率；

(3) 全部都是一等品的概率；

(4) 没有一件一等品的概率.

§5.4　随机变量及其分布

学习目标

1. 了解随机变量的概念.

2. 掌握离散型随机变量的概率分布及其性质.理解两点分布、二项分布和泊松分布.

3. 了解概率密度函数的概念,掌握概率密度函数的性质.理解均匀分布、指数分布、正态分布.

引入问题

有许多随机试验,其结果本身就可以用一个变量取一个数值来表示.

【抛掷骰子】抛掷一枚骰子,设 X 为抛出的点数,则 $\{X=1\}$ 表示"抛出 1 点",$\{X=4\}$ 表示"抛出 4 点".

【灯泡寿命】测试一批灯泡的使用寿命.设 Y 为灯泡的寿命(单位:小时),则 $\{Y=100\}$ 表示"灯泡寿命为 100 小时",$\{Y>1\,000\}$ 表示"灯泡使用寿命超过 1 000 小时".

有些随机试验,其结果看起来与数量无关,但可以指定一个数值来表示.

【产品检验】抽检一批产品,记录抽检结果.事件"产品合格"可以用 $\{X=1\}$ 来表示,"产品不合格"可以用 $\{X=0\}$ 来表示,这样抽检结果就能用数量直接表示.

【足球比赛】某足球队参加比赛,记录比赛结果.设 Y 为比赛的积分数,事件"球队胜"可以用 $\{Y=1\}$ 来表示,"球队败"可以用 $\{Y=-1\}$ 来表示,事件"平局"可以用 $\{Y=0\}$ 来表示,这样比赛结果也能用数量直接表示.

由此可见,每一个随机事件都可以用变量 X 的取值表示出来.这种与随机事件存在对应关系的变量 X 就是随机变量.

主要知识

一、随机变量

定义 5－7　设随机试验的样本空间为 Ω.如果对于每一个基本事件 ω,存在唯一的实数 $X(\omega)$ 与之对应,则称 $X(\omega)$ 为定义在 Ω 上的**随机变量**,简记为 X.

随机变量通常用大写字母 $X,Y,Z,\cdots$ 表示.显然,随机变量的取值随试验的结果而定,而试验的结果是随机的,因而它的取值也是随机的.在一次试验之前,我们不能预先确知随机变量的取值,但试验的所有可能出现的结果是预先知道的.

引入随机变量后,就可以用随机变量的等式或不等式来描述事件.

例 1 【袋中取球】一袋中有 4 个红球，2 个白球，从中任取两个，设 X 为白球个数，则 $\{X=0\}$ 表示"取出的两个球都是红色的"，$\{X=1\}$ 表示"取出的两个球一红一白".

例 2 【元件寿命】从一批电子元件中任意抽取一件，设 X 表示该元件的寿命（单位：h），则 $\{1\,000\leqslant X\leqslant 1\,500\}$ 表示"该元件的寿命在 1 000 h 到 1 500 h 之间".

二、离散型随机变量及其分布

1. 离散型随机变量及概率分布

有些随机变量，它全部的可能取值是有限个或无限可列个，这种随机变量称为**离散型随机变量**. 例如，引入问题中的"抛掷骰子"出现的点数全部取值只有 6 个，"产品检验"中全部取值只有 2 个，"足球比赛"中全部取值只有 3 个，它们都是离散型随机变量. 又如，120 急救电话台一昼夜接到的呼救次数也是离散型随机变量，它的取值范围是 $\{0,1,2,3,\cdots\}$.

定义 5－8 设 X 为离散型随机变量，它的所有可能的取值为 $x_1,x_2,\cdots,x_k,\cdots$，则称 $P(X=x_i)=p_i(i=1,2,\cdots,k,\cdots)$ 为离散型随机变量的**概率分布**，也称**分布列**.

分布列也可用表格的形式来表示：

X	x_1	x_2	$\cdots$	x_k	$\cdots$
P	p_1	p_2	$\cdots$	p_k	$\cdots$

其中，第一行表示 X 的所有取值，第二行表示 X 取相应值的概率.

由概率的性质，离散型随机变量的分布列具有以下性质：

(1) $p_i\geqslant 0(i=1,2,\cdots)$；

(2) $\sum\limits_{i=1}^{\infty}p_i=1$.

例 3 设离散型随机变量 X 的分布列为

X	0	1	2
P	0.1	c	0.2

求常数 c.

解 由分布列的性质，知 $0.1+c+0.2=1$，解得 $c=0.7$.

例 4 【取球编号】袋中有 5 个大小相同的球，编号为 1,2,3,4,5. 从中同时取出 3 个球，设 X 表示"取出球的最小编号"，求 X 的分布列.

解 由题意可知 X 的可能取值为 1,2,3，由古典概型可知

$$P(X=1)=\frac{C_4^2}{C_5^3}=\frac{6}{10}，\text{（一个球的编号为 1，另两个球从 2,3,4,5 中任选）}$$

$$P(X=2)=\frac{C_3^2}{C_5^3}=\frac{3}{10}，\text{（一个球的编号为 2，另两个球从 3,4,5 中任选）}$$

$$P(X=3)=\frac{1}{C_5^3}=\frac{1}{10}，\text{（三个球的编号为 3,4,5）}$$

则 X 的分布列为

X	1	2	3
P	$\frac{6}{10}$	$\frac{3}{10}$	$\frac{1}{10}$

例 5 【抛掷硬币】一枚不均匀硬币，出现正面的概率为$\frac{2}{3}$，抛掷三次，设 X 表示“出现正面的次数”，求 X 的分布列，并求至少有两次正面朝上的概率.

解　由题意可知 X 的可能取值为 0，1，2，3，且

$$P(X=0)=\left(\frac{1}{3}\right)^3=\frac{1}{27}, P(X=1)=C_3^1\left(\frac{2}{3}\right)\left(\frac{1}{3}\right)^2=\frac{6}{27},$$

$$P(X=2)=C_3^2\left(\frac{2}{3}\right)^2\left(\frac{1}{3}\right)=\frac{12}{27}, P(X=3)=\left(\frac{2}{3}\right)^3=\frac{8}{27}.$$

所以 X 的分布列为

X	0	1	2	3
P	$\frac{1}{27}$	$\frac{6}{27}$	$\frac{12}{27}$	$\frac{8}{27}$

由分布列，至少有两次正面朝上的概率为

$$P(X\geqslant 2)=P(X=2)+P(X=3)=\frac{12}{27}+\frac{8}{27}=\frac{20}{27}.$$

如果随机变量的取值较多，可用离散型随机变量概率分布的定义写出分布列.

如例 5 中的分布列可以写成 $P(X=k)=C_3^k\left(\frac{2}{3}\right)^k\left(\frac{1}{3}\right)^{3-k}\quad(k=0,1,2,3)$.

例 6　【射击练习】某新兵练习射击，直到击中为止. 已知他的命中率为 0.4，设 X 表示“射击的次数”，求 X 的分布列.

解　由题意分布列为　$P(X=k)=(0.6)^{k-1}\times 0.4\ (k=1,2,3,\cdots)$.

2. 几种常见的离散型随机变量的概率分布

(1) 两点分布.

若随机变量 X 只有两个可能的取值，称为两点分布. 其概率分布为

X	x_1	x_2
P	$1-p$	p

特别的，当 $x_1=0$，$x_2=1$ 时，两点分布又称为(0－1)分布.

许多随机试验都可以归结为两点分布. 例如，产品检验“合格”与“不合格”，体育成绩“达标”与“不达标”，电路“通”与“中断”，系统运行“正常”与“故障”，等等. 有的随机试验的结果虽然不止两个，但人们只关心某个结果，也可以用两点分布来表示. 例如，抛掷骰子是否出现 6 点，青少年身高是否达到 175 厘米，某次考试成绩是否达到平均分，等等.

例 7　【产品检验】在 50 件产品中，有 49 件合格品，1 件不合格品，从中随机抽取 1 件，

求取得合格品数 X 的分布列.

解 由题意知 X 表示"合格品数"，且 X 的可能取值为 0,1，则

$$P(X=0)=\frac{1}{50}=0.02, P(X=1)=\frac{49}{50}=0.98.$$

于是，取得合格品数 X 的分布列为

X	0	1
P	0.02	0.98

(2) 二项分布.

若随机变量 X 的可能取值为 $0,1,2,\cdots,n$，且 X 的概率分布为

$$P(X=k)=C_n^k p^k(1-p)^{n-k}(k=0,1,2,\cdots,n),$$

其中 $0<p<1$，称 X 服从参数为 n,p 的**二项分布**，记作 $X \sim B(n,p)$.

特别地，当 $n=1$ 时，二项分布就是两点分布.

具有二项分布的随机变量在实际应用中有很多. 例如，一枚硬币抛掷 n 次，出现正面的次数；某同学练习投篮 n 次，命中的次数等都服从二项分布.

例 8 【设备维护】某车间有 80 台同型号设备，各台工作相互独立，发生故障的概率都是 0.01，且一台设备故障只需一个人处理. 考虑两种配备维修工人的方法，其一配备 4 名维修工，每人负责 20 台设备；其二配备 3 名维修工，共同维护 80 台设备. 比较这两种方法在设备发生故障时不能及时维修的概率大小?

解 按第一种方法.

设 X 表示"20 台设备在同一时间内发生故障的台数"，则 $X \sim B(20,0.01)$，此时只有 1 名维修工，所以设备发生故障不能及时维修的概率为

$$\begin{aligned}P(X\geqslant 2)&=1-P(X=0)-P(X=1)\\&=1-C_{20}^0(0.01)^0(0.99)^{20}-C_{20}^1(0.01)(0.99)^{19}\\&=0.0169.\end{aligned}$$

按第二种方法.

设 Y 表示"80 台设备在同一时间内发生故障的台数"，则 $Y \sim B(80,0.01)$，此时有 3 名维修工，所以设备发生故障不能及时维修的概率为

$$\begin{aligned}P(Y\geqslant 4)&=1-P(Y=0)-P(Y=1)-P(Y=2)-P(Y=3)\\&=1-\sum_{k=0}^{3}C_{80}^k(0.01)^k(0.99)^{80-k}=0.0087.\end{aligned}$$

结果显示，第二种方法虽然维修工任务重了，但设备来不及维修的概率反而低了，也就是说工作效率没有因为任务加重降低，反而提高了.

在本题的计算中充分地暴露了二项分布的一个缺陷，就是计算问题，显然，当 n 较大，p 较小时，二项分布的计算很困难. 下面给出泊松分布的定义，泊松分布在一定条件下能够实现二项分布的近似，简化二项分布的计算.

(3) 泊松分布.

若随机变量 X 的可能取值为 0,1,2,…,且 X 的概率分布为

$$P(X=k)=\frac{\lambda^k}{k!}e^{-\lambda}(k=0,1,2,\cdots),$$

其中 $\lambda>0$,则称 X 服从参数为 λ 的**泊松分布**,记作 $X\sim P(\lambda)$.

泊松分布是一种常见的分布. 例如,相同时间间隔内某电话交换中心收到的呼唤次数,一页书上印刷错误数,单位时间内售票口等候买票的人数等都服从或近似服从泊松分布.

泊松分布可以近似代替二项分布. 若 $X\sim B(n,p)$,当 n 较大且 p 较小时,可以证明 X 近似服从泊松分布,即 $X\sim P(\lambda)$,其中 $\lambda=np$. 一般地,n 越大,p 越小,近似程度越好. 泊松分布值可直接查泊松分布表(见附表 1)得到.

例 9　用泊松分布近似计算例 8.

解　由题意知,$X\sim P(0.2)$,$Y\sim P(0.8)$,查泊松分布表,有

$$P(X\geqslant 2)=1-P(X\leqslant 1)=1-0.9825=0.0175;$$
$$P(Y\geqslant 4)=1-P(Y\leqslant 3)=1-0.9909=0.0091.$$

比较例 8 和例 9 的结果,显然近似程度比较好,且 $n=80$ 比 $n=20$ 近似程度更好.

例 10　**【人寿保险】** 某地有 2 000 人参加人寿保险,每人每年在年初向保险公司交付保险费 15 元,若在这一年内死亡,则由其家属从保险公司领取 2 000 元. 设该地人口死亡率为 0.002,求保险公司每年获利不少于 10 000 元的概率.

解　设 X 表示"投保人中死亡的人数",则 $X\sim B(2\,000,0.002)$,

$$np=2\,000\times 0.002=4,$$

故近似地有 $X\sim P(4)$.

由题意 $15\times 2\,000-2\,000X\geqslant 10\,000$,得 $X\leqslant 10$,即当死亡人数不超过 10 人时,保险公司获利将不少于 10 000 元,从而查泊松分布表(见附表 1)得所求概率为

$$P(X\leqslant 10)=0.9972.$$

三、连续型随机变量及其分布

1. 连续型随机变量的概率密度

定义 5－9　对于随机变量 X,若存在一个非负函数 $f(x)$,使得对于任意实数 $a,b(a<b)$,有

$$P(a<X\leqslant b)=\int_a^b f(x)dx,$$

则称 X 为**连续型随机变量**,并称 $f(x)$为 X 的**概率密度函数**,简称**概率密度**或**密度函数**.

由定义可知,概率密度 $f(x)$具有以下性质:

(1) $f(x)\geqslant 0$;

(2) $\int_{-\infty}^{+\infty}f(x)dx=1$.

密度函数有明显的几何意义,概率 $P(a<X\leqslant b)$ 就是区间 $(a,b]$ 上概率密度 $f(x)$ 与 x 轴所围成的曲边梯形的面积(如图 5-2).

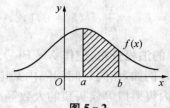

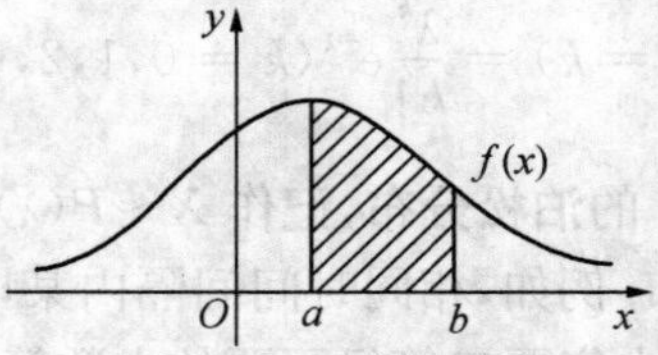

图 5-2

由定积分的性质,可知连续性随机变量的概率具备以下性质:

(1) $P(X=a)=0$;

(2) $P(a<X<b)=P(a\leqslant X<b)=P(a<X\leqslant b)=P(a\leqslant X\leqslant b)$.

例 11 设随机变量 X 的概率密度为

$$f(x)=\begin{cases}2kx & 0<x<2\\ 0 & \text{其他}\end{cases},$$

试求:(1) 常数 k;(2) $P(1<X<2)$;(3) $P\left(X>\dfrac{1}{2}\right)$.

解 (1) 因为 $\int_{-\infty}^{+\infty}f(x)\mathrm{d}x=1$,所以

$$\int_{-\infty}^{+\infty}f(x)\mathrm{d}x=\int_0^2 2kx\,\mathrm{d}x=1,$$

解得

$$k=\frac{1}{4}.$$

(2) $P(1<X<2)=\int_1^2 f(x)\mathrm{d}x=\int_1^2\dfrac{1}{2}x\mathrm{d}x=\dfrac{3}{4}$.

(3) $P\left(X>\dfrac{1}{2}\right)=\int_{\frac{1}{2}}^{+\infty}f(x)\mathrm{d}x=\int_{\frac{1}{2}}^{2}\dfrac{1}{2}x\mathrm{d}x=\dfrac{15}{16}$.

对于离散型和连续型随机变量的概率分布还可用如下统一的形式去描述.

定义 5-10 设 X 是随机变量,称 $F(x)=P(X\leqslant x)$ 为随机变量 X 的**分布函数**.

由分布函数定义,概率与分布函数之间存在以下关系:

(1) $P(X\leqslant a)=F(a)$;

(2) $P(a<X\leqslant b)=F(b)-F(a)$;

(3) $P(X>a)=1-P(X\leqslant a)=1-F(a)$.

例 12 已知随机变量 X 的分布函数为

$$F(x)=\begin{cases}0 & x<0\\ \dfrac{x^2}{2} & 0\leqslant x<1\\ -\dfrac{x^2}{2}+2x-1 & 1\leqslant x<2\\ 1 & x\geqslant 2\end{cases}.$$

求：(1) $P(X\leqslant 2)$；(2) $P\left(\frac{1}{2}<X\leqslant\frac{3}{2}\right)$；(3) $P\left(X>\frac{5}{2}\right)$.

解　(1) $P(X\leqslant 2)=F(2)=1$.

(2) $P\left(\frac{1}{2}<X\leqslant\frac{3}{2}\right)=F\left(\frac{3}{2}\right)-F\left(\frac{1}{2}\right)=\frac{7}{8}-\frac{1}{8}=\frac{3}{4}$.

(3) $P\left(X>\frac{5}{2}\right)=1-P\left(X\leqslant\frac{5}{2}\right)=1-F\left(\frac{5}{2}\right)=1-1=0$.

2. 几种常见的连续型随机变量的概率分布

(1) 均匀分布.

若随机变量 X 的概率密度为

$$f(x)=\begin{cases}\frac{1}{b-a} & a\leqslant x\leqslant b\\ 0 & \text{其他}\end{cases},$$

则称随机变量 X 在区间$[a,b]$上**服从均匀分布**，记为 $X\sim U(a,b)$.

例 13　【电阻值】设电阻值 R 是一个随机变量，均匀分布在 800 Ω～1 000 Ω，写出 R 的概率密度并求出电阻值落在 850 Ω～950 Ω 的概率.

解　由题意，即 $R\sim U(800,1\,000)$，其概率密度为

$$f(x)=\begin{cases}\frac{1}{200} & 800\leqslant x\leqslant 1\,000\\ 0 & \text{其他}\end{cases},$$

所以
$$P(850<X<950)=\int_{850}^{950}f(x)\mathrm{d}x=\int_{850}^{950}\frac{1}{200}\mathrm{d}x=\frac{1}{2}.$$

(2) 指数分布.

若随机变量 X 的概率密度为

$$f(x)=\begin{cases}\lambda \mathrm{e}^{-\lambda x} & x>0\\ 0 & x\leqslant 0\end{cases},$$

则称随机变量 X 服从参数为 λ 的**指数分布**，其中 $\lambda>0$，记为 $X\sim E(\lambda)$.

指数分布在实际生活中有重要的应用. 电子元件的使用寿命、服务系统的正常连续服务时间等都服从指数分布.

例 14　【电脑寿命】某公司生产的电脑的寿命 $X\sim E(0.2)$（单位：万小时）. 若它的分布函数为 $F(x)=\begin{cases}1-\mathrm{e}^{-0.2x} & x>0\\ 0 & x\leqslant 0\end{cases}$，求任意购买一台电脑其寿命超过 4 万小时的概率.

解　$P(X>4)=1-P(X\leqslant 4)=1-F(4)=1-(1-\mathrm{e}^{-0.2\times 4})=0.449\,3$.

(3) 正态分布.

若随机变量 X 的概率密度为

$$f(x)=\frac{1}{\sqrt{2\pi}\sigma}\mathrm{e}^{-\frac{(x-\mu)^2}{2\sigma^2}}\quad(-\infty<x<+\infty),$$

则称 X 服从参数为 μ,σ^2 的**正态分布**，记作 $X\sim N(\mu,\sigma^2)$，其中 $\mu,\sigma(\sigma>0)$ 为常数.

正态分布概率密度函数的图像如图 5－3 所示.

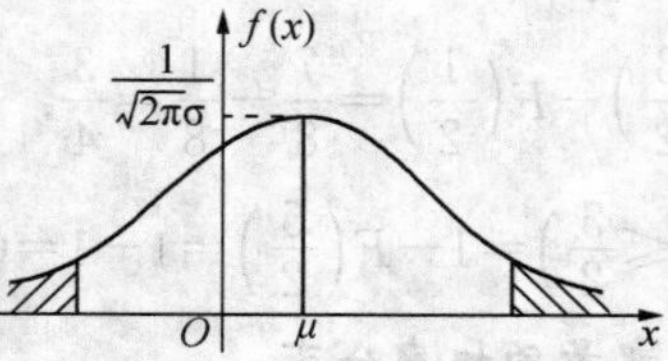

图 5－3

由图 5－3 可知，$f(x)$ 关于直线 $x=\mu$ 对称，且在 $x=\mu$ 时取得最大值 $f(\mu)=\frac{1}{\sqrt{2\pi}\sigma}$.

当 $\mu=0,\sigma=1$ 时的正态分布称为**标准正态分布**，记为 $X\sim N(0,1)$，其概率密度函数为

$$\varphi(x)=\frac{1}{\sqrt{2\pi}}\mathrm{e}^{-\frac{x^2}{2}}\ (-\infty<x<+\infty),$$

分布函数为

$$\Phi(x)=P(X\leqslant x)=\frac{1}{\sqrt{2\pi}}\int_{-\infty}^{x}\mathrm{e}^{-\frac{t^2}{2}}\mathrm{d}t.$$

利用正态分布的对称性，有

(1) 当 $x\geqslant 0$ 时，$P(X<x)=P(X\leqslant x)=\Phi(x)$，

$P(X\geqslant x)=P(X>x)=1-\Phi(x)$，

$P(a<X\leqslant b)=\Phi(b)-\Phi(a)$，

$P(|X|\leqslant x)=P(-x\leqslant X\leqslant x)=\Phi(x)-\Phi(-x)=2\Phi(x)-1.$

(2) 当 $x<0$ 时，$\Phi(x)=1-\Phi(-x)$.

对于标准正态分布函数 $\Phi(x)$ 的数值，可以通过查标准正态分布表（见附表 2）得到.

例 15 设 $X\sim N(0,1)$，求 $P(X>2.13)$，$P(-0.5<X\leqslant 0.8)$，$P(|X|\leqslant 1)$.

解 查标准正态分布表，得

$$P(X>2.13)=1-P(X\leqslant 2.13)=1-\Phi(2.13)=1-0.983\,4=0.016\,6.$$

$$P(-0.5<X\leqslant 0.8)=\Phi(0.8)-\Phi(-0.5)=\Phi(0.8)-[1-\Phi(0.5)]$$
$$=0.788\,1-1+0.691\,5=0.479\,6.$$

$$P(|X|\leqslant 1)=P(-1\leqslant X\leqslant 1)=\Phi(1)-\Phi(-1)=2\Phi(1)-1$$
$$=2\times 0.841\,3-1=0.682\,6.$$

非标准正态分布的概率计算可通过如下定理转化为查标准正态分布表的计算问题.

定理 5－1 若随机变量 $X\sim N(\mu,\sigma^2)$，则随机变量

$$Y=\frac{X-\mu}{\sigma}\sim N(0,1).$$

由此,若随机变量 $X\sim N(\mu,\sigma^2)$,则 X 的分布函数为 $F(x)=\Phi\left(\frac{x-\mu}{\sigma}\right)$,且

(1) $P(X<a)=P(X\leqslant a)=\Phi\left(\frac{a-\mu}{\sigma}\right)$;

(2) $P(X>b)=P(X\geqslant b)=1-\Phi\left(\frac{b-\mu}{\sigma}\right)$;

(3) $P(a<X\leqslant b)=\Phi\left(\frac{b-\mu}{\sigma}\right)-\Phi\left(\frac{a-\mu}{\sigma}\right)$.

例16　设 $X\sim N(1,4)$,求 $P(X>2)$,$P(0<X\leqslant 1.5)$,$P(|X|\leqslant 2)$.

解　因为 $X\sim N(1,4)$,所以 $\mu=1,\sigma=2$.

$$P(X>2)=1-F(2)=1-\Phi\left(\frac{2-1}{2}\right)=1-0.6915=0.3085.$$

$$\begin{aligned}P(0<X\leqslant 1.5)&=\Phi\left(\frac{1.5-1}{2}\right)-\Phi\left(\frac{0-1}{2}\right)\\&=\Phi(0.25)-\Phi(-0.5)=\Phi(0.25)-[1-\Phi(0.5)]\\&=0.5987-1+0.6915=0.2902.\end{aligned}$$

$$\begin{aligned}P(|X|\leqslant 2)&=P(-2\leqslant X\leqslant 2)=\Phi\left(\frac{2-1}{2}\right)-\Phi\left(\frac{-2-1}{2}\right)\\&=\Phi(0.5)-[1-\Phi(1.5)]=0.6915-1+0.9332=0.6247.\end{aligned}$$

正态分布是概率论与数理统计中最常用也是最重要的一种概率分布.当一个变量受大量微小且互相独立的因素影响时,往往都近似服从正态分布.例如,产品的质量指标,成人的身高、体重,学生的考试成绩等.

例17　【螺栓长度】已知某台机器生产的螺栓长度 X(单位:cm)服从正态分布 $N(10.05,0.06^2)$,规定螺栓长度在 10.05 ± 0.12 内为合格品,试求螺栓为合格品的概率.

解　因为 $X\sim N(10.05,0.06^2)$,记 $a=10.05-0.12$,$b=10.05+0.12$,则 $\{a\leqslant X\leqslant b\}$ 表示螺栓为合格品.于是

$$\begin{aligned}P(a\leqslant X\leqslant b)&=\Phi\left(\frac{b-10.05}{0.06}\right)-\Phi\left(\frac{a-10.05}{0.06}\right)=\Phi(2)-\Phi(-2)\\&=2\Phi(2)-1=2\times0.9772-1=0.9544,\end{aligned}$$

即螺栓为合格品的概率等于0.9544.

例18　设随机变量 $X\sim N(\mu,\sigma^2)$,计算 $P(|X-\mu|<k\sigma)$,其中 $k=1,2,3$.

解
$$\begin{aligned}P(|X-\mu|<k\sigma)&=P(\mu-k\sigma\leqslant X\leqslant\mu+k\sigma)\\&=\Phi\left(\frac{\mu+k\sigma-\mu}{\sigma}\right)-\Phi\left(\frac{\mu-k\sigma-\mu}{\sigma}\right)\\&=\Phi(k)-\Phi(-k)\\&=2\Phi(k)-1.\end{aligned}$$

当 k 分别取1,2,3时,查表得

$$P(|X-\mu|<\sigma)=2\Phi(1)-1=0.6826,$$
$$P(|X-\mu|<2\sigma)=2\Phi(2)-1=0.9544,$$
$$P(|X-\mu|<3\sigma)=2\Phi(3)-1=0.9974.$$

上述结论告诉我们，虽然正态分布的随机变量的取值范围是$(-\infty,+\infty)$，但几乎可以肯定它的值总落在区间$(\mu-3\sigma,\mu+3\sigma)$之内，这就是在实际工作中，用于质量检验和工艺过程控制的三倍标准差规则.

练习与思考 5.4

1. 某人练习射击，枪中有五发子弹，击中目标就停止射击，否则用完所有子弹. 问

(1) 设 X 表示"射击的次数"，则

$\{X=3\}$表示__________，$\{X=5\}$表示__________.

(2) 设 Y 表示"首次击中目标前已射击的次数"，则

$\{Y=0\}$表示__________，$\{Y=3\}$表示__________.

(3) 设 Z 表示"停止射击时，还剩的子弹数"，则

$\{Z=0\}$表示__________，$\{Z=3\}$表示__________.

2. 已知随机变量 X 服从均匀分布，其概率密度为 $f(x)=\begin{cases} a & 0.1\leqslant x\leqslant 0.2 \\ 0 & \text{其他} \end{cases}$，则 $a=$______.

3. 设随机变量 X 的分布列如下，求常数 a.

X	-1	0	1	2
P	0.3	a	$2a$	0.4

习题 5.4

1. 设随机变量 X 的分布列为 $P(X=k)=\dfrac{k}{21}(k=1,2,\cdots,6)$，求 $P\left(\dfrac{5}{2}\leqslant X\leqslant\dfrac{9}{2}\right)$.

2. 抛掷一枚不均匀硬币，每次出现正面的概率为$\dfrac{1}{3}$，连续抛掷 10 次，以 X 表示"出现正面的次数"，求 X 的分布列.

3. 【产品抽样】某种产品共 8 件，其中有 2 件次品. 现从中任取 2 件，求取出的 2 件产品中次品数 X 的分布列，并由分布列计算至少取得 1 件次品的概率.

4. 某运动员练习投篮，直到命中为止. 已知他的投篮命中率为 0.8，设 X 表示"投篮的次数"，求 X 的分布列.

5. 设连续型随机变量 X 的概率密度为 $f(x)=\begin{cases} 0 & x<0 \\ Ax & 0\leqslant x<4 \\ 0 & x\geqslant 4 \end{cases}$，求：

(1) 常数 A； (2) $P(X\leqslant 2)$； (3) $P(1\leqslant X\leqslant 5)$.

6. 已知随机变量 X 的分布函数为

$$F(x)=\begin{cases}0 & x<0\\ x^2 & 0\leqslant x<1,\\ 1 & x\geqslant 1\end{cases}$$

求：(1) $P\left(X\leqslant\frac{1}{2}\right)$；(2) $P\left(1<X\leqslant\frac{3}{2}\right)$；(3) $P\left(X>\frac{2}{3}\right)$.

7. 设随机变量 $X\sim U(2,5)$，求 $P(1\leqslant X\leqslant 4)$.

8. 设随机变量 $X\sim N(0,1)$，求：

(1) $P(X<2.45)$；(2) $P(0.3<X<0.8)$；(3) $P(|X|\leqslant 2)$.

9. 设随机变量 $X\sim N(2,4)$，求：

(1) $P(X\geqslant 2)$；(2) $P(0\leqslant X\leqslant 1)$；(3) $P(|X-2|\leqslant 2)$.

§5.5　随机变量的数字特征

学习目标

1. 了解数学期望与方差的概念及实际意义.
2. 会求随机变量的数学期望与方差.

引入问题

【射击比赛】从两个小组中各抽 10 人，分别组成甲、乙两队进行射击比赛，成绩记录如下：

成绩	10	9	8	7
甲队人数	3	2	3	2
乙队人数	4	2	1	3

问甲、乙两队谁是获胜者？

【手表误差】有两种牌子的手表，其日走时误差 X_1，X_2（单位：分钟）的分布列分别为

X_1	-1	0	1
P	0.1	0.8	0.1

X_2	-2	0	2
P	0.1	0.8	0.1

比较两种牌子的手表质量的好坏.

这两个问题都不是一眼就看得出的，说明随机变量的分布列还不能够集中地反映随机变量某一方面的特征.

主要知识

一、随机变量的数学期望

在射击比赛的问题中，甲、乙两队的平均环数分别为：

$$甲：(10\times3+9\times2+8\times3+7\times2)\div10=10\times\frac{3}{10}+9\times\frac{2}{10}+8\times\frac{3}{10}+7\times\frac{2}{10}=8.6,$$

$$乙：(10\times4+9\times2+8\times1+7\times3)\div10=10\times\frac{4}{10}+9\times\frac{2}{10}+8\times\frac{1}{10}+7\times\frac{3}{10}=8.7,$$

显然乙队的平均环数略高于甲队，所以乙队是获胜者.

如果引入随机变量 X 表示“甲队射击的环数”，则 X 的分布列为

X	10	9	8	7
P	$\frac{3}{10}$	$\frac{2}{10}$	$\frac{3}{10}$	$\frac{2}{10}$

不难发现，甲队的平均环数其实就是随机变量的取值与其对应的概率乘积之和. 对于一般的随机变量，给出如下定义.

1. 离散型随机变量的数学期望

定义 5－11 设离散型随机变量 X 的概率分布为 $P(X=x_i)=p_i(i=1,2,\cdots,k,\cdots)$，则称和数 $\sum\limits_{i=1}^{\infty}x_ip_i$ 为随机变量 X 的**数学期望**，简称**期望**或**均值**，记为 $E(X)=\sum\limits_{i=1}^{\infty}x_ip_i$.

例 1 设随机变量 X 的分布列为

X	1	2	3	4
P	0.1	0.2	0.3	0.4

求 $E(X)$.

解 $E(X)=1\times0.1+2\times0.2+3\times0.3+4\times0.4=3.$

定义 5－12 设离散型随机变量 X 的概率分布为 $P(X=x_i)=p_i(i=1,2,\cdots,k,\cdots)$，若 $Y=g(X)$，则 $E(Y)=E[g(X)]=\sum\limits_{i=1}^{\infty}g(x_i)p_i$.

例 2 求例 1 中 $E(X^2)$，$E(2X+3)$.

解
$$E(X^2)=1^2\times0.1+2^2\times0.2+3^2\times0.3+4^2\times0.4=10.$$

$$E(2X+3)=(2\times1+3)\times0.1+(2\times2+3)\times0.2+(2\times3+3)\times0.3+(2\times4+3)\times0.4=9.$$

2. 连续型随机变量的数学期望

定义 5－13 设连续型随机变量 X 的概率密度为 $f(x)$，则称积分 $\int_{-\infty}^{+\infty}xf(x)\mathrm{d}x$ 为随机

变量 X 的**数学期望**，记为 $E(X)=\int_{-\infty}^{+\infty}xf(x)\mathrm{d}x$.

例 3　设随机变量 X 的概率密度为 $f(x)=\begin{cases}x+\frac{1}{2} & 0\leqslant x<1\\ 0 & x<0,x\geqslant 1\end{cases}$，求数学期望 $E(X)$.

解　$E(X)=\int_{-\infty}^{+\infty}xf(x)\mathrm{d}x=\int_0^1 x\left(x+\frac{1}{2}\right)\mathrm{d}x=\frac{7}{12}$.

定义 5-14　设连续型随机变量 X 的概率密度为 $f(x)$，若 $Y=g(X)$，则 $E(Y)=E[g(X)]=\int_{-\infty}^{+\infty}g(x)f(x)\mathrm{d}x$.

例 4　求例 3 中的 $E(X^2)$，$E(2X+3)$.

解
$$E(X^2)=\int_{-\infty}^{+\infty}x^2f(x)\mathrm{d}x=\int_0^1 x^2\left(x+\frac{1}{2}\right)\mathrm{d}x=\frac{5}{12}.$$
$$E(2X+3)=\int_{-\infty}^{+\infty}(2x+3)f(x)\mathrm{d}x=\int_0^1(2x+3)\left(x+\frac{1}{2}\right)\mathrm{d}x=\frac{25}{6}.$$

3. 数学期望的性质

(1) $E(c)=c$（c 为任意常数）；

(2) $E(cX)=cE(X)$；

(3) $E(X+Y)=E(X)+E(Y)$；

(4) 如果 X 与 Y 相互独立，则 $E(XY)=E(X)E(Y)$.

在例 1 中，由于 $E(X)=3$，由期望的性质，则 $E(2X+3)=2E(X)+3=9$. 同样，在例 3 中，由于 $E(X)=\frac{7}{12}$，则 $E(2X+3)=2E(X)+3=\frac{25}{6}$.

二、方差

在手表误差的问题中，两种牌子手表的走时误差的数学期望分别为
$$E(X_1)=-1\times 0.1+0\times 0.8+1\times 0.1=0,$$
$$E(X_2)=-2\times 0.1+0\times 0.8+2\times 0.1=0.$$

结果表明，两种牌子手表的走时误差的均值都为 0，那么这两种牌子手表的质量是否完全相同？进一步分析会发现，X_1 快慢相差一分钟，而 X_2 快慢相差两分钟，显然，随机变量 X_2 与均值的偏差大些，分布比较分散，故可认为左边牌子的质量稳定一些，也就是说除了考察随机变量的均值，还必须了解随机变量取值与均值之间的偏差程度.

1. 方差的定义

定义 5-15　设 X 是一个随机变量，若 $E[X-E(X)]^2$ 存在，则称 $E[X-E(X)]^2$ 为 X 的**方差**，记为 $D(X)=E[X-E(X)]^2$，称 $\sqrt{D(X)}$ 为 X 的**标准差或均方差**.

由定义可知，方差其实是随机变量 X 的函数 $[X-E(X)]^2$ 的数学期望.

(1) 当 X 为离散型随机变量，其概率分布为 $P(X=x_i)=p_i(i=1,2,\cdots,k,\cdots)$，则

$$D(X)=\sum_{i=1}^{\infty}[x_i-E(X)]^2 p_i.$$

(2) 当 X 为连续型随机变量,其概率密度为 $f(x)$,则

$$D(X)=\int_{-\infty}^{+\infty}[x-E(X)]^2 f(x)\mathrm{d}x.$$

由期望的性质可以导出方差的计算公式:

$$D(X)=E(X^2)-[E(X)]^2.$$

例 5 设随机变量 X 服从(0−1)分布,求 $D(X)$.

解 X 的分布列为

X	0	1
P	$1-p$	p

所以

$$E(X)=1\times p+0\times(1-p)=p, E(X^2)=1^2\times p+0^2\times(1-p)=p,$$

则 $$D(X)=E(X^2)-[E(X)]^2=p-p^2=p(1-p).$$

例 6 求例 1 中的方差 $D(X)$.

解 由例 1 知 $E(X)=3$,由例 2 知 $E(X^2)=10$,则

$$D(X)=E(X^2)-[E(X)]^2=1.$$

例 7 设随机变量 $X\sim U(a,b)$,求 $D(X)$.

解 X 的概率密度为 $f(x)=\begin{cases}\dfrac{1}{b-a} & a\leqslant x\leqslant b,\\ 0 & \text{其他}\end{cases}$

则 $$E(X)=\int_a^b \frac{x}{b-a}\mathrm{d}x=\frac{a+b}{2},$$

$$E(X^2)=\int_a^b \frac{x^2}{b-a}\mathrm{d}x=\frac{a^2+ab+b^2}{3},$$

所以 $$D(X)=E(X^2)-[E(X)]^2=\frac{a^2+ab+b^2}{3}-\left(\frac{a+b}{2}\right)^2=\frac{(b-a)^2}{12}.$$

2. 方差的性质

(1) $D(c)=0$(c 为任意常数);

(2) $D(aX+b)=a^2D(X)$(a,b 为任意常数);

(3) 如果 X 与 Y 相互独立,则 $D(X\pm Y)=D(X)+D(Y)$.

例 8 已知 $E(X)=-1, E(X^2)=3$,求 $D(X), D(2X+3), D(3X-2)$.

解 $$D(X)=E(X^2)-[E(X)]^2=2,$$

$$D(2X+3)=2^2D(X)=4D(X)=8,$$

$$D(3X-2)=3^2D(X)=9D(X)=18.$$

三、常见随机变量的数学期望和方差

(1) 当 X 服从(0－1)分布,即 $X\sim(0-1)$时,

$$E(X)=p,D(X)=p(1-p).$$

(2) 当 X 服从二项分布,即 $X\sim B(n,p)$时,

$$E(X)=np,D(X)=np(1-p).$$

(3) 当 X 服从泊松分布,即 $X\sim P(\lambda)$时,

$$E(X)=\lambda,D(X)=\lambda.$$

(4) 当 X 服从均匀分布,即 $X\sim U(a,b)$时,

$$E(X)=\frac{a+b}{2},D(X)=\frac{(b-a)^2}{12}.$$

(5) 当 X 服从指数分布,即 $X\sim E(\lambda)$时,

$$E(X)=\frac{1}{\lambda},D(X)=\frac{1}{\lambda^2}.$$

(6) 当 X 服从正态分布,即 $X\sim N(\mu,\sigma^2)$时,

$$E(X)=\mu,D(X)=\sigma^2.$$

例 9　已知 $X\sim N(1,2)$,$Y\sim N(2,2)$,且 X 与 Y 相互独立,求 $X-2Y+3$ 的期望与方差.

解　由已知条件有

$$E(X)=1,E(Y)=2,D(X)=D(Y)=2,$$

则

$$E(X-2Y+3)=E(X)-2E(Y)+E(3)=1-2\times2+3=0,$$
$$D(X-2Y+3)=D(X)+4D(Y)+D(3)=2+4\times2+0=10.$$

练习与思考 5.5

1. 设随机变量 $X\sim B(10,0.8)$,则 $E(X)=$______,$D(X)=$______,$E(X^2)=$______.
2. (1) 设随机变量 X 服从参数为 2 的泊松分布,则 $E(2X)=$______.
   (2) 设随机变量 $X\sim N(1,4)$,则 $D(X)=$______.
3. 设随机变量 X 与 Y 相互独立,且 $X\sim P(3)$,$Y\sim U(-3,3)$,则 $E(2X+3Y)=$______,$D(3X-2Y)=$______.

4. 设随机变量 X 的分布列为

X	-2	-1	0	1	2
P	0.1	0.2	0.2	0.3	0.2

求：(1) $E(X)$；(2) $E(X^2)$；(3) $D(X)$.

习题 5.5

1. 盒中有 3 白 2 红 5 个球，从中任取两球，设 X 表示"红球的个数". 求：
   (1) X 的分布列；(2) $E(X)$；(3) $D(X)$.

2. 设随机变量 X 的概率密度函数为 $f(x)=\begin{cases}3x^2 & 0\leqslant x\leqslant 1\\ 0 & \text{其他}\end{cases}$，求 $E(X)$，$E(X^2)$，$D(x)$.

3. 设随机变量 X 的分布列为

X	1	2	3	4
P	0.1	0.2	0.4	0.3

   求 $E(3X+2)$，$E(3X^2+5)$，$D(2X-3)$.

4. 设随机变量 X 的概率密度函数为 $f(x)=\begin{cases}2x & 0\leqslant x\leqslant 1\\ 0 & \text{其他}\end{cases}$，求 $E(2X-1)$，$E(2X^2-5)$，$D(3X+1)$.

§5.6 统计量及其分布

学习目标

1. 了解总体、个体、简单随机抽样和统计量的基本概念.
2. 会计算样本均值和样本方差.
3. 会查表计算常见统计量的概率.

引入问题

【灯泡检测】检测灯泡厂一批(5 万只)LED 灯泡的平均寿命，由于检测灯泡寿命具有破坏性，因此，只能从该批灯泡中随机抽取一部分进行寿命测试(比如抽取 1 000 只)，然后对这 1 000 只灯泡的寿命数据进行提炼和加工，以此来估计和推断该批次灯泡的平均寿命. 这就涉及两个基本问题，第一，如何保证抽取的 1 000 只灯泡具备代表性，第二，采用何种方法能有效地统计和分析数据.

主要知识

一、总体与样本

在数理统计中，通常把研究对象的全体称为**总体**，把组成总体的每个对象称为**个体**，把总体中抽取的一部分个体称为一个**样本**. 总体中个体的总数称为**总体容量**，样本中个体的总数称为**样本容量**.

在引入问题中，“5 万只灯泡”就是总体，其中的“每一个灯泡”就是一个个体，随机抽取的“1 000 只灯泡”就是一个样本. 总体容量为 5 万，样本容量为 1 000. 如果我们用随机变量 X 描述这批灯泡的寿命，从总体中抽取一个灯泡，就是做一次随机试验. 因此，样本可以看作 1 000 个随机变量 $X_1,X_2,\cdots,X_{1000}$. 观察并记录 1 000 只灯泡的使用寿命，得到一组观测值 $x_1,x_2,\cdots,x_{1000}$，称为**样本值**.

从总体中抽取样本有不同的抽法，为使样本能对总体做出可靠的判断，样本抽取时应满足以下两个条件：

(1) 随机性，总体中每个个体有相同的机会被选入样本；

(2) 独立性，从总体中抽取的每个个体对其他个体的抽取没有影响.

满足上述条件的抽取方法称为**简单随机抽样**，其样本称为**简单随机样本**.

一般的，对于有限总体采用的是有放回随机抽样，而对于无限总体或数量很大的总体可采用不放回随机抽样，所得到的样本可以近似地看作简单随机样本. 今后，如无特别说明，样本均指简单随机样本.

二、统计量

抽取样本后，我们会根据需要获取样本值，并希望通过这些样本值去了解总体的相关性质. 因为样本值的信息太过零散并且有太多的不确定性和不稳定性，所以通常并不是直接利用样本值进行估计和推断，而是针对不同问题利用样本值构造出不同函数.

设 $X_1,X_2,\cdots,X_n$ 为来自总体 X 的容量为 n 的样本，我们把不含任何未知参数的样本函数 $g(X_1,X_2,\cdots,X_n)$ 称为**统计量**.

例如，已知总体 $X\sim N(\mu,\sigma^2)$，X_1,X_2,X_3,X_4 为一个容量为 4 的样本，若 μ 已知，σ 未知，则 $\frac{1}{4}\sum\limits_{i=1}^{4}X_i$，$\sum\limits_{i=1}^{4}(X_i-\mu)^2$，$\min(X_1,X_2,X_3,X_4)$ 都是统计量，而 $\sum\limits_{i=1}^{4}\left(\frac{X_i-\mu}{\sigma}\right)^2$ 不是统计量. 因为样本的随机性，显然统计量也是随机变量.

下面给出一些常用的统计量.

设 $X_1,X_2,\cdots,X_n$ 是总体 X 的一个样本.

1. 样本均值

$$\overline{X}=\frac{1}{n}\sum_{i=1}^{n}X_i.$$

2. 样本方差

$$S^2=\frac{1}{n-1}\sum_{i=1}^{n}(X_i-\overline{X})^2.$$

可化简为
$$S^2=\frac{1}{n-1}\left(\sum_{i=1}^{n}X_i^2-n\overline{X}^2\right).$$

3. 样本标准差

$$S=\sqrt{\frac{1}{n-1}\sum_{i=1}^{n}(X_i-\overline{X})^2}.$$

三个统计量分别对应随机变量特征数字中的期望、方差和均方差. 一般地,$\overline{X}$,S^2 的观测值用相应的小写字母$\overline{x}$,s^2 来表示. $\overline{x}$表示样本均值,s^2 和 s 都表示数据对均值$\overline{x}$的离散程度,s^2 越大,数据越分散,波动越大,稳定性越差;s^2 越小,数据越集中,波动越小,稳定性越好.

例 1 从总体中随机抽取了 9 个样本,样本值和频数分布如下

X	0	1	2	3	4
频数	1	3	2	1	2

求样本均值与样本方差.

解
$$\overline{x}=\frac{1}{n}\sum_{i=1}^{n}x_i=\frac{1}{9}(1\times0+3\times1+2\times2+1\times3+2\times4)=2,$$

$$\begin{aligned}s^2&=\frac{1}{n-1}\sum_{i=1}^{n}(x_i-\overline{x})^2\\&=\frac{1}{8}[(0-2)^2+3(1-2)^2+2(2-2)^2+(3-2)^2+2(4-2)^2]\\&=2,\end{aligned}$$

或
$$\begin{aligned}s^2&=\frac{1}{n-1}\left(\sum_{i=1}^{n}x_i^2-n\overline{x}^2\right)\\&=\frac{1}{8}(0^2+3\times1^2+2\times2^2+3^2+2\times4^2-9\times2^2)=2.\end{aligned}$$

因为样本均值和样本方差在统计应用上的重要性,为此,给出与这两个统计量有关的重要结论:设 $X_1,X_2,\cdots,X_n$ 为来自总体 X 的容量为 n 的一个样本,且 $E(X)=\mu$,$D(x)=\sigma^2$,则

(1) $E(\overline{X})=\mu$;

(2) $E(S^2)=\sigma^2$;

(3) $D(\overline{X})=\dfrac{\sigma^2}{n}$.

这个结论告诉大家,样本均值的数学期望和方差以及样本方差的数学期望,它们都不依赖于总体的分布形式,仅与总体的期望与方差有关.

例 2　设随机变量 $X \sim U(1,4)$，从中随机抽取容量为 100 的样本 $X_1, X_2, \cdots, X_{100}$，$\overline{X}$，$S^2$ 分别表示样本均值和样本方差. 求：

(1) $E(\overline{X})$；(2) $E(S^2)$；(3) $D(\overline{X})$.

解　因为 $X \sim U(1,4)$，所以 $E(X)=\frac{1+4}{2}=\frac{5}{2}$，$D(X)=\frac{(4-1)^2}{12}=\frac{3}{4}$，又 $n=100$，则

(1) $E(\overline{X})=\frac{5}{2}$；(2) $E(S^2)=\frac{3}{4}$；(3) $D(\overline{X})=\frac{3}{400}$.

三、常用统计量的分布

用统计量来推断总体的性质时，需要知道统计量的分布. 在统计应用中，经常假定总体所服从的分布是正态分布，这里仅介绍几个重要的由正态总体构成的统计量的分布.

1. 样本均值 $\overline{X}$ 的分布

定理 5-2　设 $X \sim N(\mu, \sigma^2)$，$(X_1, X_2, \cdots, X_n)$ 是取自正态总体 X 的样本，则有

$$\overline{X} \sim N\left(\mu, \frac{\sigma^2}{n}\right),$$

即

$$\frac{\overline{X}-\mu}{\sigma/\sqrt{n}} \sim N(0,1).$$

通常记 $U=\frac{\overline{X}-\mu}{\sigma/\sqrt{n}}$，也称 U 统计量，在后面的区间估计和假设检验中会用到.

例 3　设随机变量 $X \sim N(4,1)$，从总体抽取容量为 16 的样本，求 $P(\overline{X}>3.9)$.

解　因为 $X \sim N(4,1)$，所以 $\mu=4, \sigma=1$.

由于 $n=16$，$\frac{\sigma^2}{n}=\frac{1}{16}=\left(\frac{1}{4}\right)^2$，由定理 5-2，可知 $\overline{X} \sim N\left(4, \left(\frac{1}{4}\right)^2\right)$.

于是

$$P(\overline{X}>3.9)=1-P(\overline{X} \leqslant 3.9)=1-\Phi\left(\frac{3.9-4}{\frac{1}{4}}\right)$$
$$=1-\Phi(-0.4)=\Phi(0.4)=0.655\,4.$$

2. t 分布

设随机变量 $X \sim N(0,1)$，$Y \sim \chi^2(n)$①，且 X 与 Y 相互独立，则统计量

$$T=\frac{X}{\sqrt{Y/n}}$$

① 设随机变量 $X_1, X_2, \cdots, X_n$ 是来自标准正态总体 $N(0,1)$ 的样本，则统计量

$$\chi^2=\sum_{i=1}^{n} X_i^2$$

服从自由度为 n 的 χ^2 分布，记作 $\chi^2 \sim \chi^2(n)$.

服从自由度为 n 的 t **分布**,记作 $T \sim t(n)$.

对于给定的正数 $\alpha(0<\alpha<1)$,可查自由度为 n 的 t 分布表(见附录3),得到临界值 $t_\alpha(n)$(如图 5-4),使其满足等式 $P(t(n)>t_\alpha(n))=\alpha$.

t 分布的概率密度曲线如图 5-4 所示.

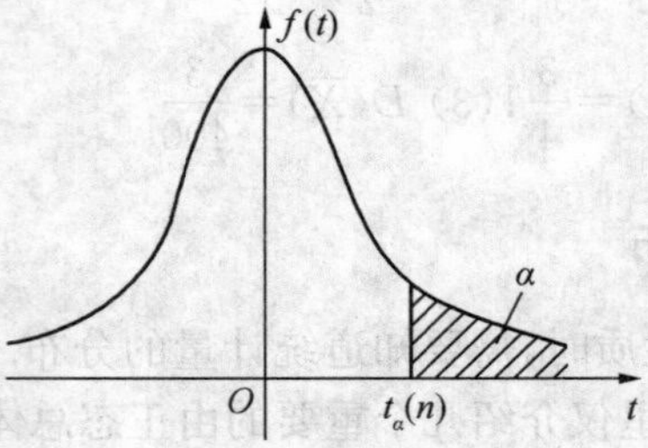

图 5-4

例如,当 $n=10$ 时,取 $\alpha=0.05$ 时,查 t 分布表得临界值 $t_{0.05}(10)=1.81$,即

$$P(t(10)>1.81)=0.05.$$

由图 5-4 可知,t 分布的概率密度关于 y 轴对称,所以其临界值有如下关系:

$$t_{1-\alpha}(n)=-t_\alpha(n).$$

例如,$t_{0.95}(10)=-t_{0.05}(10)=-1.81$.

例 4 查 t 分布表,求下列临界值:$t_{0.05}(18)$,$t_{0.95}(30)$,$t_{0.01}(10)$,$t_{0.075}(40)$.

解 查 t 分布表,得

$$t_{0.05}(18)=1.73, t_{0.95}(30)=-t_{0.05}(30)=-1.70,$$
$$t_{0.01}(10)=2.76, t_{0.075}(40)=-t_{0.025}(40)=-2.02.$$

关于 t 分布有以下重要结论.

定理 5-3 设 $X_1, X_2, \cdots, X_n$ 是来自正态总体 $N(\mu,\sigma^2)$ 的样本,$\overline{X}$ 和 S^2 分别为样本均值和样本方差,则

$$T=\frac{\overline{X}-\mu}{S/\sqrt{n}} \sim t(n-1).$$

通常称 $T=\dfrac{\overline{X}-\mu}{S/\sqrt{n}}$ 为 T 统计量,在后面的区间估计和假设检验中会用到.

练习与思考 5.6

1. 从某校 1 028 名高三学生中随机抽取 10 人,记录他们的高考成绩,
   296,318,322,306,396,288,298,245,312,345.
   问:总体、个体、样本分别是什么?总体容量和样本容量各为多少?
2. 已知总体 $X \sim N(\mu,\sigma^2)$,其中 μ 未知,σ^2 已知,$X_1, X_2, \cdots, X_n$ 为一个容量为 n 的样本,问

下面哪些是统计量？

(1) $\frac{\sigma^2}{n}\sum_{i=1}^{n}X_i^2$；(2) $\sum_{i=1}^{n-1}(X_{i+1}-X_i)^2$；(3) $\frac{1}{\sigma^2}\sum_{i=1}^{n}(X_i-\mu)^2$；(4) $\sum_{i=1}^{n}\left(\frac{X_i-\overline{X}}{\sigma}\right)^2$.

3. 查分布表，求下列临界值：

(1) $t_{0.01}(9)$；(2) $t_{0.05}(10)$.

习题 5.6

1. 从总体中抽取容量为 8 的样本，样本值分别为 18，19，20，21，20，22，17，23，求样本均值与样本方差.
2. 设总体 $X\sim N(12,4)$，抽取容量为 16 的样本. 求：
(1) $E(\overline{X})$；(2) $E(S^2)$；(3) $D(\overline{X})$.
3. 设总体 $X\sim N(12,4)$，抽取容量为 9 的样本. 求 $P(\overline{X}>13)$.
4. 【学生年龄】从某校高二年级中随机抽取 30 名学生，记录他们的年龄和频数如下：

X	15	16	17	18	19
频数	2	8	15	4	1

求样本均值与样本方差.

§5.7　参数估计

学习目标

1. 会用矩估计法估计总体参数.
2. 能简单判断估计量的无偏性和有效性.
3. 会求正态总体均值的区间估计.

引入问题

【汽车油耗】观察某型号的 10 辆汽车 5 升汽油的行驶里程(单位：km)，记录数据如下：

29.8，27.6，28.3，26.8，27.9，28.0，28.7，29.6，30.0，28.6，

这是一个容量为 10 的样本观测值. 我们能否由这个样本的样本均值，合理估计出该型号汽车每 5 升汽油的行驶里程呢？这里就涉及参数估计问题.

主要知识

实际问题中碰到的随机变量(总体)往往是分布类型大致知道,但总体分布中的参数往往是未知的. 对总体中未知参数的估计只能根据样本的观测值来实现. 这里涉及两个问题:其一是估计的方法,即如何给出估计;其二是估计的好坏判断标准,即如何对不同的估计进行评价. 估计方法通常有两种方法:点估计和区间估计. 估计的判断主要从无偏性和有效性两方面来考虑.

一、点估计

设总体 X 的分布函数 $F(x,\theta)$ 的形式已知,θ 为总体 X 的未知参数. $X_1,X_2,\cdots,X_n$ 是总体 X 的一个样本,$x_1,x_2,\cdots,x_n$ 是相应的样本值. 点估计问题就是要构造一个适当的统计量 $\hat{\theta}=\hat{\theta}(X_1,X_2,\cdots,X_n)$,然后依据样本值 $x_1,x_2,\cdots,x_n$,得到总体参数 θ 的估计值 $\hat{\theta}=\hat{\theta}(x_1,x_2,\cdots,x_n)$. 习惯上,称 $\hat{\theta}=\hat{\theta}(X_1,X_2,\cdots,X_n)$ 为 θ 的**点估计量**,简称为**点估计**,称 $\hat{\theta}=\hat{\theta}(x_1,x_2,\cdots,x_n)$ 为 θ 的**估计值**. 构造估计量 $\hat{\theta}=\hat{\theta}(X_1,X_2,\cdots,X_n)$ 的方法很多,下面仅介绍矩估计法.

矩估计法就是用样本数字特征作为相应的总体数字特征的估计值的方法. 最常用的是用样本均值 $\overline{x}$ 作为总体 X 的数学期望 $E(X)$ 的估计值,用样本方差 s^2 作为总体 X 的方差 $D(X)$ 的估计值. 例如,若总体 $X\sim N(\mu,\sigma^2)$,μ,σ^2 未知,则

$$\hat{\mu}=\overline{x}=\frac{1}{n}\sum_{i=1}^{n}x_i,$$

$$\hat{\sigma}^2=s^2=\frac{1}{n-1}\sum_{i=1}^{n}(x_i-\overline{x})^2.$$

例 1 【零件尺寸】设某种零件的内径 $X\sim N(\mu,\sigma^2)$,随机地取 8 只零件测得其内径(单位:厘米)分别为 37.0,37.4,38.0,37.3,38.1,37.1,37.6,37.9,试求参数 μ,σ^2 的矩估计值.

解 由题意 $E(X)=\mu,D(X)=\sigma^2$,故可以分别用样本均值 $\overline{x}$ 和样本方差 s^2 作为 μ,σ^2 的矩估计值. 因为

$$\overline{x}=\frac{1}{8}(37.0+37.4+\cdots+37.9)=37.55,$$

$$s^2=\frac{1}{7}\sum_{i=1}^{8}(x_i-\overline{x})^2\approx 0.17,$$

所以 $\hat{\mu}=37.55,\hat{\sigma}^2=0.17.$

例 2 已知总体 $X\sim U(a,b)$,其中 a,b 是未知参数. 已经取得了一组样本值 1,2,1,3,3,求参数 a,b 的矩估计值.

解 因为 $E(X)=\dfrac{a+b}{2},D(X)=\dfrac{(b-a)^2}{12}$,又

$$\overline{x}=\frac{1}{5}(1+2+1+3+3)=2,s^2=\frac{1}{4}\sum_{i=1}^{5}(x_i-\overline{x})^2=1,$$

由矩估计法 $E(X)=\bar{x}, D(X)=s^2$，即

$$\frac{a+b}{2}=2, \frac{(b-a)^2}{12}=1,$$

解得 $\hat{a}=0.268, \hat{b}=3.732$.

在汽车油耗的问题中，样本均值

$$\bar{x}=\frac{1}{10}(29.8+27.6+\cdots+28.7+29.6)=28.5,$$

由矩估计法，可以认为该型号汽车每 5 升汽油的平均行驶里程为 28.5 km.

二、点估计的评价标准

设 $\hat{\theta}$ 是未知参数 θ 的估计量，则 $\hat{\theta}$ 是一个随机变量，对于不同的样本值就会得到不同的估计值，我们总希望估计值不断逼近参数 θ 的真实值. 下面给出两个常用的评价方法：无偏性和有效性.

1. 无偏性

定义 5-16　设 $\hat{\theta}$ 是总体 X 的未知参数 θ 的估计量，如果 $E(\hat{\theta})=\theta$，则称 $\hat{\theta}$ 为 θ 的**无偏估计量**，称 θ 具有**无偏性**.

在科学技术中，将 $E(\hat{\theta})-\theta$ 称为以 $\hat{\theta}$ 作为 θ 的估计的系统误差，无偏估计的实际意义就是无系统误差.

在§5.6 节中，我们已经知道如下结论：

设 $X_1, X_2, \cdots, X_n$ 为来自总体 X 的容量为 n 一个样本，且 $E(X)=\mu, D(X)=\sigma^2$，则

(1) $E(\bar{X})=\mu$；　　　　(2) $E(S^2)=\sigma^2$.

由无偏估计定义可知：

(1) 样本均值 $\bar{X}$ 是 μ 的无偏估计量；(2) 样本方差 S^2 是 σ^2 的无偏估计量.

例 3　已知总体 $X\sim N(\mu,1)$，其中 X_1, X_2, X_3 是从中抽取的一个样本. 试判断下面两个估计量(1) $\hat{\mu}_1=\frac{1}{3}X_1+\frac{1}{6}X_2+\frac{1}{2}X_3$；(2) $\hat{\mu}_2=\frac{1}{3}X_1+\frac{1}{3}X_2+\frac{1}{3}X_3$ 是否是 μ 的无偏估计.

解　因为样本 X_1, X_2, X_3 来自总体 $N(\mu,1)$，则 X_1, X_2, X_3 相互独立且与总体具有相同的分布，所以 $E(X_1)=E(X_2)=E(X_3)=\mu$，则

$$(1)\ E(\hat{\mu}_1)=E\left(\frac{1}{3}X_1+\frac{1}{6}X_2+\frac{1}{2}X_3\right)=\frac{1}{3}E(X_1)+\frac{1}{6}E(X_2)+\frac{1}{2}E(X_3)=\mu;$$

$$(2)\ E(\hat{\mu}_2)=E\left(\frac{1}{3}X_1+\frac{1}{3}X_2+\frac{1}{3}X_3\right)=\frac{1}{3}E(X_1)+\frac{1}{3}E(X_2)+\frac{1}{3}E(X_3)=\mu.$$

所以 $\hat{\mu}_1, \hat{\mu}_2$ 都是 μ 的无偏估计.

2. 有效性

定义 5-17　设 $\hat{\theta}_1, \hat{\theta}_2$ 都是 θ 的无偏估计量，如果 $D(\hat{\theta}_1)<D(\hat{\theta}_2)$，则称 $\hat{\theta}_1$ 比 $\hat{\theta}_2$ **有效**.

例 4　比较例 3 中 $\hat{\mu}_1$ 和 $\hat{\mu}_2$ 的有效性.

解　由例 3 知 $D(X_1)=D(X_2)=D(X_3)=1$，则

(1) $D(\hat{\mu}_1)=D\left(\frac{1}{3}X_1+\frac{1}{6}X_2+\frac{1}{2}X_3\right)=\frac{1}{9}D(X_1)+\frac{1}{36}D(X_2)+\frac{1}{4}D(X_3)=\frac{14}{36}$;

(2) $D(\hat{\mu}_2)=D\left(\frac{1}{3}X_1+\frac{1}{3}X_2+\frac{1}{3}X_3\right)=\frac{1}{9}D(X_1)+\frac{1}{9}D(X_2)+\frac{1}{9}D(X_3)=\frac{1}{3}$.

显然 $D(\hat{\mu}_2)<D(\hat{\mu}_1)$，所以 $\hat{\mu}_2$ 比 $\hat{\mu}_1$ 有效.

在总体均值的所有无偏估计中，样本均值的有效性是最好的.

三、区间估计

参数的点估计给出了一个具体的数值作为参数的近似值，即使是无偏估计，也不可能保证其精确度. 通常，对于未知参数，除了求它的点估计外，我们还希望估计出一个范围，并希望它能以较大的概率包含被估参数的真值，这个范围一般用区间表示，称为参数的**区间估计**.

设 θ 为总体 X 的未知参数，对给定的 $\alpha\in(0,1)$，由样本 $X_1,X_2,\cdots,X_n$ 构造的两个统计量 $\hat{\theta}_1=\hat{\theta}_1(X_1,X_2,\cdots,X_n)$ 和 $\hat{\theta}_2=\hat{\theta}_2(X_1,X_2,\cdots,X_n)$，满足

$$P(\hat{\theta}_1<\theta<\hat{\theta}_2)=1-\alpha,$$

则称 $\hat{\theta}_1$ 和 $\hat{\theta}_2$ 分别为**置信下限**和**置信上限**，α 为**显著性水平**，$1-\alpha$ 为**置信度**，区间 $(\hat{\theta}_1,\hat{\theta}_2)$ 为 θ 的置信度为 $1-\alpha$ 的**置信区间**.

置信区间 $(\hat{\theta}_1,\hat{\theta}_2)$ 是一个随机区间，置信度 $1-\alpha$ 反映了置信区间的可靠程度. 若取 $\alpha=0.05$，则 $1-\alpha=0.95=95\%$，就是说，由统计量所得到的区间 $(\hat{\theta}_1,\hat{\theta}_2)$ 会以 95% 的可能性包含 θ 的真值.

与其他总体相比，正态总体 $N(\mu,\sigma^2)$ 是最常见的分布. 下面仅介绍单个正态总体均值 μ 的区间估计.

1. 若 σ^2 已知，求正态总体均值 μ 的置信区间

设总体 $X\sim N(\mu,\sigma^2)$，由定理 5-2 可知，统计量为

$$U=\frac{\overline{X}-\mu}{\frac{\sigma}{\sqrt{n}}}\sim N(0,1).$$

对给定的 $\alpha\in(0,1)$，有

$$P(|U|<u_{\alpha/2})=P\left(\left|\frac{\overline{X}-\mu}{\sigma/\sqrt{n}}\right|<u_{\alpha/2}\right)=1-\alpha,$$

由此得

$$P\left(\overline{X}-\frac{\sigma}{\sqrt{n}}u_{\alpha/2}<\mu<\overline{X}+\frac{\sigma}{\sqrt{n}}u_{\alpha/2}\right)=1-\alpha,$$

于是 μ 的置信度为 $1-\alpha$ 的置信区间为

$$\left(\overline{X}-\frac{\sigma}{\sqrt{n}}u_{\alpha/2},\overline{X}+\frac{\sigma}{\sqrt{n}}u_{\alpha/2}\right).$$

其中，$u_{\alpha/2}$是标准正态分布的临界值，可查标准正态分布表(见附表 2)得到.

例 5　【钢球直径】设某厂生产的钢球直径 X 服从正态分布 $N(\mu,0.06)$. 现从中随机抽取 6 个，测得直径(单位：mm)为：14.8，14.9，14.9，14.7，15.1，15.3，试求总体均值 μ 的置信度为 0.95 的置信区间.

解　由 $\alpha=1-0.95=0.05$，查标准正态分布表，得 $u_{\frac{\alpha}{2}}=u_{0.025}=1.96$，又因为$\overline{X}=14.95$. 于是 μ 的置信度为 0.95 的置信区间为

$$\left(\overline{X}-\frac{\sigma}{\sqrt{n}}u_{\frac{\alpha}{2}},\overline{X}+\frac{\sigma}{\sqrt{n}}u_{\frac{\alpha}{2}}\right)=\left(14.95-1.96\frac{\sqrt{0.06}}{\sqrt{6}},14.95+1.96\frac{\sqrt{0.06}}{\sqrt{6}}\right),$$

即(14.754，15.146). 这表明该厂生产的钢球的直径有 95%的可能性在 14.754 mm 和 15.146 mm之间. 这个估计的可靠度是 95%.

2. 若σ^2未知，求正态总体均值 μ 的置信区间

由于总体 $X\sim N(\mu,\sigma^2)$，当σ^2 未知时，自然想到用样本方差 S^2 代替总体方差σ^2. 由定理 5-3 可知，统计量为

$$T=\frac{\overline{X}-\mu}{S/\sqrt{n}}\sim t(n-1).$$

用类似的方法可得

$$P\left(\overline{X}-\frac{S}{\sqrt{n}}t_{\frac{\alpha}{2}}(n-1)<\mu<\overline{X}+\frac{S}{\sqrt{n}}t_{\frac{\alpha}{2}}(n-1)\right)=1-\alpha,$$

于是 μ 的置信度为 $1-\alpha$ 的置信区间为

$$\left(\overline{X}-\frac{S}{\sqrt{n}}t_{\frac{\alpha}{2}}(n-1),\overline{X}+\frac{S}{\sqrt{n}}t_{\frac{\alpha}{2}}(n-1)\right),$$

其中，$t_{\alpha/2}(n-1)$是 t 分布的临界值，可查 t 分布表(见附表 3)得到.

例 6　【玉米产量】某品牌玉米的亩产量 X 服从正态分布 $N(\mu,\sigma^2)$. 现随机抽取了 12 亩实验地，测得产量(单位：百斤)为：4.68，4.85，4.32，4.85，4.61，5.02，5.20，4.60，4.58，4.72，4.38，4.70. 试估计该玉米在置信度为 0.95 时平均亩产量 μ 的范围.

解　由题意 $\alpha=0.05$，查 t 分布表得 $t_{\frac{\alpha}{2}}(n-1)=t_{0.025}(11)=2.20$，计算得

$$\overline{X}=\frac{1}{12}\sum_{i=1}^{12}X_i=4.709\,2,$$

$$S^2=\frac{1}{12-1}\sum_{i=1}^{12}(X_i-\overline{X})^2=0.061\,5.$$

于是得到 μ 的 0.95 的置信区间为

$$\left(\overline{X}-\frac{S}{\sqrt{n}}t_{\frac{\alpha}{2}}(n-1),\overline{X}+\frac{S}{\sqrt{n}}t_{\frac{\alpha}{2}}(n-1)\right)$$
$$=\left(4.709\,2-2.20\frac{\sqrt{0.061\,5}}{\sqrt{12}},4.709\,2+2.20\frac{\sqrt{0.061\,5}}{\sqrt{12}}\right)$$

$=(4.5517, 4.8668)$.

即该玉米的平均亩产量在 455.17 斤至 486.68 斤之间，这个估计的可靠度是 95%.

综上可知，正态总体的参数均值 μ 在两种不同情况下区间估计的方法和步骤基本相同，只是选取的统计量不同而已. 现把正态总体参数 μ 的置信度为 $1-\alpha$ 的置信区间列表如下(见表 5-2).

表 5-2　单个正态总体均值的置信度为 1－α 的置信区间

条件与要求	统计量及其分布	置信度为 $1-\alpha$ 的置信区间
σ^2 已知，估计 μ	$U=\dfrac{\overline{X}-\mu}{\sigma/\sqrt{n}}\sim N(0,1)$	$\left(\overline{X}-\dfrac{\sigma}{\sqrt{n}}u_{\frac{\alpha}{2}}, \overline{X}+\dfrac{\sigma}{\sqrt{n}}u_{\frac{\alpha}{2}}\right)$
σ^2 未知，估计 μ	$T=\dfrac{\overline{X}-\mu}{S/\sqrt{n}}\sim t(n-1)$	$\left(\overline{X}-\dfrac{S}{\sqrt{n}}t_{\frac{\alpha}{2}}(n-1), \overline{X}+\dfrac{S}{\sqrt{n}}t_{\frac{\alpha}{2}}(n-1)\right)$

练习与思考 5.7

1. 已知某个随机变量 $X\sim P(\lambda)$. 随机抽取 10 个样本，样本观测值分别为：
   919　1196　1126　1067　785　936　1156　947　920　918
   试用矩估计法求 λ 的估计值.
2. 已知总体 $X\sim E(\lambda)$，其中 λ 是未知参数. 记录 5 个样本观测值为：1,2,3,4,5，求参数 λ 的矩估计值.

习题 5.7

1. 设总体 $X\sim N(\mu,16)$，任取容量为 144 的样本，样本均值 $\overline{x}=12$，求总体均值 μ 的置信度为 0.95 的置信区间.
2. 已知总体 $X\sim N(\mu,\sigma^2)$，其中 μ,σ^2 是未知参数. 记录 7 个样本观测值为：1,2,3,4,5,6,7. 求参数 μ,σ^2 的矩估计值.
3. 【食盐质量】从仓库里随机抽取 8 袋食盐，称得质量(单位：克)如下：
   503　502　499　503　497　498　501　497
   设食盐质量服从正态分布 $N(\mu,\sigma^2)$，求以下两种情况下 μ 的置信度为 0.95 的置信区间：(1) $\sigma^2=1$；(2) σ^2 未知.
4. 【零件长度】一台自动车床加工零件长度服从正态分布，从该车床加工的零件中随机抽取 9 个，测得长度(单位：毫米)如下：14.6, 14.7, 15.1, 14.9, 14.8, 15.0, 15.0, 15.2, 14.8，求零件长度的均值置信度为 0.95 的置信区间.
5. 设总体 $X\sim N(\mu,\sigma^2)$，参数 μ 未知，X_1, X_2 是取自总体的样本，给出三个估计量，
   (1) $\hat{\mu}_1=\dfrac{1}{3}X_1+\dfrac{2}{3}X_2$；(2) $\hat{\mu}_2=\dfrac{1}{4}X_1+\dfrac{3}{4}X_2$；(3) $\hat{\mu}_3=\dfrac{1}{5}X_1+\dfrac{4}{5}X_2$.

（1）证明它们都是 μ 的无偏估计量.

（2）问哪一个最有效？

§5.8　假设检验

学习目标

1. 了解假设检验的基本思想.
2. 会对正态总体均值进行假设检验.

引入问题

【包装机工作状况】某车间用包装机包装白糖，设每袋白糖重量 X 服从正态分布 $N(500,15^2)$（单位：g）. 从某天包装的白糖中任取 9 袋，称得其平均重量为 511 g，问当天包装机工作是否正常？

我们知道，即便包装机正常工作，也是允许有误差的，这就是说，白糖的重量是随机变量. 那如何判断包装机的工作状态呢？如果包装机正常工作，每袋白糖重量 X 服从正态分布 $N(500,15^2)$，重量应该在 500 g 附近波动，即总体 X 的均值 $\mu=500$，否则认为包装机工作不正常. 问题转化为如何通过样本值，判断 $\mu=500$ 是否成立，这就是关于总体均值的假设检验问题.

主要知识

一、假设检验的基本思想

1. 判断的依据

“小概率事件的实际不可能原理”，即小概率事件在一次试验中几乎是不可能发生的. 这是人们实践经验的总结，称之为**实际推断原理**.

2. 推断的思想方法

当对总体所做的假设成立时，某事件是一个小概率事件，按实际推断原理，在一次试验中该事件是不可能发生的. 现进行一次试验，若该事件发生了，这显然是不合理的，从而怀疑原来所做假设的正确性，于是否定原假设，即“拒绝假设”；若在一次试验中，该事件没有发生，这时没有理由怀疑原假设的正确性，就认为原假设成立，即“接受假设”. 这种推理的思想方法可认为是概率意义下的反证法.

二、假设检验的基本步骤

下面通过对引入问题的分析来具体说明假设检验的基本步骤.

设白糖的重量为 X，则 $X \sim N(\mu, 15^2)$.

(1) 提出假设 $H_0: \mu=500$，考查在假设 H_0 成立的条件下，是否会发生不合理的现象.

(2) 如果假设 H_0 成立，则 $X \sim N(500, 15^2)$，统计量 $U=\dfrac{\overline{X}-\mu_0}{\sigma/\sqrt{n}} \sim N(0,1)$.

(3) 给定一个小概率 α（一般取 0.01 或 0.05），查标准正态分布表可得临界值 $u_{\frac{\alpha}{2}}$，使 $P(|U|>u_{\frac{\alpha}{2}})=\alpha$. 若取 $\alpha=0.05$，则临界值 $u_{\frac{\alpha}{2}}=u_{0.025}=1.96$，从而 $P(|U|>1.96)=\alpha$，即若 H_0 成立，则事件 $\{|U|>1.96\}$ 是一个概率仅为 0.05 的小概率事件.

(4) 由样本值知 $\overline{x}=511$，且 $\sigma=15, n=9$，于是统计量的观测值为

$$|u|=\left|\frac{511-500}{15/\sqrt{9}}\right|=2.2>1.96.$$

(5) 根据统计值可知，小概率事件 $\{|U|>1.96\}$ 发生了. 这就表明样本的结果与假设 H_0 不相符. 因此，应拒绝 H_0，即认为当天包装机工作不正常.

这里 $U=\dfrac{\overline{X}-\mu_0}{\sigma/\sqrt{n}}=\dfrac{\overline{X}-500}{15/\sqrt{9}}$ 称为**检验统计量**. 当检验统计量在某个区域取值时，拒绝原假设 H_0，则称该区域为**拒绝域**，否则称其为**接受域**. 如本例，对于显著性水平 $\alpha=0.05$，其拒绝域为 $(-\infty,-1.96)\cup(1.96,+\infty)$，接受域为 $(-1.96, 1.96)$，$u_{\alpha/2}=1.96$ 为临界值.

根据上述分析，可归纳出假设检验的基本步骤如下：

(1) 提出假设：根据实际问题提出原假设 H_0；

(2) 选取统计量：在 H_0 成立的条件下，选取适当的检验统计量并确定其分布；

(3) 确定拒绝域：根据显著性水平 α 和统计量的分布表，找出临界值，并确定拒绝域；

(4) 计算统计值：根据样本值，计算统计量的观测值；

(5) 做出判断：若观测值落入拒绝域，就拒绝 H_0，认为假设错误；否则，接受 H_0，认为假设正确.

然而，由于做出判断的依据是一个样本，故这样的假设检验有可能出现错误. 常见的错误有两类. 一类错误是：在 H_0 为真的情况下，统计量的观测值落入拒绝域，原假设被拒绝，这种错误为**第一类错误**，又称为**拒真错误**，犯这类错误的概率为显著性水平 α. 另一类错误是：在 H_0 为假的情况下，统计量的观测值未落入拒绝域，原假设被接受，这种错误为**第二类错误**，又称为**取伪错误**，犯这类错误的概率可记为 β.

事实上，这两类错误是关联的，当样本容量固定时，一类错误的概率的降低将导致另一类错误的概率的增加，要想同时降低两类错误的概率，需要增加样本容量. 常用的方法是：事先选定一个较小的数 $\alpha(0<\alpha<1)$，使得犯第一类错误的概率不超过 α，即

$$P\{\text{拒绝 } H_0 \mid H_0 \text{ 为真}\} \leqslant \alpha,$$

再尽可能降低 β 的值，并把这一假设检验方法称为显著性水平为 α 的**显著性检验**.

三、正态总体均值的假设检验

1. 总体方差 σ^2 已知时，检验假设 $H_0: \mu=\mu_0$

例 1 【轴承抗压】某厂生产的轴承，其抗压力 $X \sim N(6.6, 1)$. 今从一批轴承中随机抽

取 9 件，测得其平均抗压力（单位：kg）为 7.1，若方差不变，问均值有无变化？（$\alpha=0.05$）

解　(1) 提出假设 $H_0:\mu=\mu_0=6.6$；

(2) 引入统计量　$U=\dfrac{\overline{X}-\mu_0}{\sigma/\sqrt{n}}\sim N(0,1)$；

(3) 对于 $\alpha=0.05$，查标准正态分布表得 $u_{\frac{\alpha}{2}}=u_{0.025}=1.96$，得拒绝域

$$W=(-\infty,-1.96)\cup(1.96,+\infty);$$

(4) 统计值　$u=\dfrac{7.1-6.6}{1/\sqrt{9}}=1.5$；

(5) 因为 $1.5\notin W$，所以接受原假设 H_0，认为这批轴承的平均抗压力为 6.6 kg.

上述假设检验的方法是利用统计量 $U=\dfrac{\overline{X}-\mu_0}{\sigma/\sqrt{n}}$ 的分布 $N(0,1)$ 来检验方差 σ^2 已知情况下正态总体 $N(\mu,\sigma^2)$ 的均值 μ，这种方法称为 U **检验法**.

2. 总体方差 σ^2 未知时，检验假设 $H_0:\mu=\mu_0$

例 2　若例 1 中 σ^2 未知，测得 9 个样本的样本方差为 0.25，能否认为这批轴承的平均抗压力为 6.6 kg？

解　(1) 提出假设　$H_0:\mu=\mu_0=6.6$；

(2) 选取统计量　$T=\dfrac{\overline{X}-\mu_0}{S/\sqrt{n}}\sim t(n-1)$；

(3) 对于 $\alpha=0.05$，查 t 分布表得 $t_{\frac{\alpha}{2}}(n-1)=t_{0.025}(8)=2.31$，得拒绝域为

$$W=(-\infty,-2.31)\cup(2.31,+\infty);$$

(4) 统计值　$t=\dfrac{7.1-6.6}{0.5/\sqrt{9}}=3$；

(5) 因为 $3\in W$，所以拒绝原假设 H_0，认为这批轴承的平均抗压力不是 6.6 kg.

利用统计量 $T=\dfrac{\overline{X}-\mu_0}{S/\sqrt{n}}$ 的分布 $t(n-1)$ 来检验方差未知的正态总体 $N(\mu,\sigma^2)$ 均值 μ 的方法称为 T **检验法**.

综上，正态总体均值 μ 的假设检验的方法和步骤基本相同，只是选取的统计量和对应的拒绝域不同而已（见表 5-3）.

表 5-3　单个正态总体均值的检验法

检验法	原假设	条件	统计量及分布	拒绝域
U 检验法	$H_0:\mu=\mu_0$	σ^2 已知	$U=\dfrac{\overline{X}-\mu_0}{\sigma/\sqrt{n}}\sim N(0,1)$	$\|u\|>u_{\alpha/2}$
T 检验法	$H_0:\mu=\mu_0$	σ^2 未知	$T=\dfrac{\overline{X}-\mu_0}{S/\sqrt{n}}\sim t(n-1)$	$\|t\|>t_{\alpha/2}$

练习与思考 5.8

1. 在假设检验中,显著性水平的意义是(　　).
   A. 在原假设成立的条件下,被拒绝的概率
   B. 在原假设成立的条件下,被接受的概率
   C. 在原假设不成立的条件下,被拒绝的概率
   D. 在原假设不成立的条件下,被接受的概率
2. 假设检验中,若样本容量增大,则犯两类错误的概率会(　　).
   A. 增大　　B. 减小　　C. 不变　　D. 不确定

习题 5.8

1. 设某个假设问题的拒绝域为 W,且当原假设成立时,统计值落入拒绝域的概率为 0.05,则犯第一类错误的概率为________.
2. 已知样本来自正态总体 $N(\mu,0.01)$,假设检验问题为 $H_0:\mu=\mu_0$,则采用的统计量为________,在 H_0 成立条件下的拒绝域为________.
3. 【轴承抗压力】已知某厂生产的轴承抗压力 $X\sim N(\mu,64)$,现从中任意抽取 9 根,测得 $\overline{x}=575$,在显著性水平 $\alpha=0.05$ 下,能否认为这种轴承的抗压力均值为 570?
4. 【矿砂镍含量】已知某批矿砂的镍含量 $X\sim N(4.4,0.05^2)$,测得 5 个样本中镍含量分别为:4.34,4.40,4.42,4.30,4.35,若标准差不变,该批矿砂的镍含量的均值是否发生改变?($\alpha=0.05$)
5. 【食盐钠含量】已知某袋装食盐钠含量 $X\sim N(\mu,0.048^2)$,某日随机抽取 5 袋,测得钠含量分别为:1.32,1.53,1.36,1.40,1.44,问该天生产的袋装食盐中钠含量的均值是否仍为 1.5?($\alpha=0.05$)

小结与复习

内容提要

1. 概率的定义

(1) 频率:在相同的条件下,进行 n 次试验,若事件 A 发生了 k 次,则 k 称为事件 A 发生的频数,比值 $\frac{k}{n}$ 称为事件 A 发生的频率.

(2) 概率的统计定义:在大量的重复试验下事件 A 发生的频率会稳定于某个常数 p 的附近,称 p 为事件 A 的概率,记作 $P(A)=p$.

(3) 概率的古典定义:对给定的古典概型.若其样本空间 Ω 中基本事件总数为 n,事件 A 所包含的基本事件个数为 m,则事件 A 的概率为

$$P(A)=\frac{m}{n}.$$

2. 概率的基本计算

(1) 概率的加法　对任意两事件 A,B　$P(A\cup B)=P(A)+P(B)-P(AB)$.

对于任意三个事件 A,B,C,有

$$P(A\cup B\cup C)=P(A)+P(B)+P(C)-P(AB)-P(AC)-P(BC)+P(ABC).$$

(2) 条件概率　$P(A|B)=\dfrac{P(AB)}{P(B)}, P(B|A)=\dfrac{P(AB)}{P(A)}$.

(3) 乘法公式　$P(AB)=P(A)P(B|A)=P(B)P(A|B)$.

对于任意三个事件 A,B,C,有

$$P(ABC)=P(A)P(B\mid A)P(C\mid AB).$$

特别的,当事件 A,B 相互独立时　$P(AB)=P(A)P(B)$.

(4) 二项概率公式　在 n 次独立重复试验中,若每次试验事件 A 发生的概率为 $p(0<p<1)$,则在 n 次试验中,事件 A 恰好发生 k 次的概率为

$$P_n(k)=C_n^k p^k(1-p)^{n-k}(k=0,1,2,\cdots,n).$$

3. 随机变量的概率分布及性质

(1) 离散型随机变量的分布列为

X	x_1	x_2	$\cdots$	x_k	$\cdots$
P	p_1	p_2	$\cdots$	p_k	$\cdots$

分布列具有性质:① $p_i\geqslant 0(i=1,2,\cdots)$;② $\sum\limits_{i=1}^{\infty}p_i=1$.

(2) 连续型随机变量:对于随机变量 X,如果存在一个非负函数 $f(x)$,使得对于任意实数 $a,b(a<b)$,都有 $P(a<X\leqslant b)=\int_a^b f(x)\mathrm{d}x$,称 $f(x)$ 为概率密度函数.

概率密度 $f(x)$ 具有性质:

① $f(x)\geqslant 0\ (-\infty<x<+\infty)$;　　② $\int_{-\infty}^{+\infty}f(x)\mathrm{d}x=1$.

4. 分布函数

对于随机变量 X,称 $F(x)=P(X\leqslant x)$ 为随机变量 X 的**分布函数**.

分布函数与概率的运算关系:

$P(X\leqslant a)=F(a)$;

$P(a<X\leqslant b)=F(b)-F(a)$;

$P(X>a)=1-P(X\leqslant a)=1-F(a)$.

5. 随机变量的数字特征

(1) 离散型随机变量的数学期望和方差:

$$E(X)=\sum_{i=1}^{\infty}x_ip_i;$$

$$E(Y)=E[g(X)]=\sum_{i=1}^{\infty}g(x_i)p_i;$$

$$D(X)=\sum_{i=1}^{\infty}[x_i-E(X)]^2p_i.$$

(2) 连续型随机变量的数学期望和方差：

$$E(X)=\int_{-\infty}^{+\infty}xf(x)\mathrm{d}x;$$

$$E(Y)=E[g(X)]=\int_{-\infty}^{+\infty}g(x)f(x)\mathrm{d}x;$$

$$D(X)=\int_{-\infty}^{+\infty}[x-E(X)]^2f(x)\mathrm{d}x.$$

(3) 方差的计算公式：$D(X)=E(X^2)-[E(X)]^2$.

6. 常见分布及其概率密度(或分布列)与数字特征(见表 5-4)

表 5-4

	分布	分布列或概率密度	期望	方差
离散型	$X\sim(0-1)$	$P(X=1)=p,P(X=0)=1-p$	p	$p(1-p)$
	$X\sim B(n,p)$	$P(X=k)=C_n^kp^k(1-p)^{n-k}$ $(k=0,1,2,\cdots,n)$	np	$np(1-p)$
	$X\sim P(\lambda)$	$P(X=k)=\dfrac{\lambda^k}{k!}e^{-\lambda}(k=0,1,2,\cdots)$	λ	λ
连续型	$X\sim U(a,b)$	$f(x)=\begin{cases}\dfrac{1}{b-a} & a\leqslant x\leqslant b\\ 0 & 其他\end{cases}$	$\dfrac{a+b}{2}$	$\dfrac{(b-a)^2}{12}$
	$X\sim E(\lambda)$	$f(x)=\begin{cases}\lambda e^{-\lambda x} & x>0\\ 0 & x\leqslant 0\end{cases}(\lambda>0)$	$\dfrac{1}{\lambda}$	$\dfrac{1}{\lambda^2}$
	$X\sim N(\mu,\sigma^2)$	$f(x)=\dfrac{1}{\sqrt{2\pi}\sigma}e^{-\frac{(x-\mu)^2}{2\sigma^2}}(-\infty<x<+\infty)$	μ	σ^2

7. 常用的统计量的分布

设 $X_1,X_2,\cdots,X_n$ 是来自正态总体 $N(\mu,\sigma^2)$ 的样本，$\overline{X}$ 和 S^2 分别为样本均值和样本方差，则

(1) $\overline{X}\sim N\left(\mu,\dfrac{\sigma^2}{n}\right)$，即 $\dfrac{\overline{X}-\mu}{\frac{\sigma}{\sqrt{n}}}\sim N(0,1)$.

(2) $T=\dfrac{\overline{X}-\mu}{\frac{S}{\sqrt{n}}}\sim t(n-1)$.

8. 参数估计

(1) 点估计：矩估计法是常用的点估计，就是用样本数字特征作为相应的总体数字特征的估计量. 比较常见的是以样本均值估计总体均值(期望)，用样本方差估计总体方差.

(2) 区间估计：根据条件和要求，选取适当的统计量，利用统计量的分布，确定未知参数的置信区间.

9. 假设检验的基本步骤

(1) 提出假设：根据实际问题提出原假设 H_0.

(2) 选取统计量：在 H_0 成立的条件下，选取适当的检验统计量并确定其分布.

(3) 确定拒绝域：根据显著性水平和统计量的分布查表确定临界值并进一步确定拒绝域.

(4) 计算统计值：根据样本值，计算统计值.

(5) 做出判断：若统计值落入拒绝域就拒绝 H_0，认为假设错误；否则，接受 H_0，认为假设正确.

学法指导

1. 在事件表示正确的前提下，会用排列、组合的方法计算简单的古典概率；在搞清试验的情况下会用概率的加法公式、条件概率、乘法公式及事件的独立性等计算随机事件的概率.

2. 注意事件 A,B 互斥与事件 A,B 对立的区别：事件 A,B 互斥要求 $AB=\varnothing$，事件 A，B 对立不仅要求 $AB=\varnothing$，还要求 $A\cup B=\Omega$. 显然对立事件一定是互斥事件，互斥事件不一定是对立事件.

3. 注意事件 A,B 对立与事件 A,B 相互独立的区别：事件 A,B 对立要求 $AB=\varnothing$ 以及 $A\cup B=\Omega$，事件 A,B 相互独立要求 $P(AB)=P(A)P(B)$.

4. 分布列是离散型随机变量的一项重要内容，密度函数是连续型随机变量的一项重要内容，要理解其含义；分布函数具有明确的概率意义，$F(x)$ 的值不是 X 取值 x 时的概率，而是 X 在 $(-\infty,x)$ 区间上取值的“累积概率”值.

5. 要从实例去理解随机变量的数学期望和方差的意义.

6. 统计量中不含有未知参数. 引入统计量的目的是为了将杂乱无章的样本值整理成便于对所研究的问题进行统计推断、分析的形式.

7. 置信度为 0.95 的含义是：取 100 组样本值所确定的 100 个置信区间中，约有 95 个区间含有参数的真值，或由一个样本确定的置信区间中含有真值的可能性为 0.95. 通常人们都会希望置信区间的长度越小越好，同时又希望置信度越大越好. 实际上，两者是矛盾的. 常见的处理方法是首先保证置信度，然后缩短区间长，也可以通过增加样本容量来实现.

8. 假设检验与区间估计的提法虽然不同，但解决问题的途径是相通的. 在总体已知的情况下，假设检验与参数估计是从不同角度回答同一问题. 假设检验从定性的角度判断假设是否成立，区间估计是从定量的角度给出参数的范围.

复习题 5

1. 单项选择题：

(1) A,B 相互独立，$P(A)=0.4$，$P(B)=0.3$，则 $P(\bar{A}B)=$(　　).

A. 0.3　　B. 0.12　　C. 0.18　　D. 0.7

(2) 若 $B\subset A$，且 $P(A)=0.8$，$P(B)=0.2$，则 $P(A|B)=$(　　).

A. 0　　B. 0.2　　C. 1　　D. 0.16

(3) 若 $P(A)=0.8$，$P(B)=0.2$，且 $P(B|A)=0.2$，则 $P(A\cup B)=$(　　).

A. 0　　B. 0.84　　C. 1　　D. 0.16

(4) 三人破译密码，每人译出的概率均为$\dfrac{2}{3}$，则密码没有译出的概率为(　　).

A. $\dfrac{1}{9}$　　B. $\dfrac{1}{27}$　　C. $\dfrac{19}{27}$　　D. $\dfrac{26}{27}$

(5) 一批产品的合格率为 0.8，现从中随机抽取 5 件，则合格品恰为 2 件的概率为(　　).

A. $(0.8)^2\times 0.2$　　B. $(0.8)^2$

C. $C_5^2(0.2)^2\times(0.8)^3$　　D. $C_5^2(0.8)^2\times(0.2)^3$

(6) 设事件 A,B 相互独立，且 $P(A)=0.3$，$P(B)=0.4$，$P(\overline{AB})=$(　　).

A. 0.3　　B. 0.42　　C. 0.12　　D. 0.88

(7) 设随机变量 X 的密度函数为 $f(x)=\begin{cases} ax & 0\leqslant x\leqslant 2 \\ 0 & \text{其他} \end{cases}$，则常数 $a=$(　　).

A. 2　　B. $\dfrac{1}{2}$　　C. 1　　D. 3

(8) 设随机变量 X 服从参数为 2 的指数分布，则下列结论正确的是(　　).

A. $E(X)=2,D(X)=2$　　B. $E(X)=0.5,D(X)=0.25$

C. $E(X)=2,D(X)=4$　　D. $E(X)=0.5,D(X)=0.5$

(9) 设 $f(x)=\begin{cases} 2x & 0\leqslant x\leqslant 1 \\ 0 & \text{其他} \end{cases}$，则 $P(-1\leqslant X\leqslant 1)=$(　　).

A. 0　　B. 0.25　　C. 0.5　　D. 1

(10) 设 $X_1,X_2,\cdots,X_n$ 是来自正态总体 X 的样本，$X\sim N(\mu,\sigma^2)$，若 μ 未知，σ 已知，则(　　)是统计量.

A. $\dfrac{1}{n}\sum\limits_{i=1}^{n}X_i^2$　　B. $\dfrac{1}{\sigma^2}\sum\limits_{i=1}^{n}(X_i-\mu)^2$

C. $\sum\limits_{i=1}^{n}(X_i-\mu)^2$　　D. $\dfrac{1}{\mu^2}\sum\limits_{i=1}^{n}X_i^2$

2. 填空题：

(1) 从 1,2,3,4,5,6 中任取 3 个数，则最小数为 3 的概率是________.

(2) 一枚骰子连续抛掷两次，则两次出现的点数之和为 7 的概率为________.

(3) 将 3 只球放入 4 个玻璃杯中，则有 3 个玻璃杯是空的概率是________.

(4) 若 $P(A)=0.4,P(B)=0.8$,且 $P(A\cup B)=0.9$,则 $P(B|A)=$________.

(5) 两人练习投篮,投中的概率分别为 0.7,0.8,则两人至少有一人投中的概率是________.

(6) 设随机变量 X 的分布列为

X	-2	-1	0	1	2
P	0.1	0.2	0.2	0.3	0.2

则 $E(2X+3)=$________.

(7) 某人投篮的命中率为 0.5,5 次投篮恰好投中 3 次的概率为________.

(8) 设随机变量 X,Y 相互独立,且 $X\sim U(-1,3),Y\sim N(2,1)$,则 $E(XY+1)=$________.

(9) 若随机变量 X 满足 $E(X)=2,D(X)=3$,则 $E(2X^2+1)=$________.

(10) 设$X_1,X_2,\cdots,X_n$ 是来自总体 X 的样本,$X\sim E(\lambda)$,已知样本均值$\bar{x}=2$,则 λ 的矩估计值为________.

3. 设事件 A,B 相互独立,且 $P(A)=0.3,P(B)=0.4$,求 $P(A\cup B)$及 $P(\overline{AB})$.

4. 从 1,2,3,4,5 中任取三个不同的数,用 X 表示“中间的数”,求 X 的分布列以及 X 的期望和方差.

5. 设随机变量 X 的密度函数为 $f(x)=\begin{cases} cx^3 & 0\leqslant x\leqslant 2 \\ 0 & \text{其他} \end{cases}$,求:

(1) 常数 c;(2) $E(X)$;(3) $D(X)$;(4) $P(X\leqslant 1)$.

6. 设随机变量 $X\sim E(\lambda)$,其中 $\lambda>0$ 是未知参数,一组容量为 10 的样本观测值为

1.5　1.6　1.8　2.0　1.4　1.6　1.7　1.6　1.4　1.8

试用矩估计法求 λ 的估计值.

7. 设 $X_1,X_2,\cdots,X_{144}$是来自正态总体 $N(\mu,16)$的样本,测得样本均值为 12,求 μ 的置信度为 0.95 的置信区间.

8. 已知某袋装零食的重量服从正态分布 $N(\mu,\sigma^2)$.某日从生产线随机抽取 25 袋零食,测得平均重量为 502.61 克,样本标准差为 15 克,问该生产线生产的袋装零食的平均重量是否为 500 克?($\alpha=0.05$)

第 6 章　集合论基础

集合论是现代各科数学的基础，其应用十分广泛. 随着计算机技术的迅猛发展，集合论已成为计算机科学领域不可或缺的数学工具. 本章主要以集合为基础，研究元素之间的相互联系——关系，为计算机科学中的数据结构、数据库等课程的学习提供一定的理论基础.

§6.1　集合及其运算

学习目标

1. 理解集合间的关系，会求有限集的幂集及其基数.
2. 会进行集合的交、并、差、对称差等基本运算.

主要知识

一、集合的基本概念

1. 集合的概念及表示法

集合是具有某种特定性质的对象所组成的集体，通常用大写字母 $A,B,C,\cdots$ 来表示. 组成集合的各个对象称为集合的元素，用小写英文字母 $a,b,c,\cdots$ 来表示. 如果 a 是 A 的一个元素，则记作 $a\in A$，读作"a 属于 A". 如果 a 不是 A 的元素，则记作 $a\notin A$(或 $a \overline{\in} A$)，读作"a 不属于 A".

任意种类的对象可以构成集合：点、数、函数、事件、人等等. 例如，自然数的全体，某校计算机机房的所有计算机均组成一个集合.

集合中的元素有 3 个特性：(1) **确定性**. 对于某个集合，任意一个对象或属于该集合或不属于该集合. (2) **互异性**. 集合中任意两个元素都是不同的. (3) **无序性**. 集合中的元素之间没有顺序关系. 例如，$\{a,b,c\}$ 与 $\{c,b,a\}$ 表示同一个集合. 它们是判定集合的依据.

表示一个集合的方法有多种，一般用列举法和描述法.

(1) **列举法**：把集合的每一个元素一一列举出来，写在一对大括号内，元素之间用逗号分开. 例如 $A=\{a,e,i,o,u,v\}$.

(2) **描述法**：把集合中所有元素具有的共同性质描述出来，写在大括号内. 例如 $A=\{x|$

$x^2-1=0, x\in\mathbf{R}\}$，$B=\{$某校全体学生$\}$.

2. 集合之间的关系

(1) 包含关系：

设 A,B 是任意两个集合，如果 A 的任一元素都属于 B，则称 A 是 B 的**子集**，记作 $A\subseteq B$，或 $B\supseteq A$，读作 A 包含于 B(或 B 包含 A).

如果 A 的任一元素都属于 B，但 B 中至少有一个元素不属于 A，则称 A 是 B 的**真子集**，记作：$A\subset B$(或 $B\supset A$).

特别地，任何集合都是其自身的子集，即 $A\subseteq A$. 空集 $\varnothing$ 是任何非空集合 A 的真子集，即 $\varnothing\subset A$(A 非空). 显然，当 $A\subseteq B$，$B\subseteq C$ 时，有 $A\subseteq C$.

(2) 相等关系：

设 A,B 是任意两个集合，如果 $A\subseteq B$ 且 $B\subseteq A$，则称集合 A,B **相等**，记作 $A=B$.

(3) 隶属关系：

一个集合可作为另一个集合的元素，即集合之间也存在属于或不属于关系，这种关系称为**隶属关系**. 例如，$A=\{1,2\}$，$B=\{\{1,2\},3,4\}$. $A=\{1,2\}$ 是一个集合，同时它又是集合 B 的元素，即集合 A 与集合 B 是隶属关系. 再如，如果把计算机的某个文件夹看作一个集合，组成这个集合的元素可以是一些具体的文件，也可以是一些子文件夹，而子文件夹又是另一些文件的集合，子文件夹与文件夹之间就是隶属关系.

想一想

是否存在集合 A,B，两者之间既存在包含关系又存在隶属关系？

3. 幂集

设 A 是任意集合，由 A 的所有子集为元素组成的集合称为 A 的**幂集**，记作 $\rho(A)$. 集合 A 含有的元素个数称为集合 A 的**基数**，记作 $|A|$.

例 1　设 $A=\{a,b\}$，求 $\rho(A)$.

解　A 的所有子集为：$\varnothing,\{a\},\{b\},\{a,b\}$，所以 $\rho(A)=\{\varnothing,\{a\},\{b\},\{a,b\}\}$.

观察例 1，当 $|A|=2$ 时，$|\rho(A)|=4$. 那么，当 $|A|=n$ 时，$|\rho(A)|$ 又等于多少呢？

定理 6-1　A 是有限集，$|A|=n$，则 A 的幂集 $\rho(A)$ 的基数为 2^n，即 $|\rho(A)|=2^n$.

证明　设集合 A 的基数 $|A|=n$ 是有限数，则含有 0 个元素的子集有 C_n^0 个，含有 1 个元素的子集有 C_n^1 个，…，含有 n 个元素的子集有 C_n^n 个. 所以集合 A 的所有子集个数为

$$C_n^0+C_n^1+C_n^2+\cdots+C_n^n=2^n(\text{个}).$$

例 2　计算以下幂集，并求幂集的基数：

(1) $\rho(\{1,\{2,3\}\})$；　　(2) $\rho(\rho(\varnothing))$.

解　(1) $\{1,\{2,3\}\}$的基数为 2，所有子集为：$\varnothing,\{1\},\{\{2,3\}\},\{1,\{2,3\}\}$，所以 $\rho(\{1,\{2,3\}\})=\{\varnothing,\{1\},\{\{2,3\}\},\{1,\{2,3\}\}\}$，$\rho(\{1,\{2,3\}\})$的基数为 $2^2=4$.

(2) $\varnothing$的子集为$\varnothing$，所以 $\rho(\varnothing)=\{\varnothing\}$.

$\rho(\varnothing)=\{\varnothing\}$的基数为 1，其所有子集为：$\varnothing$、$\{\varnothing\}$，所以 $\rho(\rho(\varnothing))=\{\varnothing,\{\varnothing\}\}$，基数为 $2^1=2$.

二、集合的基本运算

1. 交集

把属于集合 A 且同时属于集合 B 的元素 x 所构成的集合称为集合 A 与集合 B 的**交集**，记作 $A\cap B$，即

$$A\cap B=\{x\mid x\in A\text{且}x\in B\}.$$

2. 并集

把属于集合 A 或者集合 B 的元素 x 构成的集合称为集合 A 与集合 B 的**并集**，记作 $A\cup B$，即

$$A\cup B=\{x\mid x\in A\text{或}x\in B\}.$$

3. 差集

把属于集合 A 而不属于集合 B 的元素 x 构成的集合称为集合 A 与集合 B 的**差集**，记作 $A-B$，即

$$A-B=\{x\mid x\in A\text{且}x\notin B\}.$$

4. 对称差

把属于集合 A 而不属于集合 B 的元素和属于集合 B 而不属于集合 A 的元素构成的集合称为集合 A 和集合 B 的**对称差**，记作 $A\oplus B$，即

$$A\oplus B=(A-B)\cup(B-A)=(A\cup B)-(A\cap B).$$

5. 补集

在一个具体问题中，如果所有集合都是某个集合的子集，则称这个集合为**全集**，记作 E. 设 A 是全集 E 的子集，由全集 E 中所有不属于 A 的元素 x 构成的集合称为集合 A 的**补集**，记作 $\sim A$，即

$$\sim A=\{x\mid x\in E\text{且}x\notin A\}.$$

上述运算都可以用文氏图直观地表示，在图 6-1 中，矩形表示全集 E，两个圆表示集合 A，B，阴影部分表示运算结果.

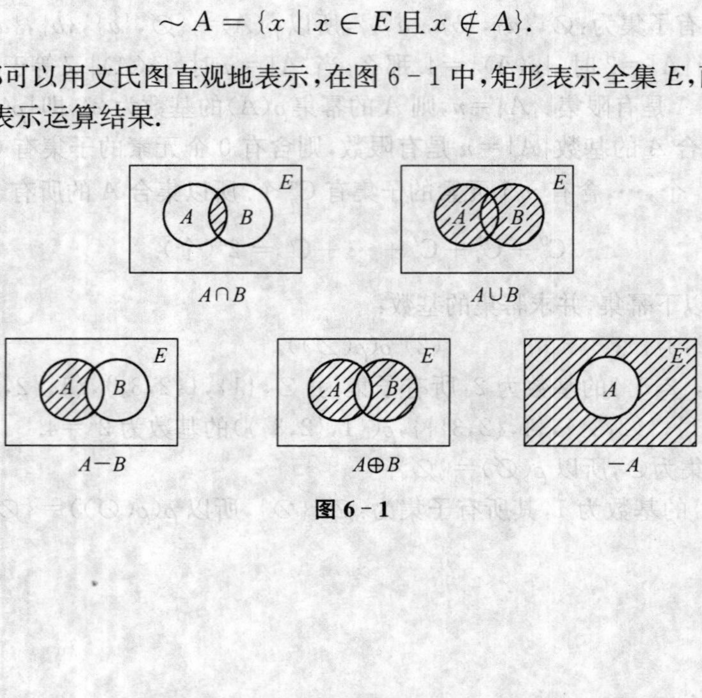

图 6-1

例 3　设 $E=\{0,1,2,\cdots,10\}$，$A=\{1,2,3\}$，$B=\{x \mid x^2<40$ 且 $x\in\mathbf{N}\}$，$C=\{x \mid x\in\mathbf{N}$ 且 $0\leqslant x\leqslant 10$ 且 x 可以被 3 整除$\}$，求 $(A\cup B)\cap C$，$A-B$，$B\oplus C$，$\sim C$.

解　因为 $B=\{x \mid x^2<40$ 且 $x\in\mathbf{N}\}=\{0,1,2,3,4,5,6\}$，

$$C=\{x \mid x\in\mathbf{N}\text{ 且 }0\leqslant x\leqslant 10\text{ 且 }x\text{ 可以被 3 整除}\}=\{0,3,6,9\},$$

所以

$$(A\cup B)\cap C=(\{1,2,3\}\cup\{0,1,2,3,4,5,6\})\cap\{0,3,6,9\}=\{0,3,6\},$$
$$A-B=\{1,2,3\}-\{0,1,2,3,4,5,6\}=\varnothing,$$
$$B\oplus C=\{0,1,2,3,4,5,6\}\oplus\{0,3,6,9\}=\{1,2,4,5,9\},$$
$$\sim C=\{1,2,4,5,7,8,10\}.$$

三、包含排斥原理

设 A，B 是有限集合，其元素个数分别为 $|A|$，$|B|$，观察图 6 - 1 中并集运算文氏图可以发现，不论 A 和 B 是否有公共元素，有以下结论成立.

定理 6 - 2（包含排斥原理）　设 A，B 是有限集合，其元素个数分别为 $|A|$，$|B|$，则

$$|A\cup B|=|A|+|B|-|A\cap B|.$$

对于 A，B，C 三个有限集合，定理可推广为

$$|A\cup B\cup C|=|A|+|B|+|C|-|A\cap B|-|B\cap C|-|A\cap C|+|A\cap B\cap C|.$$

定理 6 - 2 可推广到 n 个有限集的情况.

例 4　**【选课人数问题】** 2015 级软件 331 班有学生 60 人，其中有 45 人选修 Visual C++ 课程，有 20 人选 Visual Basic 课程，有 8 人两门课程都没选，问两门课程都选的学生有多少人？

解　设 $A=\{$选修 Visual C++课程的学生$\}$，$B=\{$选修 Visual Basic 课程的学生$\}$，则 $A\cap B=\{$两门课程都选的学生$\}$. 由题意得

$$|A|=45,\ |B|=20,\ |A\cup B|=60-8=52.$$

由包含排斥原理，得

$$\begin{aligned}|A\cap B|&=|A|+|B|-|A\cup B|\\&=45+20-52\\&=13.\end{aligned}$$

练习与思考 6.1

1. 若 $A=\{\varnothing,1,2,\{1,3\}\}$，判断下列各表示方法是否正确，并说明理由.

(1) $\varnothing\in A$；　(2) $\varnothing\subseteq A$；　(3) $1\in A$；　(4) $3\in A$；

(5) $\{1,2\}\in A$；　(6) $\{1,2\}\subseteq A$；　(7) $\varnothing\in\varnothing$；　(8) $\varnothing\in\{\varnothing\}$.

2. 用列举法表示下列集合：

(1) $A=\{x \mid x\in\mathbf{N}$，$x$ 为奇数且 $x<10\}$；

(2) $B=\{x|x$ 为小于 20 的素数$\}$；

(3) $C=\{x|x(x^2-3x+2)=0, x\in\mathbf{R}\}$.

习题 6.1

1. 设 $A=\{1,2,3\}$，求 $\rho(A)$.
2. 设 $E=\{1,2,3,4,5,6\}$，$A=\{1,4\}$，$B=\{1,2,5\}$，$C=\{2,4\}$，求下列集合：
   (1) $(A\cap B)\cap\sim C$；　(2) $A\oplus B$；　(3) $\rho(A)-\rho(B)$.
3. 求下列集合的幂集，并指出幂集的基数：
   (1) $A=\{a,b,c,d\}$；(2) $B=\{1,a,\{a\}\}$.
4. 设集合 A,B,C 是自然数集合 $\mathbf{N}$ 的子集，且 $A=\{1,3,5,7\}$，$B=\{i|i^2<50\}$，$C=\{i|i$ 能整除 $30\}$，求(1) $A\oplus(B\cap C)$；(2) $\sim A\cap B$；(3) $(A\cup B)-(B\cap C)$.
5. 【成绩问题】某班有 48 名学生，其中有 15 人语文成绩为优，有 9 人高等数学成绩为优，两门课程成绩同时为优的有 5 人. 两门课都不为优的学生有多少？

§6.2　二元关系及其性质

学习目标

1. 会进行集合的笛卡尔乘积运算.
2. 理解二元关系的概念及其表达形式：关系矩阵和关系图.
3. 理解 A 上具有特殊性质的二元关系，对二元关系的性质会进行判断.

引入问题

【选修课程问题】学校开设了若干门公共选修课程，计算机管理系统如何记录学生的选课情况呢？如何由学生信息查询其相关选修课程？要解决这些问题，必须以下面介绍的二元关系为基础.

主要知识

一、笛卡尔积

定义 6-1　由两个元素 x 和 y(允许 $x=y$)按一定顺序排列而成的二元组称为一个**有序对**(或**序偶**)，记作 $\langle x,y\rangle$，其中 x 是它的第一元素，y 是它的第二元素.

注意

(1) 有序对强调顺序，当 $x \neq y$ 时，$\langle x,y\rangle \neq \langle y,x\rangle$.

(2) 两个有序对相等，$\langle x,y\rangle = \langle u,v\rangle$ 当且仅当 $x=u, y=v$.

(3) 有序对的概念可扩展到 3 元组 $\langle x_1,x_2,x_3\rangle,\cdots,n$ 元组 $\langle x_1,x_2,\cdots,x_n\rangle$. 例如，空间直角坐标系中点的坐标是有序 3 元组.

定义 6-2　设 A,B 为两个集合，取 A 中元素为第一元素，B 中元素为第二元素，构成有序对. 所有这样的有序对组成的集合称为 A 和 B 的**笛卡尔积**，记作 $A\times B$，即

$$A\times B = \{\langle x,y\rangle \mid x\in A \text{ 且 } y\in B\}.$$

特别地，当 $A=B$ 时，$A\times A$ 称为集合 A 上的笛卡尔积，记作 A^2.

例 1　设 $A=\{1,2\}, B=\{a,b,c\}$，求 $A\times B, B\times A, A^2$.

解　$A\times B = \{\langle 1,a\rangle,\langle 1,b\rangle,\langle 1,c\rangle,\langle 2,a\rangle,\langle 2,b\rangle,\langle 2,c\rangle\}$;

$B\times A = \{\langle a,1\rangle,\langle a,2\rangle,\langle b,1\rangle,\langle b,2\rangle,\langle c,1\rangle,\langle c,2\rangle\}$;

$A^2 = \{\langle 1,1\rangle,\langle 1,2\rangle,\langle 2,1\rangle,\langle 2,2\rangle\}$.

从此例可以看出，当 $|A|=n, |B|=m$ 时，有 $|A\times B|=nm, |A^2|=n^2$.

二、二元关系

1. 二元关系的概念

现实生活中存在着各种各样的关系，如父子关系、朋友关系、借贷关系、计算机程序间的调用关系，利用有序对就能对关系进行描述.

例如，集合 $A=\{f,m\}$ 表示一个家庭中的父母，$B=\{s_1,s_2,d\}$ 表示家庭中的两个儿子和一个女儿，父子关系可用集合 $\{\langle f,s_1\rangle,\langle f,s_2\rangle\}$ 表示，母子关系可用集合 $\{\langle m,s_1\rangle,\langle m,s_2\rangle\}$ 表示，这两个集合都是 $A\times B$ 的子集. 类似地，可抽象出 A 到 B 的二元关系的一般定义.

定义 6-3　设 A,B 为两个集合，R 是笛卡尔积 $A\times B$ 的子集，即 $R\subseteq A\times B$，则称 R 为 A 到 B 的一个**二元关系**. 特别地，当 $B=A$ 时，则称 R 为 A 上的二元关系.

对于 R 中元素 $\langle a,b\rangle\in R$，也可记作 aRb，称作 a,b 以 R 相关. 对于不属于 R 的有序对 $\langle a,b\rangle\notin R$，也可记作 $a\overline{R}b$，称作 a,b 不以 R 相关.

说明

(1) 二元关系是集合，其元素为有序对(或序偶)，适用集合的运算及性质.

(2) 若 A,B 为有限集，当 $|A|=n, |B|=m$ 时，$|A\times B|=nm$，$A\times B$ 的所有子集个数为 2^{nm}. 由于一个子集就是 A 到 B 的一个二元关系，所以 A 到 B 的不同的二元关系共有 2^{nm} 个.

例 2　$A=\{1,2,3,4,5\}$，R 为 A 上的二元关系，对于 A 中元素 a,b，当它们被 3 除后余数相同，则 $\langle a,b\rangle\in R$(这种关系称为**模 3 同余关系**)，求(1) R;(2) A 上有多少不同的二元关系?

解　(1) 因为整数除以 3 后，余数只为 0,1,2，所以 $R=\{\langle 3,3\rangle,\langle 1,1\rangle,\langle 4,4\rangle,\langle 1,4\rangle,$

$\langle 4,1\rangle,\langle 2,2\rangle,\langle 5,5\rangle,\langle 2,5\rangle,\langle 5,2\rangle\}$；

(2) 因为$|A|=5$，$A\times A$的子集有2^{25}个，所以A上有2^{25}个不同的二元关系.

例3 求解§6.2中引入问题中提出的问题.

解 设$A=\{$所有学生的学号$\}$，$B=\{$开设的若干门公共选修课程$\}$，则关系$R=\{\langle x,y\rangle \mid x\in A,y\in B$，且学号为$x$的学生选了公共选修课程$y\}$完整地记录了学生的选课情况.计算机就是以关系为基础建立关系数据库，从而实现计算机管理系统对学生选课情况的管理.

2. 几种特殊关系

(1) 空关系.

定义6-4 设A,B为两个集合，R是A到B的二元关系.若$R=\varnothing$，则称R为$A\times B$上的**空关系**.特别地，当$A=B$时，R为A上的空关系，记作$\varnothing$.

(2) 全域关系.

定义6-5 设A,B为两个集合，R是A到B的二元关系.若$R=A\times B$，则称R为$A\times B$上的**全域关系**.特别地，当$A=B$时，R为A上的全域关系，记作E_A.

(3) 恒等关系.

定义6-6 设I_A是A上的二元关系，满足$I_A=\{\langle a,a\rangle \mid a\in A\}$，则称$I_A$是$A$上的**恒等关系**.

例4 设$A=\{1,2,3\}$，求E_A和I_A.

解 $E_A=A\times A=\{\langle 1,1\rangle,\langle 1,2\rangle,\langle 1,3\rangle,\langle 2,1\rangle,\langle 2,2\rangle,\langle 2,3\rangle,\langle 3,1\rangle,\langle 3,2\rangle,\langle 3,3\rangle\}$，

$I_A=\{\langle 1,1\rangle,\langle 2,2\rangle,\langle 3,3\rangle\}$.

3. 关系矩阵和关系图

(1) 关系矩阵.有限集的二元关系除了用集合表达外，还可以用矩阵表示.

设$A=\{a_1,a_2,\cdots,a_n\}$，$B=\{b_1,b_2,\cdots,b_m\}$是两个有限集，R是A到B的一个二元关系，构建一个矩阵$\boldsymbol{M}_R=(r_{ij})_{n\times m}$，其中

$$r_{ij}=\begin{cases}1 & a_iRb_j\\ 0 & a_i\overline{R}b_j\end{cases}\quad(i=1,2,\cdots,n;j=1,2,\cdots,m),$$

$\boldsymbol{M}_R$称为R的**关系矩阵**.

当$B=A$时，R为A上的二元关系，关系矩阵$\boldsymbol{M}_R$是n阶方阵.

(2) 关系图.有限集的二元关系亦可用图形表示.

设$A=\{a_1,a_2,\cdots,a_n\}$，$B=\{b_1,b_2,\cdots,b_m\}$是两个有限集，R是A到B的一个二元关系，在平面上用n个结点表示A中的元素，m个结点表示B中的元素，如果a_iRb_j，则从结点a_i到结点b_j引一条有向边，箭头指向结点b_j，否则两点间没有边连结.用此种方法得出的图形称为R的关系图.当$B=A$时，R为A上的二元关系，表示的是A中元素之间的关系，所以画关系图时，只要在平面上画n个结点即可，其他类似.

例5 设$A=\{2,4,6\}$，$B=\{1,3,5,7\}$，$R=\{\langle 2,3\rangle,\langle 2,5\rangle,\langle 2,7\rangle,\langle 4,5\rangle,\langle 4,7\rangle,\langle 6,7\rangle\}$，求：(1) 关系矩阵$\boldsymbol{M}_R$；(2) 画出$R$的关系图.

解　(1) $\boldsymbol{M}_R=\begin{pmatrix}0&1&1&1\\0&0&1&1\\0&0&0&1\end{pmatrix}$；

(2) R 的关系图见图 6-2.

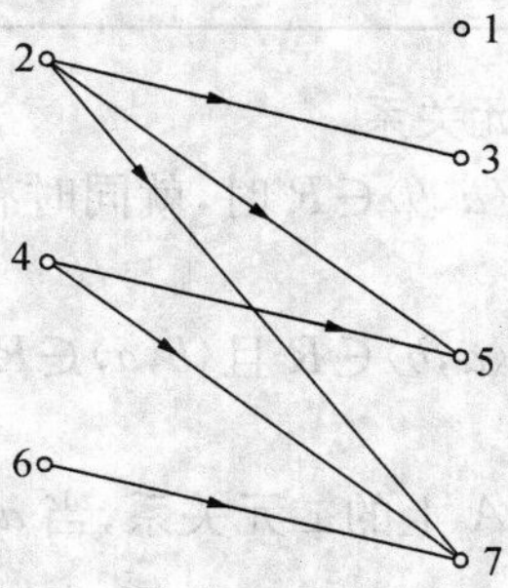

图 6-2

例 6　设集合 $A=\{0,1,2,3\}$，$R=\{\langle x,y\rangle\mid x\leqslant y,x\in A,y\in A\}$.

(1) 用列举法写出关系 R；(2) 求关系矩阵 $\boldsymbol{M}_R$；(3) 画出 R 的关系图.

解　(1) $R=\{\langle 0,0\rangle,\langle 0,1\rangle,\langle 0,2\rangle,\langle 0,3\rangle,\langle 1,1\rangle,\langle 1,2\rangle,\langle 1,3\rangle,\langle 2,2\rangle,\langle 2,3\rangle,\langle 3,3\rangle\}$；

(2) $\boldsymbol{M}_R=\begin{pmatrix}1&1&1&1\\0&1&1&1\\0&0&1&1\\0&0&0&1\end{pmatrix}$；

(3) R 的关系图如图 6-3 所示.

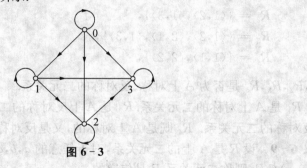

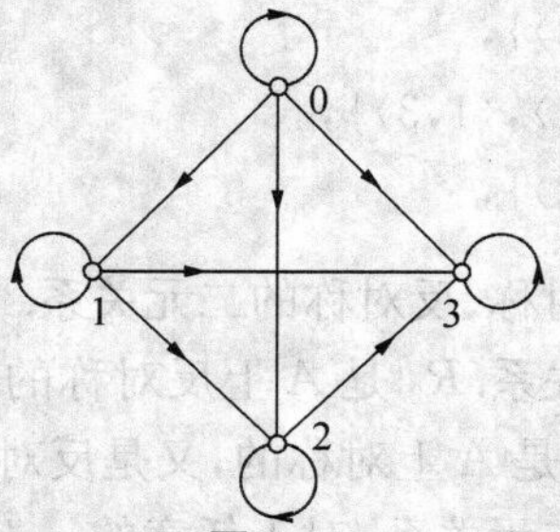

图 6-3

三、关系的性质

前面讨论的二元关系没有任何约束，下面介绍具有某种特性的 A 上的二元关系.

定义 6-7　设 R 是 A 上的二元关系.

(1) 如果对于 A 中的每一个元素 a，都有 $\langle a,a\rangle\in R$，则称二元关系 R 是**自反的**.

(2) 如果对于 A 中的每一个元素 a，都有 $\langle a,a\rangle\notin R$，则称二元关系 R 是**反自反的**.

例如，常见的自反关系有相等关系、小于等于关系、包含关系等，而不相等关系、小于关系、真包含关系等都是反自反关系.

注意

反自反不是自反的简单否定，非自反的二元关系不一定是反自反的二元关系，存在着不是自反的又不是反自反的二元关系. 例如 $A=\{1,2,3\}$，R 是 A 上的二元关系，$R=\{\langle 2,2\rangle,\langle 3,3\rangle,\langle 2,3\rangle,\langle 3,2\rangle\}$，因为 $\langle 1,1\rangle\notin R$，所以 R 不是自反的；因为 $\langle 2,2\rangle$，$\langle 3,3\rangle\in R$，所以 R 也不是反自反的.

定义 6-8 设 R 是 A 上的二元关系.

(1) 对于任意的 $a,b\in A$，如果 $\langle a,b\rangle\in R$ 时，就同时有 $\langle b,a\rangle\in R$，则称二元关系 R 是**对称的**.

(2) 对于任意的 $a,b\in A$，如果 $\langle a,b\rangle\in R$ 且 $\langle b,a\rangle\in R$，必有 $a=b$，则称二元关系 R 是**反对称的**.

反对称的也可定义为：设 R 是 A 上的二元关系，当 $a\neq b$ 时，如果 $\langle a,b\rangle\in R$，必有 $\langle b,a\rangle\notin R$，则称二元关系 R 是反对称的.

例如，常见的对称关系有相等关系、不相等关系、同余关系、朋友关系、同学关系等，而小于等于关系、包含关系、上下级关系、父子关系等都是反对称的.

注意

反对称不是对称的简单否定，非对称的二元关系不一定是反对称的二元关系，存在着不是对称的又不是反对称的二元关系，也存在着既是对称的又是反对称的二元关系.

例 7 设 $A=\{1,2,3\}$，R_1,R_2,R_3,R_4 都是 A 上的二元关系，其中

$$R_1=\{\langle 1,1\rangle,\langle 1,2\rangle,\langle 2,1\rangle\},$$
$$R_2=\{\langle 1,2\rangle,\langle 1,3\rangle\},$$
$$R_3=\{\langle 1,2\rangle,\langle 2,1\rangle,\langle 1,3\rangle\},$$
$$R_4=\{\langle 1,1\rangle,\langle 2,2\rangle\},$$

说明 R_1,R_2,R_3,R_4 是否为 A 上对称、反对称的二元关系.

解 R_1 是 A 上对称的二元关系. R_2 是 A 上反对称的二元关系. R_3 不是 A 上对称的，也不是反对称的二元关系. R_4 既是 A 上对称的，又是反对称的二元关系.

定义 6-9 设 R 是 A 上的二元关系，对于任意的 $a,b,c\in A$，如果 $\langle a,b\rangle\in R$ 且 $\langle b,c\rangle\in R$，必有 $\langle a,c\rangle\in R$，则称二元关系 R 是**传递的**.

例如，常见的传递关系有相等关系、小于等于关系、包含关系、上下级关系、同乡关系、后裔关系等，而不相等关系、父子关系、朋友关系、同学关系等都不是传递关系.

一些特殊关系的性质如下：

(1) 空关系是反自反的、对称的、反对称的和传递的.

(2) 全域关系是自反的、对称的和传递的.

(3) 相等关系是自反的、对称的、反对称的、传递的.

关系的性质不仅反映在它的集合表达式上，也明显地反映在它的关系矩阵、关系图上，其中自反的、反自反的、对称的、反对称的二元关系可从它们的关系矩阵、关系图的不同特征加以区别(见表 6-1).

表 6-1

	关系图	关系矩阵
自反的	图中每个结点都有环	主对角线元素全是1
反自反的	图中每个结点都没有环	主对角线元素全是0
对称的	有边的两个结点有双向边	所有元素关于主对角线对称
反对称的	每两个结点都没有双向边	没有关于主对角线对称的元素

例 8　设 $R_i(i=1,2,\cdots,6)$ 是集合 $A=\{1,2,3\}$ 上的 6 个二元关系(如图 6-4),判断它们各具有什么性质.

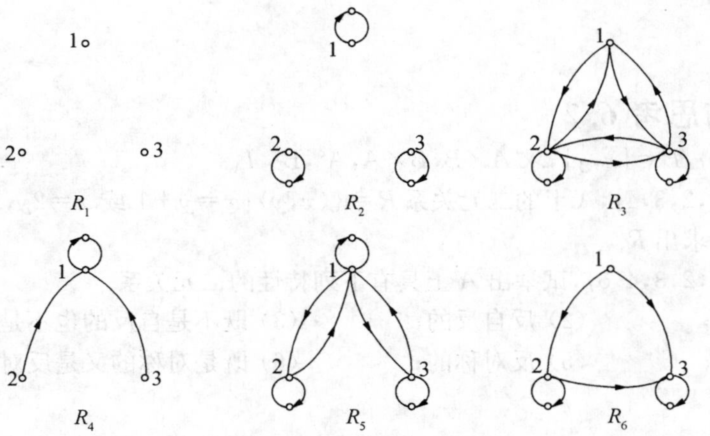

图 6-4

解　根据关系图的特征,可以判断:

R_1 具有反自反、对称性、反对称性、传递性.

R_2 具有自反性、对称性、反对称性、传递性.

R_3 具有对称性.

R_4 具有反对称性.

R_5 具有自反性、对称性.

R_6 具有反对称性、传递性.

对于传递性的判断,显然不易从关系矩阵、关系图直接进行,下面介绍传递性的判定定理.

定理 6-3　设 $A=\{a_1,a_2,\cdots,a_n\}$,R 是 A 上的二元关系,R 的关系矩阵 $\boldsymbol{M}_R=(r_{ij})_{n\times n}$,令 $\boldsymbol{B}=\boldsymbol{M}_R\circ\boldsymbol{M}_R=(b_{ij})_{n\times n}$,则 R 是传递关系的充分必要条件是:当 $b_{ij}=1$ 时,必有 $r_{ij}=1$.

$\boldsymbol{B}=\boldsymbol{M}_R\circ\boldsymbol{M}_R$ 是关系矩阵的布尔积,即当矩阵中元素进行运算时乘法满足布尔积、加法满足布尔和,规则如下:

布尔和为　$0+0=0,0+1=1,1+0=1,1+1=1$;

布尔积为　$0\times0=0,0\times1=0,1\times0=0,1\times1=1$.

例 9　$A=\{a_1,a_2,a_3,a_4\}$,$R=\{\langle a_1,a_2\rangle,\langle a_1,a_3\rangle,\langle a_2,a_3\rangle,\langle a_3,a_1\rangle,\langle a_3,a_4\rangle,\langle a_4,a_2\rangle,\langle a_4,a_3\rangle\}$,判断 R 是否是传递的二元关系.

解 $\boldsymbol{M}_R=\begin{pmatrix}0&1&1&0\\0&0&1&0\\1&0&0&1\\0&1&1&0\end{pmatrix}$,

$$\boldsymbol{B}=\boldsymbol{M}_R\circ\boldsymbol{M}_R=\begin{pmatrix}0&1&1&0\\0&0&1&0\\1&0&0&1\\0&1&1&0\end{pmatrix}\circ\begin{pmatrix}0&1&1&0\\0&0&1&0\\1&0&0&1\\0&1&1&0\end{pmatrix}=\begin{pmatrix}1&0&1&1\\1&0&0&1\\0&1&1&0\\1&0&1&1\end{pmatrix}.$$

比较 $\boldsymbol{B}=\boldsymbol{M}_R\circ\boldsymbol{M}_R$ 和 $\boldsymbol{M}_R$ 可得 $b_{11}=1$ 时,$r_{11}=0\neq1$,所以 R 不是传递的二元关系.

练习与思考 6.2

1. 设 $A=\{a,b\}$,$B=\{x,y\}$,求 $A\times B$,$B\times A$,A^2,B^2,I_A.
2. 设 $A=\{0,1,2,3,4\}$,A 上的二元关系 $R=\{\langle x,y\rangle\mid x=y+1$ 或 $x=2y,x\in A$ 且 $y\in A\}$,试用列举法求出 R.
3. 已知 $A=\{1,2,3,4,5\}$,试举出 A 上具有下列特性的二元关系.
   (1) 自反的; (2) 反自反的; (3) 既不是自反的也不是反自反的;
   (4) 对称的; (5) 反对称的; (6) 既是对称的又是反对称的.

习题 6.2

1. 设 $A=\{\varnothing,a\}$,$B=\{x,y\}$,求 $A\times A$,$A\times B$.
2. 若 $A=\{4,5,6,7\}$,$B=\{1,2\}$,$R=\{\langle x,y\rangle\mid x\in A,y\in B$,且$(x-y)$是偶数$\}$.
   (1) 用列举法表示 R;(2) 写出 R 的关系矩阵;(3) 画出 R 的关系图.
3. 已知 $A=\{1,2,3,4,5,6\}$,R_1 为 A 上模 2 同余关系,求:
   (1) 用列举法求出 R_1; (2) 求关系矩阵 $\boldsymbol{M}_{R_1}$,画出 R_1 的关系图.
   (3) 判断 R_1 具有哪些性质.
4. 设 $A=\{1,2,3,4\}$,A 上的关系 $R=\{\langle1,3\rangle,\langle1,4\rangle,\langle2,3\rangle,\langle2,4\rangle,\langle3,4\rangle\}$,试判定 R 是否具有传递性.

§6.3 等价关系

学习目标

1. 理解等价关系的定义,会证明一个关系是否为等价关系.
2. 会求等价类、商集.

3. 会根据划分求对应的等价关系.

引入问题

【快递员分组】某快递公司安排快递员派送快件，为便于管理，经理将快递员按如下规则分组，凡是属于同一社区关系的为同一小组. 用数学语言描述该分组过程，即为集合中元素(某快递公司快递员)按某种特定关系(同一社区关系)进行分类，能使得每个元素在且仅在一个类中. 集合元素的此种分类与元素的特定关系两者之间本质上有何关联呢？

主要知识

实际生活中有许多关系，例如同姓氏关系、同年龄关系以及三角形的全等关系、相似关系等等，这些关系同时都具有自反、对称、传递的特性，同时具有以上三个特性的关系就是下面介绍的等价关系.

一、等价关系

定义 6－10　R 是 A 上的二元关系，如果 R 是自反的、对称的、可传递的，则称 R 为 A 上的**等价关系**.

例 1　设 $A=\{a,b,c\}$，$R=\{\langle a,a\rangle,\langle b,b\rangle,\langle c,c\rangle,\langle a,c\rangle,\langle c,a\rangle\}$，证明 R 为 A 上的等价关系.

证明　因为 $\langle a,a\rangle$，$\langle b,b\rangle$，$\langle c,c\rangle$ 都属于 R，所以 R 是自反的，R 显然具有对称性.

又

$$\boldsymbol{B}=\boldsymbol{M}_R\circ\boldsymbol{M}_R=\begin{pmatrix}1&0&1\\0&1&0\\1&0&1\end{pmatrix}\circ\begin{pmatrix}1&0&1\\0&1&0\\1&0&1\end{pmatrix}$$

$$=\begin{pmatrix}1&0&1\\0&1&0\\1&0&1\end{pmatrix}.$$

根据传递性的判定定理可知 R 具有传递性.

综上可得，R 为 A 上的等价关系.

定义 6－11　设 R 为非空集合 A 上的等价关系，$a\in A$，由 A 中所有与 a 相关的元素组成的集合称为 a 关于 R 的**等价类**，记作 $[a]_R$，即：

$$[a]_R=\{b\mid b\in A\text{ 且 }aRb\}.$$

例 2　设 $A=\{1,2,3,4,5,6,7\}$，R 是 A 上模 3 同余关系.

(1) 证明 R 是 A 上的等价关系；

(2) 求 A 中各元素关于 R 的等价类.

解 (1) 由于相同数被 3 除后，余数是相等的，所以 R 是自反的. R 的对称性是显然的. 对于 $\langle a,b\rangle \in R$，也可表示为 $a-b=3k$（k 是整数），因此，若 $\langle a,b\rangle \in R$ 且 $\langle b,c\rangle \in R$ 时，即 $a-b=3k_1$，$b-c=3k_2$，那么 $a-c=(a-b)+(b-c)=3(k_1+k_2)$，即 $\langle a,c\rangle \in R$，所以 R 是传递的. 综上所述，R 是 A 上的等价关系.

(2) A 中元素关于 R 的等价类为：

$[1]_R=\{1,4,7\}$； $[2]_R=\{2,5\}$； $[3]_R=\{3,6\}$；

$[4]_R=\{1,4,7\}$； $[5]_R=\{2,5\}$； $[6]_R=\{3,6\}$；

$[7]_R=\{1,4,7\}$.

容易看出，集合中每个元素都有等价类，且相关元素的等价类是相同的，不同的等价类仅有 3 个. 根据例 2 可归纳出等价类的如下性质.

设 R 为非空集合 A 上的等价关系，则：

(1) 对于任意的 $x\in A$，$[x]_R$ 是 A 的非空子集.

(2) 对于任意的 $x,y\in R$，如果 xRy，则 $[x]_R=[y]_R$.

(3) 对于任意的 $x,y\in R$，如果 $x\overline{R}y$，则 $[x]_R\cap[y]_R=\varnothing$.

(4) $\bigcup\limits_{x\in A}[x]_R=A$.

定义 6-12 设 R 为 A 上的等价关系，所有等价类组成的集合称作集合 A 关于等价关系 R 的**商集**，记为 A/R（读作 A 模 R），即

$$A/R=\{[x]_R \mid x\in A\}.$$

例 1、例 2 中 A/R 分别为 $\{\{a,c\},\{b\}\}$，$\{\{1,4,7\},\{2,5\},\{3,6\}\}$.

二、集合的划分

定义 6-13 设 A 是一个集合，$A_1,A_2,\cdots,A_m$ 是 A 的子集，如果满足下列条件：

(1) A_i 非空，$i=1,2,\cdots,m$；

(2) 如果 $i\neq j$，则 $A_i\cap A_j=\varnothing$，$i,j=1,2,\cdots,m$；

(3) $A_1\cup A_2\cup\cdots\cup A_m=A$.

称 $S=\{A_1,A_2,\cdots,A_m\}$ 为集合 A 的一个**划分**，而 $A_1,A_2,\cdots,A_m$ 称为这个划分的**块**.

说明

一般情况下，A 是非空集合，若 A 是空集时，则约定 A 的划分不存在，即 A 的划分为空.

例 3 设 $A=\{1,2,3,4\}$，分别给出 $S_1,S_2,\cdots,S_6$ 如下，判别哪些是 A 的划分？

$S_1=\{\{1,2,3\},\{4\}\}$； $S_2=\{\{1\},\{1,2,3,4\}\}$； $S_3=\{\{1,2\},\{3\},\{4\}\}$；

$S_4=\{\{1,2\},\{4\}\}$； $S_5=\{\{1,2\},\{3,4\}\}$； $S_6=\{\varnothing,\{1,3\},\{2,4\}\}$.

解 S_1,S_3,S_5 是 A 的划分. 而 S_2 中的子集 $\{1\}$，$\{1,2,3,4\}$ 的交集不为 $\varnothing$；S_4 中的子集 $\{1,2\}$，$\{4\}$ 的并集不为 A；S_6 中含 $\varnothing$，根据划分的定义，它们不是 A 的划分.

例 4 设 $A=\{a,b,c\}$，求集合 A 的所有不同划分.

分析 从元素个数入手，1＋1＋1 对应一种划分，1＋2 对应一种划分，3 对应一种划分.

解 集合 A 的所有不同划分分别为

$S_1=\{\{a\},\{b\},\{c\}\}$；　$S_2=\{\{a\},\{b,c\}\}$；　$S_3=\{\{b\},\{a,c\}\}$；

$S_4=\{\{c\},\{a,b\}\}$；　$S_5=\{\{a,b,c\}\}$.

集合的划分实质是把集合的元素进行分类，每一个元素仅在一个块中. 根据商集的性质，比照划分的定义可知 $A/R=\{[x]_R \mid x\in A\}$ 为集合 A 的一个划分，即等价关系可确定一个划分，反之，A 的一个划分也能确定 A 上的一个等价关系.

定理 6-4　设 R 是集合 A 上的等价关系，则 A 关于 R 的商集 A/R 是集合 A 的一个划分.

定理 6-5　集合 A 的一个划分确定 A 上的一个等价关系.

定理 6-4、定理 6-5 揭示了集合元素分类与等价关系两者之间本质上的联系.

设 $S=\{A_1,A_2,\cdots,A_m\}$ 为集合 A 的一个划分，求 S 所确定的等价关系 R 的步骤如下：

(1) 求出 $R_1=A_1\times A_1, R_2=A_2\times A_2,\cdots,R_m=A_m\times A_m$；

(2) $R=R_1\cup R_2\cup\cdots\cup R_m$.

例 5　设 $A=\{a,b,c,d,e\}$，$S=\{\{a,b\},\{c,d,e\}\}$，试写出由划分 S 确定的 A 上的一个等价关系 R.

解　$R_1=\{a,b\}\times\{a,b\}=\{\langle a,a\rangle,\langle a,b\rangle,\langle b,a\rangle,\langle b,b\rangle\}$；

$$R_2=\{c,d,e\}\times\{c,d,e\}$$
$$=\{\langle c,c\rangle,\langle c,d\rangle,\langle c,e\rangle,\langle d,c\rangle,\langle d,d\rangle,\langle d,e\rangle,\langle e,c\rangle,\langle e,d\rangle,\langle e,e\rangle\}.$$

由划分 S 确定 A 上的一个等价关系 R 为

$$R=R_1\cup R_2$$
$$=\{\langle a,a\rangle,\langle a,b\rangle,\langle b,a\rangle,\langle b,b\rangle,\langle c,c\rangle,\langle c,d\rangle,\langle c,e\rangle,\langle d,c\rangle,\langle d,d\rangle,\langle d,e\rangle,\langle e,c\rangle,\langle e,d\rangle,\langle e,e\rangle\}.$$

特殊的二元关系除等价关系外还有相容关系、偏序关系，它们作为集合论的基础部分，在计算机的智能信息处理方面有着广泛的应用.

练习与思考 6.3

1. 例 1、例 2 都是证明等价关系，两种方法有何区别、联系？
2. 设 $A=\{a,b,c,d,e,f\}$，$S_1=\{\{a,b\},\{b,c,d\},\{e,f\}\}$，$S_2=\{\{a,b,c\},\{e,f\}\}$，$S_3=\{\{a,b,c,d,e,f\}\}$，$S_4=\{\{a,b\},\varnothing,\{c,d,e,f\}\}$，$S_5=\{\{a\},\{b\},\{c\},\{d,e\},\{f\}\}$，判别哪些是 A 的划分？

习题 6.3

1. 设 $A=\{1,2,3,4,5,6,7,8,9,10\}$，$R$ 是 A 上模 4 同余关系. 证明 R 是 A 上的等价关系，并写出 A 中各元素关于 R 的等价类.
2. 设集合 $A=\{1,2,3,4,5\}$，R 为 A 上的二元关系，$R=\{\langle 1,2\rangle,\langle 2,1\rangle,\langle 1,3\rangle,\langle 3,1\rangle,\langle 2,

3〉,〈3,2〉,〈4,5〉,〈5,4〉}$\cup I_A$.

(1) 证明 R 是等价关系;

(2) 并求出其等价类;

(3) 写出其确定的集合 A 的一个划分.

3. 设 $A=\{1,2,3,\cdots,19,20\}$,R 是 A 上的模 5 同余关系,求商集 A/R.
4. 设 $A=\{a,b,c,d\}$,尽量多地列出集合 A 的所有不同划分.
5. 设 $A=\{a,b,c,d,e\}$,$S=\{\{a,b\},\{c\},\{d,e\}\}$是 A 的一个划分,写出由划分 S 确定的 A 上的一个等价关系 R.

小结与复习

内容提要

1. 集合

集合的常用表示法:列举法和描述法.

集合之间的关系:包含关系、相等关系、隶属关系.

幂集 $\rho(A)$:由 A 的所有子集为元素组成的集合.

幂集的基数定理:A 是有限集,$|A|=n$,则 A 的幂集 $\rho(A)$的基数为 2^n,即$|\rho(A)|=2^n$.

集合的基本运算:交、并、差、对称差.

2. 二元关系及性质

(1) 笛卡尔积的运算.

(2) 二元关系的表示方法:集合表示法、关系矩阵表示法、关系图表示法.

(3) 关系的性质:自反性、反自反性、对称性、反对称性、传递性.

自反性、反自反性、对称性、反对称性可根据定义或关系图、关系矩阵进行证明.

传递性根据传递性判定定理证明.

传递性判定步骤为:

① 写出 R 的关系矩阵 $\boldsymbol{M}_R=(r_{ij})_{n\times n}$;

② 计算 $\boldsymbol{B}=\boldsymbol{M}_R\circ\boldsymbol{M}_R=(b_{ij})_{n\times n}$;

③ 当 $b_{ij}=1$ 时,若有 $r_{ij}=1$,则 R 具有传递性,否则 R 不具有传递性.

3. 等价关系

(1) 等价关系的证明必须从关系的自反性、对称性、传递性三方面进行.

(2) 等价类 $[a]_R=\{b\mid b\in A$ 且 $aRb\}$.

(3) 商集 $A/R=\{[x]_R\mid x\in A\}$,商集是由等价关系确定的集合的一个划分.

(4) 集合的一个划分可确定一个等价关系,步骤如下:

① 求出 $R_1=A_1\times A_1$;$R_2=A_2\times A_2$;$\cdots$;$R_m=A_m\times A_m$;

② $R=R_1\cup R_2\cup\cdots\cup R_m$.

学法指导

本章概念多,运算多,必须在理解概念的基础上,逐步将知识系统化.

1. 集合方面虽然有一定基础，但增加了幂集、基数、隶属关系等新概念，集合的运算则增加了差、对称差运算. 对于集合之间隶属关系的理解，必须摒弃旧的思维定势，一个集合可作为另一个集合的元素.

2. 二元关系的学习中应牢记关系是有序对的集合，关系可进行所有的集合运算. 针对关系的性质、概念一定要清楚，注意自反性与反自反性、对称性与反对称性的区别.

复习题 6

1. 单项选择题：

(1) 设 $A=\{\{1,2\},3,\{4\}\}$，下列选项正确的是________.

A. $1\in A$　　B. $\{1,2\}\subseteq A$　　C. $\{3\}\subset A$　　D. $\varnothing\in A$

(2) 已知 $A\oplus B=\{1,2,3\}$，$A\oplus C=\{2,3,4\}$，若 $2\in B$，则________.

A. $1\in C$　　B. $2\in C$　　C. $3\in C$　　D. $4\in C$

(3) 集合 $A=\{1,2,3,\cdots,8\}$ 上关系 $R=\{(x,y)\mid x+y=8,x\in A,y\in A\}$，则 R 的性质为________.

A. 自反的　　B. 对称的　　C. 传递的，对称的　　D. 反自反的，传递的

(4) 集合 A 有 n 个元素，则 A 上共有________个既对称又反对称的关系.

A. 0　　B. $2n$　　C. n^2　　D. 2^n

(5) 设 $A=\{1,2\}$，$B=\{a,b,c\}$，$C=\{c,d\}$，则 $A\times(B\cap C)$ 为________.

A. $\{\langle 1,c\rangle,\langle 2,c\rangle\}$　B. $\{\langle c,1\rangle,\langle 2,c\rangle\}$　C. $\{\langle c,1\rangle,\langle c,2\rangle\}$　D. $\{\langle 1,c\rangle,\langle c,2\rangle\}$

(6) 集合 A 上的等价关系 R，决定了 A 的一个划分，该划分是________.

A. 并集 $A\cup R$　　B. 交集 $A\cap R$　　C. 商集 A/R　　D. 差集 $A-R$

(7) 集合中的包含关系“$\subseteq$”不具备________.

A. 对称性　　B. 自反性　　C. 反对称性　　D. 传递性

(8) 集合 $A=\{a,b,c,d,e\}$，A 上的一个划分 $S=\{\{a,b\},\{c,d,e\}\}$，那么 S 所对应的等价关系 R 应有________个有序对.

A. 5　　B. 13　　C. 15　　D. 32

2. 填空题：

(1) 设集合 $A=\{x\mid\sqrt{x}<3,x\in\mathbf{Z}\}$，$B=\{x\mid x=2k,k\in\mathbf{Z}\}$，$C=\{1,2,3,4,5\}$，则 $A-C=$________________，$(A\oplus B)\cap C=$________________.

(2) 集合 $A=\{\varnothing,1\}$ 的幂集 $\rho(A)=$__________，$|\rho(A)|=$________.

(3) 设 R 是集合 $A=\{1,2,3,\cdots,9\}$ 上模 7 同余关系，则 $[2]_R=$________.

(4) 整数集上的小于关系“$<$”具有________、________和________性.

(5) 设 $A=\{1,2,3,4,5\}$，写出 A 上的一个既有对称性又有反对称性的二元关系________.

(6) 集合 A 的一个划分，确定 A 元素之间的关系是________.

(7) 由 3 个元素组成的有限集上有________个不同的等价关系.

(8) 设 $A=\{a,b,c\}$，$S_1=\{\{a,b\},\{c\}\}$，$S_2=\{\{a\},\{a,b\},\{a,c\}\}$，$S_3=\{\{a\},\{b,c\}\}$，$S_4=\{\{a,b,c\}\}$，$S_5=\{\{a\},\{b\},\{c\}\}$，$S_6=\{\{a\},\{a,c\}\}$，则 A 的划分有________个.

3. 设 R 和 S 是 $A=\{1,2,3\}$ 上的关系 $R=\{\langle 1,1\rangle,\langle 1,2\rangle,\langle 2,3\rangle,\langle 3,1\rangle,\langle 3,3\rangle\}$，$S=\{\langle 1,2\rangle,\langle 1,3\rangle,\langle 2,1\rangle,\langle 3,3\rangle\}$，求 $R\cap S$，$R\cup S$.
4. $A=\{1,3,4\}$，$B=\{1,3,4,5\}$，求 $\rho(A)\oplus\rho(B)$.
5. 设 $A=\{2,3,4,9\}$，$B=\{2,4,7,10,12\}$，从 A 到 B 的关系定义为

$$R=\{\langle a,b\rangle \mid a\text{ 整除 }b, a\in A\text{ 且 }b\in B\},$$

试给出 R 的关系图和关系矩阵.
6. 已知集合 $A=\{1,2,3,4\}$，A 上的二元关系 $R=\{\langle 1,3\rangle,\langle 3,1\rangle,\langle 3,4\rangle,\langle 4,3\rangle\}\cup I_A$，写出关系矩阵 $\boldsymbol{M}_R$，画出关系图并讨论 R 的性质.
7. R 为定义在 $A=\{1,2,\cdots,10\}$ 上的二元关系，$R=\{\langle x,y\rangle \mid x,y\in A, x-y\text{ 是偶数}\}$.
(1) 证明 R 是一个等价关系；(2) 求关系 R 的等价类.
8. 给定集合 $A=\{a,b,c,d\}$，找出 A 上的等价关系 R，此关系 R 能够产生划分 $\{\{a,b\},\{c,d\}\}$，并画出关系图.

附表 1 泊松分布表

$$P(X \leqslant m)=\sum_{k=0}^{m} \frac{\lambda^{k}}{k!} \mathrm{e}^{-\lambda}$$

m \ λ	0.1	0.2	0.3	0.4	0.5	0.6	0.7	0.8	0.9	1.0
0	0.904 8	0.818 7	0.740 8	0.670 3	0.606 5	0.548 8	0.496 6	0.449 3	0.406 6	0.367 9
1	0.995 3	0.982 5	0.963 1	0.938 4	0.909 8	0.878 1	0.844 2	0.808 8	0.772 5	0.735 8
2	0.999 8	0.998 9	0.996 4	0.992 1	0.985 6	0.976 9	0.965 9	0.952 6	0.937 1	0.919 7
3	1	0.999 9	0.999 7	0.999 2	0.998 2	0.996 6	0.994 2	0.990 9	0.986 5	0.981 0
4		1	1	0.999 9	0.999 8	0.999 6	0.999 2	0.998 6	0.997 7	0.996 3
5				1	1	1	0.999 9	0.999 8	0.999 7	0.999 4
6							1	1	1	0.999 9
7										
8										
9										
10										

m \ λ	1.2	1.4	1.6	1.8	2.0	2.5	3.0	3.5	4.0	4.5
0	0.301 2	0.246 6	0.201 9	0.165 3	0.135 3	0.082 0	0.049 8	0.030 2	0.018 3	0.011 1
1	0.662 6	0.591 8	0.524 9	0.462 8	0.406 0	0.287 3	0.199 2	0.135 9	0.091 6	0.061 1
2	0.879 5	0.833 5	0.783 4	0.730 6	0.676 7	0.543 8	0.423 2	0.320 9	0.238 1	0.173 6
3	0.996 2	0.946 3	0.921 2	0.891 3	0.857 1	0.757 6	0.647 2	0.536 6	0.433 5	0.352 3
4	0.992 3	0.985 8	0.976 3	0.963 6	0.947 4	0.891 2	0.815 3	0.725 4	0.628 8	0.542 1
5	0.998 5	0.996 8	0.994 0	0.989 6	0.983 4	0.958 0	0.916 1	0.857 6	0.785 1	0.702 9
6	0.999 8	0.999 4	0.998 7	0.997 4	0.995 5	0.985 8	0.966 5	0.934 7	0.889 3	0.831 1
7	1	0.999 9	0.999 7	0.999 4	0.998 9	0.995 8	0.988 1	0.973 3	0.948 9	0.913 4
8	1	1	1	0.999 9	0.999 8	0.998 9	0.996 2	0.990 1	0.978 6	0.959 7
9	1	1	1	1	1	0.999 7	0.998 9	0.996 7	0.991 9	0.982 9
10	1	1	1	1	1	0.999 4	0.999 7	0.999 0	0.997 2	0.993 3

附表 2　标准正态分布表

$$P(X \leqslant x)=\Phi(x)=\int_{-\infty}^{x} \frac{1}{\sqrt{2\pi}} e^{-\frac{t^2}{2}} dt$$

x	0.00	0.01	0.02	0.03	0.04	0.05	0.06	0.07	0.08	0.09
0.0	0.500 0	0.504 0	0.508 0	0.512 0	0.516 0	0.519 9	0.523 9	0.527 9	0.531 9	0.535 9
0.1	0.539 8	0.543 8	0.547 8	0.551 7	0.555 7	0.559 6	0.563 6	0.567 5	0.571 4	0.573 5
0.2	0.573 9	0.583 2	0.587 1	0.591 0	0.594 8	0.598 7	0.602 6	0.606 4	0.610 3	0.614 1
0.3	0.617 9	0.621 7	0.625 5	0.629 3	0.633 1	0.636 8	0.640 6	0.644 3	0.648 0	0.651 7
0.4	0.655 4	0.659 1	0.662 8	0.666 4	0.670 0	0.673 6	0.677 2	0.680 8	0.684 4	0.687 9
0.5	0.691 5	0.695 0	0.698 5	0.701 9	0.705 4	0.708 8	0.712 3	0.715 7	0.719 0	0.722 4
0.6	0.725 7	0.729 1	0.732 4	0.735 7	0.738 9	0.742 2	0.745 4	0.748 6	0.751 7	0.754 9
0.7	0.758 0	0.761 1	0.764 2	0.767 3	0.770 4	0.773 4	0.776 4	0.779 4	0.782 3	0.785 2
0.8	0.788 1	0.791 0	0.793 9	0.796 7	0.799 5	0.802 3	0.805 1	0.807 8	0.810 6	0.813 3
0.9	0.815 9	0.818 6	0.821 2	0.823 8	0.826 4	0.828 9	0.831 5	0.834 0	0.836 5	0.838 9
1.0	0.841 3	0.843 8	0.846 1	0.848 5	0.850 8	0.853 1	0.855 4	0.857 7	0.859 9	0.862 1
1.1	0.864 3	0.866 5	0.868 6	0.870 8	0.872 9	0.874 9	0.877 0	0.879 0	0.881 0	0.883 0
1.2	0.884 9	0.886 9	0.888 8	0.890 7	0.892 5	0.894 4	0.896 2	0.898 0	0.899 7	0.901 5
1.3	0.903 2	0.904 9	0.906 6	0.908 2	0.909 9	0.911 5	0.913 1	0.914 7	0.916 2	0.917 7
1.4	0.919 2	0.920 7	0.922 2	0.923 6	0.925 1	0.926 5	0.927 9	0.929 2	0.930 6	0.931 9
1.5	0.933 2	0.934 5	0.935 7	0.937 0	0.938 2	0.939 4	0.940 6	0.941 8	0.942 9	0.944 1
1.6	0.945 2	0.946 3	0.947 4	0.948 4	0.949 5	0.950 5	0.951 5	0.952 5	0.953 5	0.954 5
1.7	0.955 4	0.956 4	0.957 3	0.958 2	0.959 1	0.959 9	0.960 8	0.961 6	0.962 5	0.963 3
1.8	0.964 1	0.964 9	0.965 6	0.966 4	0.967 1	0.967 8	0.968 6	0.969 3	0.969 9	0.970 6
1.9	0.971 3	0.971 9	0.972 6	0.973 2	0.973 8	0.974 4	0.975 0	0.975 6	0.976 1	0.976 7
2.0	0.977 2	0.977 8	0.978 3	0.978 8	0.979 3	0.979 8	0.980 3	0.980 8	0.981 2	0.981 7
2.1	0.982 1	0.982 6	0.983 0	0.983 4	0.983 8	0.984 2	0.984 6	0.985 0	0.985 4	0.985 7
2.2	0.986 1	0.986 4	0.986 8	0.987 1	0.987 5	0.987 8	0.988 1	0.988 4	0.988 7	0.989 0
2.3	0.989 3	0.989 6	0.989 8	0.990 1	0.990 4	0.990 6	0.990 9	0.991 1	0.991 3	0.991 6
2.4	0.991 8	0.992 0	0.992 2	0.992 5	0.992 7	0.992 9	0.993 1	0.993 2	0.993 4	0.993 6
2.5	0.993 8	0.994 0	0.994 1	0.994 3	0.994 5	0.994 6	0.994 8	0.994 9	0.995 1	0.995 2
2.6	0.995 3	0.995 5	0.995 6	0.995 7	0.995 9	0.996 0	0.996 1	0.996 2	0.996 3	0.996 4
2.7	0.996 5	0.996 6	0.996 7	0.996 8	0.996 9	0.997 0	0.997 1	0.997 2	0.997 3	0.997 4
2.8	0.997 4	0.997 5	0.997 6	0.997 7	0.997 7	0.997 8	0.997 9	0.997 9	0.998 0	0.998 1
2.9	0.998 1	0.998 2	0.998 2	0.998 3	0.998 4	0.998 4	0.998 5	0.998 5	0.998 6	0.998 6
3.0	0.998 7	0.999 0	0.999 3	0.999 5	0.999 7	0.999 8	0.999 8	0.999 9	0.999 9	1.000 0

注：表中末行系函数值 $\Phi(3.0)$，$\Phi(3.1)$，…，$\Phi(3.9)$.

附表 3　t 分布表

$$P(t(n) > t_\alpha(n)) = \alpha$$

n \ α	0.05	0.025	0.01	0.005	0.000 5
1	6.31	12.71	31.82	63.66	636.62
2	2.92	4.30	6.97	9.93	31.60
3	2.35	3.18	4.54	5.84	12.94
4	2.13	2.78	3.75	4.60	8.61
5	2.02	2.57	3.37	4.03	6.86
6	1.94	2.45	3.14	3.71	5.96
7	1.90	2.37	3.00	3.50	5.41
8	1.86	2.31	2.90	3.36	5.04
9	1.83	2.26	2.82	3.25	4.78
10	1.81	2.23	2.76	3.17	4.59
11	1.80	2.20	2.72	3.11	4.44
12	1.78	2.18	2.68	3.06	4.32
13	1.77	2.16	2.65	3.01	4.22
14	1.76	2.15	2.62	2.98	4.14
15	1.75	2.13	2.60	2.95	4.07
16	1.75	2.12	2.58	2.92	4.02
17	1.74	2.11	2.57	2.90	3.97
18	1.73	2.10	2.55	2.88	3.92
19	1.73	2.09	2.54	2.86	3.88
20	1.73	2.09	2.53	2.85	3.85
21	1.72	2.08	2.52	2.83	3.82
22	1.72	2.07	2.51	2.82	3.79
23	1.71	2.07	2.50	2.81	3.77
24	1.71	2.06	2.49	2.80	3.75
25	1.71	2.06	2.48	2.79	3.73
26	1.71	2.06	2.48	2.78	3.71
27	1.70	2.05	2.47	2.77	3.69
28	1.70	2.05	2.47	2.76	3.67
29	1.70	2.04	2.46	2.76	3.66
30	1.70	2.04	2.46	2.75	3.65
40	1.68	2.02	2.42	2.70	3.55
60	1.67	2.00	2.39	2.66	3.46
120	1.66	1.98	2.36	2.62	3.37
∞	1.65	1.96	2.33	2.58	3.29

参考答案

第 1 章　向量与空间解析几何简介

练习与思考 1.1

1. 略.
2. 点 R 在 xOz 平面之中,点 Q 距离 xOy 平面最近.
3. 2.

习题 1.1

1. $(-2,0,0)$.
2. 略.
3. $\sqrt{14}$;$\sqrt{5}$;$\sqrt{13}$;$\sqrt{10}$.
4. $(0,1,-2)$.
5. $z=17$ 或 $z=-7$.
6. $|\vec{a}|=6,\cos\alpha=\dfrac{1}{3},\cos\beta=-\dfrac{5}{6},\cos\gamma=\dfrac{\sqrt{7}}{6},\vec{a}^0=\left\{\dfrac{1}{3},-\dfrac{5}{6},\dfrac{\sqrt{7}}{6}\right\}$.
7. 与 $\overrightarrow{F_1}$ 与 $\overrightarrow{F_2}$ 的合力达到平衡的力 $\overrightarrow{F}=\{-3,2,-4\}$,且作用于同一点.
8. $\cos\alpha=\dfrac{1}{3},\cos\beta=-\dfrac{2}{3},\cos\gamma=\dfrac{2}{3}$,与 $\vec{c}$ 平行的单位向量为 $\left\{\dfrac{1}{3},-\dfrac{2}{3},\dfrac{2}{3}\right\}$ 或 $\left\{-\dfrac{1}{3},\dfrac{2}{3},-\dfrac{2}{3}\right\}$.
9. $|\overrightarrow{M_1M_2}|=2,\cos\ \alpha=\dfrac{1}{2},\cos\ \beta=\dfrac{\sqrt{2}}{2},\cos\ \gamma=-\dfrac{1}{2},\alpha=\dfrac{\pi}{3},\beta=\dfrac{\pi}{4},\gamma=\dfrac{2\pi}{3},\overrightarrow{M_1M_2}^0=\dfrac{\overrightarrow{M_1M_2}}{|\overrightarrow{M_1M_2}|}$

$=\left\{\dfrac{1}{2},\dfrac{\sqrt{2}}{2},-\dfrac{1}{2}\right\}$.
10. $\vec{a}=\{2,2,2\}$.
11. $\vec{a}=\{-2,2,2\sqrt{2}\}$.

练习与思考 1.2

1. (1) 2;(2) $\{-9,2,1\}$;(3) -18;(4) $\{-4,6,3\}$.
2. $\vec{a}\times\vec{b}=-3\vec{i}-4\vec{j}-3\vec{k},\vec{b}\times\vec{a}=3\vec{i}+4\vec{j}+3\vec{k}$.
3. 略.
4. 8.

习题 1.2

1. $\left\{1,\frac{1}{2},-\frac{1}{2}\right\}$.

2. $\{2,-1,3\}$或$\{-2,1,-3\}$.

3. $\frac{\pi}{3}$.

4. $\frac{\pi}{4}$.

5. 6.

6. $\sqrt{14}$.

7. $\sqrt{35}$.

8. $\left\{\frac{\sqrt{6}}{6},\frac{\sqrt{6}}{6},-\frac{2\sqrt{6}}{6}\right\},\left\{-\frac{\sqrt{6}}{6},-\frac{\sqrt{6}}{6},\frac{2\sqrt{6}}{6}\right\}$.

9. $\vec{\tau}=\overrightarrow{QP}\times\vec{F}=7\vec{i}-10\vec{j}-8\vec{k}$.

练习与思考 1.3

2. (1) 平行； (2) 垂直； (3) 垂直； (4) 平行.

习题 1.3

1. (1) $x+y+z-2=0$;(2) $2y+z=0$;(3) $4x-y+3z=0$.

2. $11x+2y+5z=51$.

3. $-y+3z+4=0$.

4. 与 xOy 面平行,平面的法向量可取为$\{0,0,1\}$,平面方程为 $z+1=0$.

5. 提示:所求平面的法向量 $\vec{n}\perp\overrightarrow{M_1M_2}$,$\vec{n}\perp\vec{n_1}$. 所求平面方程为 $3x+y-2z-7=0$.

6. (1) $\frac{\pi}{3}$;(2) 垂直;(3) 平行;(4) 平行.

7. $y+3z=0$;$\begin{cases}\frac{y-3}{1}=\frac{z+1}{3}\\ x-3=0\end{cases}$.

8. $\frac{x-2}{2}=\frac{y+1}{-1}=\frac{z-3}{4}$.

9. $\frac{x-3}{5}=\frac{y-2}{-1}=\frac{z+1}{-6}$.

10. $\begin{cases}\frac{y+3}{3}=\frac{z-1}{-1}\\ x=0\end{cases}$.

11. $\frac{x-2}{2}=\frac{y+3}{3}=\frac{z-1}{-1}$.

12. $\frac{x-2}{-2}=\frac{y}{3}=\frac{z-3}{1}$.

13. $\frac{x-1}{-5}=\frac{y-3}{3}=\frac{z+1}{1}$.

14. 提示:先把直线的点向式方程转化为参数式.(1,1,1).

15. $\frac{x-2}{4}=\frac{y+1}{-1}=\frac{z+3}{-3}$;$\begin{cases}x=4t+2\\y=-t-1\\z=-3t-3\end{cases}$.

练习与思考 1.4

C.

习题 1.4

(1) 两个相交于原点且平行于 z 轴的平面;

(2) 母线平行于 z 轴的圆柱面;

(3) 圆锥面;

(4) 圆锥面;

(5) 旋转双曲面;

(6) 二次锥面.

复习题 1

1. (1) C;(2) B;(3) B;(4) D;(5) C;(6) C;(7) C;(8) B;(9) D;(10) A.

2. (1) $\sqrt{5}$;(2) $(2,4,-2)$;(3) 0;(4) $2\sqrt{7}$;(5) $m=4,n=-1$;

(6) $\frac{x-2}{-2}=\frac{y+2}{2}=\frac{z-1}{1}$或$\frac{x}{-2}=\frac{y}{2}=\frac{z-2}{1}$;(7) $\frac{x}{1}=\frac{y}{-1}=\frac{z}{2}$;(8) $3x-y+2z-7=0$;

(9) $4x-11y-3z=0$;(10) $\frac{x^2}{4}+\frac{y^2}{4}-\frac{z^2}{9}=1$.

3. $3\sqrt{10}$.

4. 提示:利用 $\vec{a}\cdot\vec{a}=|\vec{a}|^2$ 及数量积的定义计算出向量 $\vec{a},\vec{b}$ 的夹角,才能用向量积的定义计算 $|\vec{a}\times\vec{b}|$.

$\vec{a}\cdot\vec{b}=5$;$|\vec{a}\times\vec{b}|=5$.

5. $\frac{x-1}{-1}=\frac{y-2}{3}=\frac{z+1}{-5}$.

6. $\begin{cases}\frac{x-3}{-2}=\frac{z-7}{1}\\y+2=0\end{cases}$.

7. $x+y=0$.

8. $x-y+5z-4=0$.

第 2 章　线性代数及其应用

练习与思考 2.1

1. (1) 错;(2) 错;(3) 对;(4) 错.

3. $x=2,y=3,z=-2$.

4. $x=1$.

习题 2.1

1. (1) ① 3,5,3,5; ② 5,任意正整数,3,n; ③ 3,任意正整数,n,5.

(2) $\begin{pmatrix} 2 & 2 & 3 \\ -1 & 3 & -1 \\ 5 & 1 & 1 \end{pmatrix}$. (3) $\begin{pmatrix} -1 & 1 & -3 \\ 2 & -4 & -5 \end{pmatrix}$. (4) $\begin{pmatrix} 2 & 1 & 3 \\ 6 & 3 & 9 \\ 4 & 2 & 6 \end{pmatrix}$. (5) 11. (6) $\begin{pmatrix} -1 & 2 \\ 1 & -2 \\ 3 & -5 \end{pmatrix}$.

2. $a=1,b=0,c=3,d=0$.

3. $\boldsymbol{X}=\begin{pmatrix} 3 & 1 & -1 & -1 \\ 4 & -3 & 1 & 0 \\ -2 & 1 & -4 & -1 \end{pmatrix}$.

4. $\boldsymbol{B}=\begin{pmatrix} 1 & 3 & 5 \\ 3 & 2 & -4 \\ 5 & -4 & 3 \end{pmatrix}$, $\boldsymbol{C}=\begin{pmatrix} 0 & 2 & -4 \\ -2 & 0 & 1 \\ 4 & -1 & 0 \end{pmatrix}$.

5. $2\boldsymbol{A}-3\boldsymbol{B}=\begin{pmatrix} 5 & 1 \\ -3 & 5 \end{pmatrix}$, $\boldsymbol{AB}+\boldsymbol{BA}=\begin{pmatrix} 0 & -2 \\ 2 & 0 \end{pmatrix}$, $\boldsymbol{AB}^{\mathrm{T}}=\begin{pmatrix} 1 & -1 \\ 1 & -1 \end{pmatrix}$.

6. (1) $\begin{pmatrix} -2 & 5 & 9 \\ -1 & 10 & 17 \end{pmatrix}$; (2) $\begin{pmatrix} 0 & 4 \\ -3 & 7 \\ -2 & 6 \end{pmatrix}$; (3) $\begin{pmatrix} 18 & -10 \\ 20 & -12 \\ -19 & 9 \end{pmatrix}$;

(4) $x_1^2+4x_2^2+2x_3^2-x_1x_2+8x_1x_3-4x_2x_3$; (5) $\begin{pmatrix} 6 & -7 & 8 \\ 20 & -5 & -6 \end{pmatrix}$;

(6) $\begin{pmatrix} a_{11}x_1+a_{12}x_2+a_{13}x_3 \\ a_{21}x_1+a_{22}x_2+a_{23}x_3 \\ a_{31}x_1+a_{32}x_2+a_{33}x_3 \end{pmatrix}$; (7) $\begin{pmatrix} 1 & 15 \\ 0 & 1 \end{pmatrix}$; (8) $\begin{pmatrix} 0 & 0 \\ 0 & 0 \end{pmatrix}$.

7. $\begin{pmatrix} 9 & 2 & 9 \\ 7 & 2 & 3 \end{pmatrix}$.

8. $\begin{pmatrix} 120.74 \\ 136.04 \\ 150.94 \end{pmatrix}$(单位:元).

9. $\begin{pmatrix} 96 & 128.5 \\ 78 & 104 \\ 109 & 147 \end{pmatrix}$.

练习与思考 2.2

1. (1) 错;(2) 错;(3) 错;(4) 对;(5) 对.

3. $x=-3,y=5$.

习题 2.2

1. (1) B;(2) C;(3) B;(4) A;(5) D.

2. $M_{32}=\begin{vmatrix} 1 & 2 \\ -1 & 3 \end{vmatrix}$, $A_{32}=-\begin{vmatrix} 1 & 2 \\ -1 & 3 \end{vmatrix}$.

3. (1) -27;(2) $-2abc$;(3) 20;(4) 0.

4. $x=1$ 或 $x=2$ 或 $x=3$.

5. 60,48,70,16.

6. (1) -8;(2) 44;(3) 27;(4) 40;(5) -4;(6) 48.

7*. (1) $x_1=1, x_2=2, x_3=3$;

(2) $x_1=1, x_2=-2, x_3=0, x_4=\frac{1}{2}$.

8*. $f(x)=x^2-6x+3$.

练习与思考 2.3

2. 不对.

3. 对.

习题 2.3

1. (1) D;(2) B;(3) C;(4) A.

2. (1) $\begin{pmatrix} 2 & -3 \\ -1 & 2 \end{pmatrix}$;(2) 不可逆;(3) $\begin{bmatrix} -1 & -2 & 1 \\ 2 & 4 & -1 \\ 2 & 3 & -1 \end{bmatrix}$;(4) $\begin{bmatrix} 1 & 0 & 0 \\ 0 & \frac{1}{2} & 0 \\ 0 & 0 & \frac{1}{3} \end{bmatrix}$;

(5) $\begin{bmatrix} 1 & -1 & 1 \\ -38 & 41 & -34 \\ 27 & -29 & 24 \end{bmatrix}$;(6) $\frac{1}{16}\begin{bmatrix} 8 & -4 & 2 & -1 \\ 0 & 8 & -4 & 2 \\ 0 & 0 & 8 & -4 \\ 0 & 0 & 0 & 8 \end{bmatrix}$.

3*. (1) $\boldsymbol{X}=\begin{pmatrix} 2 & -23 \\ 0 & 8 \end{pmatrix}$;(2) $\boldsymbol{X}=\begin{bmatrix} 1 & 1 \\ \frac{1}{4} & 0 \end{bmatrix}$;(3) $\boldsymbol{X}=\begin{bmatrix} 0 & -2 & \frac{3}{2} \\ 0 & 1 & -1 \end{bmatrix}$;

(4) $\boldsymbol{X}=\begin{bmatrix} 6 & 4 & 5 \\ 1 & 2 & 1 \\ 3 & 3 & 3 \end{bmatrix}$.

4. $\boldsymbol{B}=\boldsymbol{A}+\boldsymbol{E}=\begin{bmatrix} 2 & 0 & 1 \\ 0 & 3 & 0 \\ 1 & 0 & 2 \end{bmatrix}$.

5*. $\boldsymbol{X}=\begin{bmatrix} 1 \\ 0 \\ 0 \end{bmatrix}$.

6*. $\boldsymbol{X}=\begin{bmatrix} 6 & 4 & 5 \\ 1 & 2 & 1 \\ 3 & 3 & 3 \end{bmatrix}$.

练习与思考 2.4

1. (1) 对;(2) 错;(3) 对;(4) 对;(5) 对;(6) 对.

习题 2.4

1. (1) A;(2) B.

2. (1) $\begin{pmatrix}1&0&0\\0&1&0\\0&0&1\end{pmatrix}$；(2) $\begin{pmatrix}1&0&0&5\\0&0&1&-3\\0&0&0&0\end{pmatrix}$；(3) $\begin{pmatrix}1&0&0&-1\\0&1&0&-2\\0&0&1&2\\0&0&0&0\end{pmatrix}$；

(4) $\begin{pmatrix}1&0&0&0&-8\\0&1&0&-1&3\\0&0&1&-2&6\\0&0&0&0&0\end{pmatrix}$.

3. (1) $\begin{pmatrix}1&-2&-1\\1/2&-7/4&-3/4\\-1&4&2\end{pmatrix}$；(2) $\begin{pmatrix}1&-4&-3\\1&-5&-3\\-1&6&4\end{pmatrix}$；(3) $\begin{pmatrix}22&-6&-26&17\\-17&5&20&-13\\-1&0&2&-1\\4&-1&-5&3\end{pmatrix}$.

4. $\boldsymbol{X}=\begin{pmatrix}1&0\\-1&2\end{pmatrix}$.

5. $\boldsymbol{X}=\begin{pmatrix}-5&1&1\\8&-1&-2\\6&-1&-2\end{pmatrix}$.

6. (1) $r=2$；(2) $r=2$；(3) $r=3$.

7. $a=5,b=1$.

练习与思考 2.5

1. $a=4$.

2. $a=3$.

习题 2.5

1. (1) D；(2) B.

2. (1) 无解；(2) 无穷多组解.

3. (1) $\begin{cases}x_1=-c+5\\x_2=-2c-3\\x_3=c\end{cases}$ (c 为任意常数)；(2) $\begin{cases}x_1=1\\x_2=2\\x_3=-2\end{cases}$；

(3) $\begin{cases}x_1=2c_1+3c_2+1\\x_2=c_1\\x_3=-4c_2-2\\x_4=c_2\end{cases}$ (c_1,c_2 为任意常数)；(4) $\begin{cases}x_1=-1\\x_2=-1\\x_3=0\\x_4=1\end{cases}$.

4. (1) $\begin{cases}x_1=-7c\\x_2=3c\\x_3=c\end{cases}$ (c 为任意常数)；(2) $\begin{cases}x_1=c_1+2c_2\\x_2=-2c_1-3c_2\\x_3=c_1\\x_4=c_2\end{cases}$ (c_1,c_2 为任意常数).

5. (1) 当 $k\neq0$ 时，方程组无解；

(2) 当 $k=0$ 时，有无穷多组解，一般解为 $\begin{cases}x_1=-2+c_1+5c_2\\x_2=3-2c_1-6c_2\\x_3=c_1\\x_4=c_2\end{cases}$ (c_1,c_2 为任意常数).

6. (1) $k\neq1$;(2) $k=1$.

7*. $I_1=7.5(\mathrm{A}),I_2=4.5(\mathrm{A}),I_3=3(\mathrm{A})$.

8*. 设计方案可行且唯一.设计方案为:4 层采用方案一,6 层采用方案二,2 层采用方案三.

9*. $\begin{cases}x_1=350-c_1\\x_2=500-c_1\\x_3=c_1+c_2-250\\x_4=c_1\\x_5=c_2-50\\x_6=c_2\end{cases}$,满足条件$\begin{cases}c_1+c_2\geqslant250\\0\leqslant c_1\leqslant350.\\c_2\geqslant50\end{cases}$

复习题 2

1. (1) C;(2) A;(3) B;(4) D;(5) A;(6) C;(7) B;(8) D;(9) B;(10) D;(11) D;(12) A.

2. (1) 6;(2) -6;(3) 0;(4) 2; (5)6,4,3,6;(6)$\frac{1}{5}$;(7)$\begin{pmatrix}1&-3\\3&0\end{pmatrix}$;(8) $\begin{bmatrix}0&17\\14&13\\-3&10\end{bmatrix}$;

(9) $81k$;(10) 4;(11) 4;(12) 2.

3. $-750,-\frac{1}{6}$.

4. $\begin{bmatrix}1&-1&0&2&-3\\0&0&1&-2&2\\0&0&0&0&0\\0&0&0&0&0\end{bmatrix}$.

5. (1) $r=3$;(2) $r=2$.

6. (1) $\begin{pmatrix}-4&3\\3&-2\end{pmatrix}$;(2) $\begin{bmatrix}-5&0&-8\\-3&-1&-6\\2&0&3\end{bmatrix}$;

(3) $\begin{bmatrix}1&-\frac{1}{2}&0\\0&\frac{1}{2}&-\frac{1}{3}\\0&0&\frac{1}{3}\end{bmatrix}$;(4) $\frac{1}{4}\begin{bmatrix}1&1&1&1\\1&1&-1&-1\\1&-1&1&-1\\1&-1&-1&1\end{bmatrix}$.

7*. (1) $\boldsymbol{X}=\begin{bmatrix}-5&4&-2\\-4&5&-2\\-9&7&-4\end{bmatrix}$;(2) $\boldsymbol{X}=\begin{bmatrix}-11&5\\-5&2\\9&-\frac{7}{2}\end{bmatrix}$.

8. $a=1,b=2$.

9. (1) 无解;

(2) $\begin{cases}x_1=-c-3\\x_2=1\\x_3=c\end{cases}$ (c 为任意常数);

(3) $\begin{cases} x_1=-2c_1+\frac{1}{2}c_2 \\ x_2=c_1 \\ x_3=-\frac{1}{2}c_2 \\ x_4=c_2 \end{cases}$ （c_1，c_2 为任意常数）；

(4) $\begin{cases} x_1=c_1+c_2+5c_3-16 \\ x_2=-2c_1-2c_2-6c_3+23 \\ x_3=c_1 \\ x_4=c_2 \\ x_5=c_3 \end{cases}$ （c_1，c_2，c_3 为任意常数）；

(5) $\begin{cases} x_1=2c_1+\frac{5}{3}c_2 \\ x_2=-2c_1-\frac{4}{3}c_2 \\ x_3=c_1 \\ x_4=c_2 \end{cases}$（$c_1$，$c_2$ 为任意常数）；

(6) $\begin{cases} x_1=-\frac{3}{2}c_1-c_2 \\ x_2=\frac{7}{2}c_1-2c_2 \\ x_3=c_1 \\ x_4=c_2 \end{cases}$（$c_1$，$c_2$ 为任意常数）.

10. (1) $k\neq1$ 且 $k\neq-2$；(2) $k=-2$；(3) $k=1$，$\begin{cases} x_1=-c_1-c_2+1 \\ x_2=c_1 \\ x_3=c_2 \end{cases}$ （c_1，c_2 为任意常数）.

11. 甲、乙、丙三电器原价分别为400，500，600元.

第3章　无穷级数及其应用

练习与思考 3.1

1. 当级数的部分和的极限存在，即 $\lim\limits_{n\to\infty}S_n=S$，称级数收敛；当等比级数的公比 $|q|<1$ 时，级数收敛，和为 $\frac{a_0}{1-q}$；当 $|q|\geqslant1$ 时，级数发散.

2. 一定发散，不一定.

3. 不一定.

习题 3.1

1. (1) $(-1)^{n-1}\frac{n+1}{n}$；(2) $(-1)^n\frac{n+2}{n^2}$；(3) $\frac{n!}{n^n}$.

2. (1) 发散；(2) 收敛；(3) 收敛；(4) 发散.

3. (1) 收敛，和为 $S=\frac{1}{1+\sin 1}$；(2) 发散；(3) 收敛，和为 $S=\frac{1}{2}$；(4) 发散；(5) 收敛，和为 $S=\frac{17}{5}$.

练习与思考 3.2

1. 等比级数和 p-级数.

3. 不能,利用级数收敛的必要条件判别.

习题 3.2

1. (1) 发散;(2) 收敛;(3) 收敛;(4) 收敛.

2. (1) 发散;(2) 发散;(3) 收敛;(4) 收敛.

3. (1) 条件收敛;(2) 绝对收敛;(3) 绝对收敛;(4) 绝对收敛.

练习与思考 3.3

1. 不唯一.

2. 不是.

习题 3.3

1. (1) $R=4$,收敛域为$(-4,4)$;(2) $R=1$,收敛域为$[-1,1)$;(3) 收敛域为$(-\infty,+\infty)$;(4) 收敛域为$(-3,3)$.

2. (1) $S(x)=-\ln|1-x|$;(2) $S(x)=\dfrac{1}{(1-x)^2}$.

3. (1) $\sum\limits_{n=0}^{\infty}\dfrac{x^n}{4^{n+1}},(-4,4)$;(2) $\sum\limits_{n=0}^{\infty}(-1)^n\dfrac{x^{n+1}}{n+1},(-1,1]$;

(3) $\sum\limits_{n=1}^{\infty}\dfrac{(-1)^{n-1}x^{2n-1}}{2^{2n-1}(2n-1)!},(-\infty,+\infty)$;(4) $\sum\limits_{n=0}^{\infty}\dfrac{(-1)^n2^nx^n}{n!},(-\infty,+\infty)$.

练习与思考 3.4

1. 由 $1,\cos x,\sin x,\cos 2x,\sin 2x,\cos 3x,\sin 3x,\cdots,\cos nx,\sin nx$,构成了一个三角函数系;正交性:(1) 三角函数系中任意两个互不相同的函数的乘积在$[-\pi,\pi]$上积分,值为零;(2) 三角函数系中除 1 以外,任意一个函数的平方在$[-\pi,\pi]$的积分,值为 π.

2. $a_n=\dfrac{1}{\pi}\int_{-\pi}^{\pi}f(x)\cos nx\,dx(n=0,1,2,3,\cdots)$,$b_n=\dfrac{1}{\pi}\int_{-\pi}^{\pi}f(x)\sin nx\,dx(n=1,2,3,\cdots)$,当 $f(x)$ 是奇函数时,$a_n=0(n=0,1,2,3,\cdots)$,傅里叶级数只含正弦项,又称正弦级数;当 $f(x)$ 是偶函数时,$b_n=0(n=1,2,3,\cdots)$,傅里叶级数只含余弦项,又称余弦级数.

习题 3.4

1. (1) $\dfrac{\pi^2}{3}+4\sum\limits_{n=1}^{\infty}\dfrac{(-1)^n}{n^2}\cos nx,x\in(-\infty,+\infty)$;(2) $4\sum\limits_{n=1}^{\infty}\dfrac{(-1)^n}{n}\sin nt,t\in(-\infty,+\infty)$;

(3) $\sum\limits_{n=1}^{\infty}\dfrac{1}{2n-1}\sin(2n-1)x,x\in(-\infty,+\infty),x\neq k\pi,k\in\mathbf{Z}$.

2. $\dfrac{1}{2}+\dfrac{2}{\pi}\sum\limits_{n=1}^{\infty}\dfrac{1}{2n-1}\sin(2n-1)x,x\in(-\infty,+\infty),x\neq k\pi,k\in\mathbf{Z}$.

3*. $\dfrac{\pi}{4}-\dfrac{2}{\pi}\sum\limits_{n=1}^{\infty}\dfrac{1}{(2n-1)^2}\cos nx(2n-1)x+\sum\limits_{n=1}^{\infty}\dfrac{(-1)^{n-1}}{n}\sin nx,x\in(-\infty,+\infty),x\neq(2k-1)\pi,k\in\mathbf{Z}$.

4*. $-\frac{1}{2}+\sum_{n=1}^{\infty}\left\{\frac{6}{n^2\pi^2}[1-(-1)^n]\cos\frac{n\pi x}{3}+\frac{6}{n\pi}(-1)^{n+1}\sin\frac{n\pi x}{3}\right\}$, $x\in(-\infty,+\infty)$, $x\neq 3(2k+1)$, $k\neq 0,\pm1,\pm2,\cdots$.

复习题 3

1. (1) A;(2) D;(3) A;(4) B;(5) C;(6) D;(7) B.

2. (1) 2, $u_n=\frac{2}{n(n+1)}$;(2) $u_n=\sqrt{n+1}-\sqrt{n}$, $S_n=\sqrt{n+1}-1$;(3) $\lim\limits_{n\to\infty}u_n=0$, $\lim\limits_{n\to\infty}S_n=10$;(4) 8;(5) $R=2$, $[-2,2)$;(6) $\sum_{n=0}^{\infty}(-1)^n\frac{x^n}{3^{n+1}}$, $x\in(-3,3)$.

3. (1) 收敛;(2) 发散;(3) 收敛;(4) 收敛;(5) 发散;(6) 收敛.

4. (1) $(-3,3)$;(2) $\left[-\frac{1}{2},\frac{1}{2}\right]$.

5. (1) $\sum_{n=0}^{\infty}\frac{2^n}{n!}x^n$, $x\in(-\infty,+\infty)$;(2) $\frac{-1}{4}\sum_{n=0}^{\infty}\left[1+\frac{(-1)^n}{3^{n+1}}\right]x^n$, $x\in(-1,1)$.

6*. $f(x)=\frac{\pi}{2}-\frac{4}{\pi}\left[\cos x+\frac{1}{9}\cos 3x+\cdots+\frac{1}{(2n-1)^2}\cos(2n-1)x+\cdots\right]$, $x\in(-\infty,+\infty)$.

7*. $f(x)=\frac{4}{\pi}\left(\sin\pi x+\frac{1}{3}\sin 3\pi x+\cdots+\frac{1}{5}\sin 5\pi x+\cdots\right)$, $x\in(-\infty,+\infty)$, $x\neq 2k+1$, $k\in\mathbf{Z}$.

第 4 章　拉普拉斯变换及其应用

练习与思考 4.1

(1) $\frac{2}{s^2}$;(2) $\frac{1}{s-3}$.

习题 4.1

(1) $\frac{2}{s^3}-\frac{3}{s^2}+\frac{2}{s}$;(2) $\frac{2}{(s+1)}+\frac{3s}{s^2+4}$;(3) $\frac{s-2}{(s-2)^2+9}$;

(4) $e^{-2s}\frac{1}{s^2+1}$;(5) $e^{-\frac{s}{2}}\frac{1}{s}$;(6) $\frac{2}{s^2}$;(7) $\frac{-6}{s^3}$;(8) $\frac{8}{s}(1-e^{-2s})$.

练习与思考 4.2

(1) $3e^{2t}$;(2) $\frac{1}{2}e^{-\frac{1}{2}t}$;(3) $6\cos 3t$;(4) $\frac{1}{2}(1-e^{-2t})$.

习题 4.2

(1) $\sin t+\delta(t)$;(2) $\frac{1}{6}t^3e^{-2t}$;(3) $2\cos 3t+5\sin 3t$;(4) $\frac{1}{4}\sin 2t$;

(5) $2\cos 2t-3\sin 2t$;(6) $-\frac{3}{2}e^{-3t}+\frac{5}{2}e^{-5t}$;(7) $\frac{1}{2}(e^{3t}-e^{-t})$;

(8) $e^{-t}+t-1$;(9) $-\frac{1}{4}+\frac{3}{2}t+\frac{1}{4}e^{-2t}$;(10) $-e^{-t}+7e^{-2t}-6e^{-3t}$.

练习与思考 4.3

(1) $y=0$;(2) $y=\frac{1}{2}e^{2t}-\frac{1}{2}e^{-2t}$.

习题 4.3

1. (1) $y=5te^{-2t}$;(2) $y=e^{-t}(\cos 2t+\frac{5}{2}\sin 2t)$;

(3) $y=e^{t}-e^{-t}$;(4) $y=\frac{1}{4}t\sin 2t+\cos 2t$.

2. $i(t)=\frac{E}{R}\left(1-e^{-\frac{R}{L}t}\right)$.

复习题 4

1. (1) $\frac{12}{s^4}$;(2) $\frac{3}{s^2}-\frac{2}{s+1}$;(3) $\frac{1}{s+1}-\frac{1}{s-1}$;(4) $\frac{1}{(s+2)^2+1}$.

2. (1) $2e^{3t}-2e^{t}$;(2) te^{-3t};(3) $e^{2t}(1+4t+2t^2)$;(4) $2\cos 4t+\sin 4t$.

3. (1) $y=e^{-t}(1-\cos t)$;(2) $y=\frac{3}{4}(1-e^{-2t})-\frac{3}{2}te^{-2t}$;(3) $y=\sin t$;(4) $y=t^3$.

4. 提示:(1) 列出 $i(t)$ 的方程:$Ri(t)+\frac{1}{C}\int_0^t i(t)\mathrm{d}t=u_0(t)$,解出 $i(t)$ 的拉氏变换表达式;

(2) $u_R(t)=Ri(t)$,利用拉氏变换解法求出输出电压 $u_R(t)=e^{-\frac{t}{RC}}-e^{-\frac{t-T}{RC}}u(t-T)$.

第 5 章　概率统计及其应用

练习与思考 5.2

1. A.
2. A.
3. 0.7.
4. (1) $\frac{13}{28}$;(2) $\frac{15}{56}$;(3) $\frac{15}{28}$.

习题 5.2

1. (1) A;(2) B;(3) C.
2. (1) $\frac{5}{8}$;(2) $\frac{5}{12}$;(3) $\frac{1}{4}$.
3. (1) 0.3;(2) 0.8;(3) 0.2.
4. (1) 0.6,0.5;(2) 0.4,0.5;(3) 0,0.1.

练习与思考 5.3

1. A.
2. D.

3. C.

习题 5.3

1. (1) 1;(2) 0.79;(3) 0.7.

2. 0.19.

3. (1) 0.160 8;(2) 0.803 8;(3) 0.401 9.

4. 串联时 0.352,并联时 0.002.

5. (1) 0.12;(2) 0.88;(3) 0.12.

6. (1) 0.204 8;(2) 0.262 7;(3) 0.000 32;(4) 0.327 9.

练习与思考 5.4

1. (1) 前两次都未中,第三次才命中;前四次都未命中;
(2) 第一次就命中;前三次都未中,第四次才命中;
(3) 前四次都未命中;第一次未中,第二次才命中.

2. 10.

3. 0.1.

习题 5.4

1. $\frac{1}{3}$.

2. $P(X=k)=C_{10}^{k}\left(\frac{1}{3}\right)^{k}\left(\frac{2}{3}\right)^{10-k}\quad(k=0,1,2,\cdots,10)$.

3.

X	0	1	2
P	$\frac{15}{28}$	$\frac{12}{28}$	$\frac{1}{28}$

$\frac{13}{28}$.

4. $P(X=k)=(0.2)^{k-1}\times 0.8\quad(k=1,2,\cdots)$.

5. (1) $\frac{1}{8}$;(2) $\frac{1}{4}$;(3) $\frac{15}{16}$.

6. (1) $\frac{1}{4}$;(2) 0;(3) $\frac{5}{9}$.

7. $\frac{2}{3}$.

8. (1) 0.992 9;(2)0.170 2;(3)0.954 4.

9. (1) 0.5;(2) 0.149 8;(3) 0.682 6.

练习与思考 5.5

1. 8;1.6;65.6.

2. (1) 4;(2) 4.

3. 6;39.

4. (1) 0.3;(2) 1.7;(3) 1.61.

习题 5.5

1. (1)

X	0	1	2
P	0.3	0.6	0.1

(2) 0.8;(3) 0.36.

2. 0.75;0.6;0.037 5.

3. 10.7;32.9;3.56.

4. $\frac{1}{3}$;-4;$\frac{1}{2}$.

练习与思考 5.6

1. 总体是 1 028 名高三学生;个体是每一名高三学生;样本是 10 名学生;总体容量为 1 028;样本容量为 10.

2. (1),(2),(4)是统计量,(3)不是统计量.

3. (1) 2.821 4;(2) 1.812 5.

习题 5.6

1. 20;4.

2. (1) 12;(2) 4;(3) $\frac{1}{4}$.

3. 0.066 8.

4. 16.8;0.739 3.

练习与思考 5.7

1. $\hat{\lambda}=997$.

2. $\hat{\lambda}=\frac{1}{3}$.

习题 5.7

1. (11.346 7,12.653 3).

2. $\hat{\mu}=4,\hat{\sigma}^2=\frac{14}{3}$.

3. (1) (499.306 9,500.693 1);(2) (497.856 9,502.143 1).

4. (14.751 1,15.048 85).

5. (1) 证明略;(2) $\hat{\mu}_1$ 最有效.

练习与思考 5.8

1. A.

2. B.

习题 5.8

1. 0.05.

2. $U=\frac{\overline{X}-\mu_0}{\sigma/\sqrt{n}}$；$|u|>u_{\alpha/2}$.

3. 这种轴承的抗压力均值为 570.

4. 这批矿砂的镍含量发生了改变.

5. 该天生产的袋装食盐钠含量均值不是 1.5.

复习题 5

1. (1) C；(2) C；(3) B；(4) B；(5) D；(6) D；(7) B；(8) B；(9) D；(10) A.

2. (1) 0.15；(2) 0.166 7；(3) 0.062 5；(4) 0.75；(5) 0.94；(6) 3.6；(7) 0.312 5；(8) 3；(9) 15；(10) 0.5.

3. 0.58；0.42.

4.

X	2	3	4
P	0.3	0.4	0.3

$E(X)=3, D(X)=0.6$.

5. (1) 0.25；(2) 1.6；(3) 0.106 7；(4) 0.062 5.

6. 0.609 8.

7. (11.347, 12.653).

8. 该生产线生产的袋装零食的平均重量是 500 克.

第 6 章　集合论基础

练习与思考 6.1

1. 略.

2. (1) $A=\{1,3,5,7,9\}$；(2) $B=\{2,3,5,7,11,13,17,19\}$；(3) $C=\{0,1,2\}$.

习题 6.1

1. $\rho(A)=\{\varnothing,\{1\},\{2\},\{3\},\{1,2\},\{1,3\},\{2,3\},\{1,2,3\}\}$.

2. (1) $\{1\}$；(2) $\{2,4,5\}$；(3) $\{\{4\},\{1,4\}\}$.

3. 略.

4. (1) $\{2,6,7\}$；(2) $\{0,2,4,6\}$；(3) $\{0,4,7\}$.

5. 29.

练习与思考 6.2

1. 略.

2. $R=\{\langle 1,0\rangle,\langle 2,1\rangle,\langle 3,2\rangle,\langle 4,3\rangle,\langle 0,0\rangle,\langle 4,2\rangle\}$.

3. 略.

习题 6.2

1. $A\times A=\{\langle\varnothing,\varnothing\rangle,\langle\varnothing,a\rangle,\langle a,\varnothing\rangle,\langle a,a\rangle\}$，$A\times B=\{\langle\varnothing,x\rangle,\langle\varnothing,y\rangle,\langle a,x\rangle,\langle a,y\rangle\}$.

2. (1) $R=\{\langle 4,2\rangle,\langle 5,1\rangle,\langle 6,2\rangle,\langle 7,1\rangle\}$；(2) $\boldsymbol{M}_R=\begin{pmatrix}0&1\\1&0\\0&1\\1&0\end{pmatrix}$；(3) 略.

3. (1) 提示：从相同的余数入手解决，R_1 的元素为 18 个有序对；(2) 略；(3) R_1 是自反的、对称的、传递的.

4. 传递的.

练习与思考 6.3

1. 联系：都是从关系是否同时具有自反性、对称性、传递性三个方面进行说明.

区别：例 1 中二元关系 R 是用列举法给出，且 R 中有序对个数较少，所以直接判断其自反、对称、传递性；而例 2 中二元关系 R 是用描述法给出，且 R 中有序对个数较多，所以用叙述的方法说明其自反、对称、传递性.

2. S_3、S_5 是 A 的划分，其他都不是.

习题 6.3

1. $[1]_R=[5]_R=[9]_R=\{1,5,9\}$，$[2]_R=[6]_R=[10]_R=\{2,6,10\}$，$[3]_R=[7]_R=\{3,7\}$，$[4]_R=[8]_R=\{4,8\}$.

2. (1) 略；(2) 等价类分别为 $[1]_R=[2]_R=[3]_R=\{1,2,3\}$，$[4]_R=[5]_R=\{4,5\}$；(3) $\{\{1,2,3\},\{4,5\}\}$.

3. $A/R=\{\{1,6,11,16\},\{2,7,12,17\},\{3,8,13,18\},\{4,9,14,19\},\{5,10,15,20\}\}$.

4. 15 种.

5. 略.

复习题 6

1. (1) C；(2) B；(3) B；(4) D；(5) A；(6) C；(7) A；(8) B.

2. (1) $\{0,6,7,8\}$，$\{1,3,5\}$；(2) $\rho(A)=\{\varnothing,\{\varnothing\},\{1\},\{\varnothing,1\}\}$，$|\rho(A)|=4$；(3) $[2]_R=\{2,9\}$；(4) 反自反、反对称、传递；(5) 答案不唯一；(6) 等价关系；(7) 5；(8) 4.

3. $R\cap S=\{\langle 1,2\rangle,\langle 3,3\rangle\}$，$R\cup S=\{\langle 1,1\rangle,\langle 1,2\rangle,\langle 1,3\rangle,\langle 2,1\rangle,\langle 2,3\rangle,\langle 3,1\rangle,\langle 3,3\rangle\}$.

4. $\rho(A)\oplus\rho(B)=\{\{5\},\{1,5\},\{3,5\},\{4,5\},\{1,3,5\},\{1,4,5\},\{3,4,5\},\{1,3,4,5\}\}$.

5. $R=\{\langle 2,2\rangle,\langle 2,4\rangle,\langle 2,10\rangle,\langle 2,12\rangle,\langle 3,12\rangle,\langle 4,4\rangle,\langle 4,12\rangle\}$，关系矩阵、关系图略.

6. 略.

7. 略.

8. 略.

参考文献

[1] 冯宁.实用工程数学[M].南京:南京大学出版社,2012.
[2] 冯宁.经济数学基础[M].南京:南京大学出版社,2016.
[3] 季夜眉,吴大贤.概率与数理统计[M].北京:电子工业出版社,2001.
[4] 孙洪祥,柳金甫.概率论与数理统计[M].沈阳:辽宁大学出版社,2006.